榆林高新区项目"榆林高新区工业固废现状研究"cxy-2020-43

榆林地区工业固体废物的现状及利用

郭世平　牛立斌　著

U0217969

天津大学出版社
TIANJIN UNIVERSITY PRESS

内容简介

本书先对固体废物的种类、对环境的危害和利用状况进行简单介绍,然后对榆林及周边地区的主要工业固体废物——粉煤灰、煤矸石、镁渣、煤气化渣和脱硫石膏进行了翔实的阐述,具体包括固体废物的物理化学性质、源头、堆放量、存在的危害、处理和资源化利用情况,并结合实际,对未来深度有效的资源化利用提出了建议。

该书对参与制定榆林地区固废利用、产业优化、环境保护、生态修复等方面政策、条例的相关人员,具有一定的指导价值,也可作为固废治理、资源化再利用专业,企业及固废处理厂站运营操作和管理岗位技术人员的参考书。

图书在版编目(CIP)数据

榆林地区工业固体废物的现状及利用 / 郭世平, 牛立斌著. -- 天津 : 天津大学出版社, 2022.5
榆林高新区项目"榆林高新区工业固废现状研究"cxy-2020-43
ISBN 978-7-5618-7167-6

Ⅰ.①榆⋯ Ⅱ.①郭⋯ ②牛⋯ Ⅲ.①工业固体废物—固体废物处理—榆林 Ⅳ.①X705

中国版本图书馆CIP数据核字(2022)第078510号

出版发行	天津大学出版社
地　　址	天津市卫津路92号天津大学内(邮编:300072)
电　　话	发行部:022-27403647
网　　址	www.tjupress.com.cn
印　　刷	北京盛通商印快线网络科技有限公司
经　　销	全国各地新华书店
开　　本	185mm×260mm
印　　张	15.25
字　　数	381千
版　　次	2022年5月第1版
印　　次	2022年5月第1次
定　　价	46.00元

前　言

工业固废综合处理和利用是绿色发展、绿色生产,资源节约和循环利用的重要组成部分,是为工业快速良性发展提供资源保障的重要途径,是解决工业固废处置不当所带来的环境污染和安全隐患的治本之策,更是确保我国工业可持续发展的一项长远战略方针。党中央把美丽中国确定为社会主义现代化建设的奋斗目标,提出建设生态文明是中华民族永续发展的大计,要求推进健全绿色低碳循环发展的经济体系。

榆林是国家级能源化工基地,主要涉及煤炭、化工、有色冶炼及发电行业,在经济快速发展的过程中,每年产生大量的工业固废,对当地环境和经济的可持续发展具有一定影响。

本书对榆林地区的固废状况进行了梳理,便于相关人员及资源再利用专业人员熟知榆林地区的粉煤灰、煤矸石、镁渣、煤气化渣和脱硫石膏五种工业固废的情况,便于他们进行系统规划和技术开发,对提高榆林地区的资源利用率,减少环境污染,实现综合利用的全方位、多层次、宽领域、广覆盖格局,及环境、经济的可持续发展具有较高的参考价值。

本书由榆林职业技术学院郭世平老师和西安科技大学牛立斌老师编写、统稿、修改和定稿。在本书出版过程中,榆林市高新区科技局给予了项目支持,榆林市节能中心也对本书的编写给予了极大的支持和帮助。榆林职业技术学院李宁、高波、郭静静三位老师分别对镁渣、粉煤灰、脱硫石膏提供了大量宝贵资料,此外,高冲、安玉姣和胡宇阳三位同学参与了编辑和内容校对工作,以上人员的辛勤付出,保证了本书的顺利出版,在此深表感谢!

由于本书涉及多个行业、知识面广,需要搜集和整理的资料尤为繁杂,恐有遗漏,加上作者水平有限,书中难免存在不当和错误之处,恳请广大读者批评指正!

目　　录

第1章　概论

1　固体废物的概念与特性

固体废物(Solid waste)是指在生产、生活和其他活动中产生的丧失原有利用价值或者虽未丧失利用价值但被抛弃或者放弃的固态、半固态和置于容器中的气态、液态物品、物质以及法律、行政法规规定纳入固体废物管理的物品、物质。

需要注意的是,一些具有较大危害性质的气态、液态废物,一般不能排入大气和水环境中,常置于容器之中。这类气态、液态废物在我国被归入固体废物管理范畴。因此,固体废物不只是指固态和半固态物质,还包括液态和气态物质。

由于物质形态的不同,与废水和废气相比,固体废物具有如下鲜明的特性。

1.1　资源与废物的相对性

从固体废物定义可知,它是在一定时间和地点被丢弃的物质,可以说是放错地方的资源,具有明显的时间和空间特征。

一方面,随着时间的推移,任何产品经过使用和消耗后,最终都将变成废物。以美国为例,投入使用的食品罐头盒、饮料瓶等,平均几个星期就变成了废物;家用电器和小汽车平均7~15年就变成了废物;建筑物使用期限最长,但经过数十年、数百年建筑物也会变成废物。但另一方面,所谓"废物"仅仅是相对于当时的科技水平和经济条件而言的,随着时间的推移、科学技术的进步,今天的废弃物质也可能成为明天的有用资源。例如,石油炼制过程中产生的残留物,开始时是污染环境的废弃物,现已成了大量使用的沥青筑路材料;动物粪便长期以来一直被当成污染环境的废弃物,今天已有技术可把动物粪便转化成气体燃料。

从空间角度看,废物仅相对于某一过程或某一方面没有使用价值,而并非在一切过程或一切方面都没有使用价值。某一过程的废物,往往作为另一过程的原料。例如,粉煤灰是发电厂产生的废弃物,但粉煤灰可用来制砖,对建筑业来说,它又是一种有用的原材料;冶金业产生的高炉渣可用来生产建筑用的水泥,电子线路板可用来回收贵重金属等,它们对建筑业和金属制造业来说又成了有用的资源。

1.2　复杂多样性

固体废物种类繁多、成分也非常复杂。它既有无机物又有有机物,既有非金属又有金属,既有无毒物又有有毒物,既有单质金属又有合金。即使一个简单的废弃产品,也可能包括多种成分。例如,一部小小的手机,就含有塑料、金属、电池、树脂和织物等多种成分;电视机含有玻璃、塑料、荧光粉、树脂、贵金属等;报废汽车等大件物品的成分则更加复杂。固体废物成分的复杂多样性也给后续的回收利用、处理处置带来了困难。可以说,对大多数固体废物来说,单靠一种技术是很难解决问题的,常需要采用多种技术才能真正地实行其资源化利用和无害化处理。

1.3　持久危害性

固体废物是呈固态、半固态的物质,不具有流动性;此外,固体废物进入环境后,并没有被与其形态相同的环境体接纳。因此,它不可能像废水、废气那样迁移到大容量的水体(如江河、湖泊和海洋)或大气中,通过自然界中物理、化学、生物等途径得到稀释、降解和净化。固体废物无法流动到环境中"消化",它会通过散发有害气体、释放渗滤液和侵占土地等方式污染周边的地下水、地表水、空气和土壤,进而通过食物链影响人类身体健康,而且,这种过程是长期的、复杂的和难以控制的。因此,从某种意义上讲固体废物对环境的污染危害比废水和废气更大,也更持久。例如,填埋场中的城市生活垃圾一般需要经过 10~30 年才可趋于稳定,而其中的废旧塑料、薄膜等即使经历更长的时间也不能完全消化掉。在此期间,垃圾会不停地释放和散发臭气,产生的渗滤液还会污染地表和地下水等。而且,即使其中的有机物稳定化了,大量的不可降解物仍然会堆存在填埋场中,长久地占用大量的土地资源。

2　固体废物产生与分类

固体废物源于人类的生产过程和消费过程。人们在开发资源、制造产品的过程中必然产生废物;任何产品经过使用和消耗后,最终也都将变成废物。

根据不同的分类方法,人们可把固体废物分成多种类型。按组成,固体废物可分为有机废物和无机废物;按形态,固体废物可分为固态废物、半固态废物、液态和气态废物;按污染特性,固体废物可分为一般废物和危险废物。在我国普遍采用的是按废物来源分类,据此,固体废物可分为城市固体废物、工业固体废物、农业固体废物和危险废物四大类。各类固体废物的来源和组成见表 1-1。

表 1-1　固体废物的分类、来源和主要组成物

分类	来源	主要组成物
城市固体废物	居民生活	指家庭日常生活过程中产生的废物,食物垃圾、纸屑、衣物、庭院修剪物、金属、玻璃、塑料、陶瓷、炉渣、灰渣、碎砖瓦、废器具、粪便、杂物、废旧电器等
	商业、机关	指商业、机关日常工作过程中产生的废物,如废纸、食物、管道、碎砌体、沥青及其他建筑材料,废汽车、废电器、废器具,含有易爆、易燃、腐蚀性废物,以及类似居民生活栏内的各种废物
	市政维护与管理	指市政设施维护和管理过程中产生的废物,如碎砖瓦、树叶、死禽死畜、金属、锅炉灰渣、污泥、脏土等

续表

分类	来源	主要组成物
工业固体废物	冶金工业	指各种金属冶炼和加工过程中产生的废弃物,如高炉渣,钢渣,铜、铅、铬、汞渣,赤泥,废矿石,烟尘,各种废旧建筑材料等
	矿业	指各类矿物开发、加工、利用过程中产生的废物,如废矿石、煤矸石、粉煤灰、烟道灰、炉渣等
	石油与化学工业	指石油炼制及其产品加工、化学工业产生的固体废物,如废油、浮渣、含油污泥、炉渣、塑料、橡胶、陶瓷、纤维、沥青、油毡、石棉、涂料、化学药剂、废催化剂和农药等
	轻工业	指食品工业、造纸印刷、纺织服装、木材加工等轻工部门产生的废弃物,如各类食品糟渣、废纸、金属、皮革、塑料、橡胶、布头、线、纤维、染料、刨花、锯末、碎木、化学药剂、金属填料、塑料填料等
	机械电子工业	指机械加工、电器制造及其使用过程中产生的废弃物,如金属碎料、铁屑、炉渣、模具、砂芯、润滑剂、酸洗剂、导线、玻璃、木材、橡胶、塑料、化学药剂、研磨料、陶瓷、绝缘材料以及废旧汽车、电冰箱、微波炉、电视机和电扇等
	建筑工业	指建筑施工、建材生产和使用过程中产生的废弃物,如钢筋、水泥、黏土、陶瓷、石膏、石棉、砂石、砖瓦、纤维板等
	电力工业	指电力生产和使用过程中产生的废弃物,如煤渣、粉煤灰、烟道灰等
农业固体废物	种植业	指作物种植生产过程中产生的废弃物,如稻草、麦秸、玉米秸、根茎、落叶、烂菜、废农膜、农用塑料、农药等
	养殖业	指动物养殖生产过程中产生的废弃物,如畜禽粪便、死禽死畜、死鱼死虾、脱落的羽毛等
	农副产品加工业	指农副产品加工过程中产生的废弃物,如畜禽内容物、鱼虾内容物,未被利用的菜叶、菜梗和菜根,秕糠、稻壳、玉米芯、瓜皮、果皮、果核、贝壳、羽毛、皮毛等
危险废物	化学工业、医疗单位、科研单位等	主要为来自化学工业、医疗单位、制药业、科研单位等产生的废弃物,如粉尘、污泥等,医院使用过的器械和产生的废物,化学药剂,制药厂药渣,废弃农药,炸药,废油等

2.1　城市固体废物

城市固体废物主要是指城市生活垃圾,是指在城市居民日常生活中或为城市日常生活提供服务的活动中产生的固体废物,以及法律法规规定视为生活垃圾的固体废物。城市生活垃圾主要包括厨余物、废纸、废塑料、废织物、废金属、废玻璃、陶瓷碎片、砖瓦渣土、粪便,以及废旧电器、庭园废物等。城市生活垃圾主要产自城市居民家庭、城市商业、餐饮业、旅馆业、旅游业、服务业、市政环卫业、交通运输业、文教卫生业和行政事业单位、工业企业及污水处理厂等。

2.2　工业固体废物

工业固体废物是指在工业、交通等生产活动中产生的固体废物。工业固体废物主要来自冶金工业、矿业、石油化学工业、轻工业、机械电子工业、建筑业和其他工业行业等。典型的工业固体废物有煤矸石、粉煤灰、炉渣、矿渣、尾矿、金属、塑料、橡胶、化学药剂、陶瓷、沥青等。

2.3　农业固体废物

农业固体废物是指在农业生产及其产品加工过程中产生的固体废物。农业固体废物主要来自植物种植业、动物养殖业和农副产品加工业。常见的农业固体废物有稻草、麦秸、玉米秸、稻壳、秕糠、根茎、落叶、果皮、果核、畜禽粪便、死禽死畜、羽毛、皮毛等。

2.4　危险废物

危险废物是指列入国家危险废物名录或根据国家规定的危险废物鉴别标准和鉴别方法认定的具有危险特性的废物。危险废物主要来自石油工业、化学工业、医疗和科研单位等。危险废物的特性通常包括急性毒性、易燃性、反应性、腐蚀性、浸出毒性和疾病传染性。由于危险废物具有较大的环境危害性质,需要进行特别管理。

3　我国固体废物的产生与利用

3.1　固体废物危害及产生

固体废物复杂多样且不具有流动性,因此,它们对环境的污染危害途径与废水和废气的污染危害途径有明显的不同。固体废物的环境污染存在于储存、收运、回收利用及最终处置的各个环节和整个过程。其污染途径也有多种,主要通过散发有毒、有害和臭气等气态污染物污染大气;通过分解产生的浸出液、渗滤液等液态污染物污染地下水、地表水和土壤;通过灰、渣、尾矿等固态污染物侵占土地和污染土壤等。这些污染物对环境形成的污染危害不是独立的,而是相互交叉的。例如,重金属就可通过迁移到地下和地表水、食物链等对人类健康构成威胁。

煤电工业固体废物来自煤的开采、加工和发电过程。其中排出量最大最集中的是煤炭开采、加工过程所产生的煤矸石和燃煤电厂的粉煤灰。近年来我国煤矸石年增量逾 2 亿 t,历年积存的煤矸石已超过 50 亿 t,占地 30 万亩(1 亩 = 666.7 m^2)以上;火力发电厂粉煤灰排放量约 2 亿 t——我国是世界最大的排灰国。

煤矸石是煤炭开采、加工过程中产生的固体废弃物。煤矸石是煤的共生资源,在成煤过程中与煤伴生,包括煤矿在井巷掘进时排出的矸石、露天煤矿开采时剥落的矸石、洗选加工过程中排出的矸石和发热量很低的劣质煤炭。

煤矸石作为煤炭生产过程中的副产物,其产生量占煤炭开采量的 10%~25%。目前,我国煤矸石的堆放已形成 3 000 余座矸石矿山,若以煤矸石占原煤生产的 10% 计算,每年新增的煤矸石就达到 2 亿 t 以上,这其中除少部分得到综合利用以外,大部分煤矸石都就近自然混杂堆积。煤矸石已经成为我国存积量和年产生量最大、占用堆积场所最多的工业废物。

粉煤灰又称飞灰,它是火力发电厂锅炉的煤粉燃料在燃烧后,从排烟系统收集的细粒灰尘,为燃后灰渣总重量的 70%~85%。作为燃烧粉煤的副产物,粉煤灰是自然界不存在,而在人工生产过程中产生的粉煤灰矿物资源。

脱硫石膏又称排烟脱硫石膏、脱硫石膏或 FGD 石膏,是对含硫燃料(煤、油等)燃烧后产生的烟气进行脱硫净化处理而得到的工业副产石膏。其定义如下:脱硫石膏是来自排烟脱硫工业,颗粒细小、品位高的湿态二水硫酸钙晶体。

煤气化渣是煤与氧气或富氧空气发生不完全燃烧生成 CO 与 H_2 的过程中,煤中无机矿物质经过不同的物理化学转变,伴随着煤中残留的炭颗粒,形成的固态残渣,可分为粗渣和细渣两类。粗渣产生于气化炉的排渣口,占 60%~80%;细渣主要产生于合成气的除尘装置,占 20%~40%。目前气化渣的处理方式主要为堆存和填埋,尚未大规模工业化应用,造成了严重的环境污染和土地资源浪费,对煤化工企业的可持续发展造成不利影响,其合理处置迫在眉睫。

3.2　榆林地区固体废物现状

3.2.1　固体废物基本情况

(1)一般工业固体废物:2018 年,榆林地区工业固体废物产生量 3 448 万 t,较 2017 年增加 842 万 t;其中处置量 813 万 t,利用量 1 758 万 t,贮存量 877 万 t,见表 1-2。

表 1-2　榆林市工业废弃物产生情况

种类	产生量 / 万 t
煤矸石	1 607.5
粉煤灰	604.8
炉渣	391.7
冶炼废渣	170.7
其他固体废物	673.3

(2)工业危险废物:2018 年榆林地区工业危险废物产生量 31.5 万 t,较 2017 年增加 3.4 万 t;其中综合利用量 17.3 万 t,处置量 10.7 万 t,贮存量 3.5 万 t,见表 1-3。

表 1-3　榆林市工业危险废物产生情况

种类	产生量 / 万 t
废矿物油与含矿物油废物	18.6
精(蒸)馏残渣	5.49
废酸	2.97
废催化剂	1.2
有色金属冶炼废物	1.1

3.2.2　目前榆林地区固废污染防治采取的主要措施

(1)政府管理上规范建设项目审批。发挥环境影响评价在固体废物污染防治方面的"总闸门""总指挥"作用。环保法律法规要求,开展建设项目固体废物环境影响分析评价,明确其主要成分、危险特性及对环境的影响机理,确定其综合利用途径,对暂不具备综合利用条件的,要提出其无害化处置的措施及环境管理要求。对固体废物产生情况不清、处理处置措施不明确、依托第三方处置不可行的项目不予审批建设。同时,严格建设项目固体废物污染防治设施与项目主体同时设计、同时建设、同时投入运行,确保固体废物利用有规范、处置有去向,实现源头管理。

（2）统筹固体废物利用处置能力建设。一是结合实际,开展固体废物污染防治规划,加大固体废物污染防治新技术的研究和推广,坚决淘汰落后原始的处置工艺。二是鼓励固体废物综合利用,积极开发第二资源。通过开发新工艺、新方法,不断挖掘固体废物中的有用成分,拓展综合利用途径。三是加快工业集中区和重点项目固体废物处置项目建设,不断完善工业固体废物基础设施。四是根据中省相关规划,加快危险废物综合利用处置项目建设和技术升级,支持危险废物处置中心高标准建设运行,提高危险废物就地处置率和环境应急保障能力。

（3）建立健全固体废物管理制度。结合"放管服"管理要求,研究制定配套政策,简化管理,鼓励固体废物综合利用及处置产业健康发展。不断完善固体废物收集、贮存、利用处置管理要求,逐步推行产废单位固体废物管理台账及管理计划,实施精细化、规范化、延伸化管理;重点领域试行固体废物转移,实施转移联单制度,实现痕迹管理,责任到人。同时,严格渣场运行管理,在服役期满后须制定封场方案,严格落实封场后续管理维护措施。

（4）严格环境执法监管。将固体废物纳入日常环境监管,针对重点行业、重点区域、重点项目开展固体废物专项执法检查,对固体废物乱堆乱倒、乱排乱埋、非法处置等环境违法行为严查重处,限期整改。对工业渣场运行、封场、后续维护不规范限期整改,高限处罚,防止造成"二次污染"。对存在危险废物非法排放、倾倒、处置,造成严重环境污染的,坚决移送司法机关追究刑事责任。

（5）加强环境宣传培训。定期组织开展固体废物环保法律法规宣传及业务培训,推广先进地区和示范企业环境管理经验,培养固体废物管理队伍和业务骨干。同时,充分利用网络、报刊、电视广播及"六·五"环境宣传日等平台,开展《中华人民共和国固体废物污染环境防治法》《陕西省固体废物污染环境防治条例》等固体废物法律法规及科普知识的宣传,积极引导媒体舆论,提高群众居民的知晓度和参与率,形成"政府主导、企业主体、部门监管、社会参与"的良好氛围。

3.3　榆林地区固体废物处理现状

榆林市地处我国西北部,已成为我国21世纪重要的能源重化工基地,在我国的经济发展中具有十分重要的地位,但在经济快速发展的同时工业污染问题也逐渐凸显。因此,榆林市的煤炭开采、火电、水泥和冶炼等重点行业对矿井疏干水资源利用、工业固废处理处置以及工业废气污染防治的需求极为迫切。其中,榆林市的工业固体废弃物综合利用率较低,处理处置难度大,技术选择困难。健全榆林市工业固体废物管理,规范固体废弃物处理处置,引进先进技术,提高固体废弃物的资源化利用率,将全面解决榆林市工业固体废物挤占生态用地和环境风险难题。

　　固体废物污染防治是党的十九大要求着力解决的突出环境问题之一,是打好污染防治攻坚战的重要内容。近年来,榆林市不断加大固体废物污染防治工作力度,在固体废物"减量化、资源化、无害化"方面做了大量的工作。减量化方面,严格执行国家产业政策和环保标准,加快淘汰煤炭、化工、火电等行业"两高一资"落后产能,对重点行业大力推行清洁生产审核,采用新工艺、新技术、新理念,优化整合工艺,减少资源能源消耗,提高产出效能,延长产业链条。资源化方面,积极开展固体废物资源化技术研发,制定相关优惠政策,鼓励引导建材、水泥、路桥建筑等传统行业,开展粉煤灰、炉渣、煤矸石等工业固体废物综合利用研发和推广,提高原材料的替代率。同时,引进先进技术设备,积极培育粉煤灰制砖、电石渣水泥、煤矸石发电等固体废物综合利用环保产业,形成规模化、产业化效应。无害化方面,根据工业经济发展及固体废物资源化利用情况,统筹规划工业固体废物贮存处置设施,加快工业园区、重点项目配套渣场建设,目前全市已建成规模以上工业渣场 51 个,总库容超过 6 000 万 m^3。对暂时不能综合利用的工业固体废物全部实施进场入库管理,无害化处置。

　　"清废行动"是生态环境部于 2018 年 5 月启动的打击固体废物环境违法行为专项行动,旨在改善生态环境质量,遏制固体废物非法排放环境违法行为。根据统一部署,榆林市制定了《榆林市固体废物污染防治专项整治行动方案》,组织县区和相关部门开展"清废行动",以沿江、河、湖、渠和生态保护区、风景名胜区、饮用水源地、重要水源涵养地等区域为重点进行固体废物非法堆放贮存、倾倒填埋、处置等情况的排查,对排查发现的非法倾倒固体废物,分类建立整治清单,对危险废物、医疗废物以及重量在 100 t 以上的一般工业固体废物、体积在 500 m^3 以上的生活垃圾,制定"一点一策"整治方案,明确限期完成整治工作。2018 年,共排查发现 31 个固体废物乱堆乱放问题,这些问题均移交当地政府,截至 11 月底,31 个固体废物乱堆乱放问题均已完成整改,固体废物实现大清零。

第 2 章　粉煤灰

1　粉煤灰的特性

1.1　粉煤灰的产生

　　粉煤灰是现代燃煤电厂的副产品,它是燃煤供热、发电过程中磨成一定细度的粉煤在粉煤炉中经过高温燃烧后,由烟道气带出并经除尘器收集的粉尘,如图 2-1 所示。粉煤灰是一种固体废物,如果不合理处理,粉煤灰不仅会占用耕地,造成土壤、大气、水体等污染,而且会危害人体的健康和生态环境。

图 2-1　收集后的粉煤灰

　　火力发电厂的锅炉是以磨细的煤粉为燃料的,煤粉在喷入炉膛后,就以细颗粒火团的形式进行燃烧,充分释放热能。燃烧后的灰渣,因原煤灰分含量不同,一般占原煤质量的15%~40%。普通煤粉锅炉的灰渣有两种形态:一种是从排烟系统中用除尘设施收集下来的细粒灰尘,叫作粉煤灰或飞灰,为灰渣总质量的 70%~85%,其中包括一些极细的颗粒,这些颗粒经烟囱口排入大气中,集尘设备效率越低,飞逸的极细颗粒越多;另一种是在炉胎黏结起来的粒状灰渣,叫作炉底灰或灰渣,这些灰渣落入锅炉底部,有的结成大块,经破碎从炉底排出,占灰渣总质量的 15%~30%。此外,还有一些燃烧煤粉的锅炉,如液态排渣炉,由于其炉膛燃烧温度较高,部分灰渣熔融成液体状态的熔渣,下落到炉底,被水骤冷,结成玻璃态的渣粒,叫作液态渣。液态炉的液态渣和粉煤灰分别为 40%、60%。另外,还有一种"旋风炉",其炉膛燃烧温度比液态炉设计温度要高,所以熔融的液态渣的比例可以高达75%~85%,而粉煤灰仅有 15%~25%。火电厂的粉煤灰、炉底灰、液态渣,再加上老式锅炉如链条炉等炉排上收集下来的煤渣,统称为"电厂灰渣",如果再包括其他工厂的煤炭灰渣,则统称为"燃煤灰渣"。

　　在锅炉操作时,煤粉与高速气流混合在一起,喷入炉膛的燃烧带,煤粉颗粒里的有机物质得到充分燃烧,但燃烧的完全程度取决于锅炉效率和操作水平。运行良好的现代化电厂的煤粉炉炉膛最高温度可以达到或超过 1 600 ℃。这样的温度足以使灰分中除了少量石英(细粒的结晶)以外的所有矿物被熔融。可是多数旧电厂锅炉的实际燃烧温度要比上述温度低得多,较低的温度只能熔融一小部分无机物质。而且炉膛温度并不十分均匀,也就是说,即使在同一台锅炉中,粉煤灰烧成的条件也不完全相同,更不必说不同的锅炉了。

　　在燃烧过程中,煤炭中的无机杂质发生了一系列的反应和变化,含水的矿物如黏土、石膏等——脱水,碳酸盐中的二氧化碳与硫化物中的二氧化硫和三氧化硫排出,还有碱在高温下挥发。其中,较细的粒子随气流掠过燃烧区,立即熔融,到了炉膛外面,受到骤冷,就将熔融时由于表面张力作用形成的圆珠的形态保持下来,成为玻璃微珠。煤粉的粒子越细,越容易成球。其中有些熔融的微珠内部,截留了炉内气体,形成了空心微珠。另有一些微珠,团聚在一起或粘连在一起,就形成鱼卵状的复珠(子母珠)和粘连体。可是也有一些来不及完全变成液态的粗灰,结果变成了渣状多孔玻璃体(海绵状玻璃)。在冷却过程中,还有一些冷却比较缓慢而再结晶的矿物以及在颗粒表面上生成的结晶矿物和化合物,还有一些独自存在的未熔融的石英矿物。此外,粉煤灰从化学成分来看也不是均匀的,所谓的化学成分分析,只能表示粉煤灰中各种颗粒混合物的化学成分平均值。换言之,就单个颗粒而言,化学成分是有很大差异的。

　　总之,粉煤灰实际上是一些矿物组成不同、粒径不同、颗粒形态不同、各种颗粒组合的比例不同的机械混合物。粉煤灰的“先天不足”正是这种不均匀性、差异性和多变性造成的。从应用角度而言,受到充分燃烧最终形成的玻璃微珠含量越高越好。

1.2　粉煤灰的性质

1.2.1　粉煤灰的化学性质

　　粉煤灰中一般含 Al_2O_3、SiO_2、Fe_2O_3、CaO、MgO、K_2O、SO_3 和未燃的碳,微量的铅、镉、汞和砷,以及稀有金属镓和锗等物质,且 Al_2O_3、SiO_2、Fe_2O_3 三者质量分数一般超过 70%。粉煤灰富含碱性氧化物,pH 值很高,为改良酸性和黏性土壤提供了可能性。

　　根据粉煤灰的含钙量,可将其分为低钙灰(CaO 质量分数 < 10%)、中钙灰(CaO 质量分数为 10%~19.9%)和高钙灰(CaO 质量分数 > 20%)。我国煤炭成分呈低钙高铝的特点,其与煤的产地、锅炉形式、燃烧条件等密切相关。我国不同产地粉煤灰的化学成分中,SiO_2、Al_2O_3 和 Fe_2O_3 的总含量一般超过 70%,但其具体含量差异较大。在拟定粉煤灰的综合利用方案时,应结合不同产地、不同条件下所得粉煤灰的化学成分进行科学分析,加以合理利用。

　　粉煤灰的化学成分取决于原煤灰分的化学成分以及燃烧的程度,它的变化范围是很大的。表 2-1 提供了粉煤灰化学成分最大、最小的变化范围,典型的低钙粉煤灰和高钙粉煤灰的化学成分,以及我国粉煤灰化学成分的一般范围。粉煤灰的化学成分现在被认为是与粉煤灰性质密切相关的技术数据。低钙粉煤灰按美国标准叫作 F 级粉煤灰,其原煤主要是烟煤和无烟煤,氧化钙质量分数一般在 10% 以下。我国的粉煤灰绝大多数是低钙粉煤灰,是一种人工火山灰物质。高钙粉煤灰按美国标准叫作 C 级粉煤灰,其原煤主要是褐煤和次烟煤,氧化钙质量分数在 20% 以上,大部分结合于玻璃相之中,这种粉煤灰具有一定程度的自硬性,性能接近于粒化高炉矿渣。

表 2-1　粉煤灰化学成分及其变化范围 %

化学成分	化学成分变化范围	典型低钙粉煤灰	典型高钙粉煤灰	我国粉煤灰化学成分一般范围
SiO_2	10~70	54.9	39.9	40~60
Al_2O_3	8~38	25.8	16.7	17~35
Fe_2O_3	2~50	6.9	5.8	2~15
CaO	0.5~30	8.7	24.3	1~10
MgO	0.3~8	1.8	4.6	0.5~2
SO_3	0.1~30	0.6	3.3	0.1~2
Na_2O 及 K_2O	0.4~16	0.6	1.3	0.5~4
烧失量	0.3~30	—	—	1~26

1.2.2　粉煤灰的矿物成分

1)粉煤灰的矿物来源

粉煤灰中的矿物与母煤的矿物有关。母煤中含硅酸盐矿物、氧化硅、黄铁矿、磁铁矿、赤铁矿、碳酸盐、硫酸盐、磷酸盐及氯化物等,其中主要的是铝硅酸盐类的黏土质矿物以及氧化硅煤粉燃烧过程中这些原矿物发生化学反应,冷却以后形成粉煤灰中的各种矿物和粉煤灰的玻璃体。

母煤中的黏土质矿物,主要是页岩质矿物,如伊利石、蒙脱石、高岭土等。页岩质矿物如高岭土经过煅烧以后,先形成烧黏土矿物,主要是偏高岭土,由于后期粉煤灰受热的温度较高,偏高岭土等矿物将逐渐消失。

粉煤灰中的晶体矿物有石英、莫来石、云母、长石、磁铁矿、赤铁矿、石灰、氧化镁、石膏、硫化物、氧化钛等。粉煤灰中有大量的玻璃微珠和海绵状玻璃体,还有少部分炭粒。在晶体矿物中,石英通常是 α 型的。它在常温下没有明显的活性,只有在蒸养或蒸压条件下才能与石灰进行化学反应;莫来石是在粉煤灰冷却过程中形成的微小针状晶体,实际上并不单独存在,而是黏附在玻璃微珠的表面,或在微珠的玻璃体中形成网状骨架;硫酸盐矿物有些以粒状形态存在于粉煤灰中,有的也附着在微珠的表面;还有一些矿物则夹杂于粉屑之中,主要是赤铁矿、磁铁矿等。此外,在高钙粉煤灰中常有 CaO 结晶体,还可以发现有些水泥熟料矿物 CA 以及少量 CAS,甚至有时还有少量的 C,S 和 CS_2。

从矿物组成的比例来看,一般是玻璃体占优,粉煤灰中玻璃体含量最多可达 85% 以上,结晶相矿物较少。如果煤粉燃烧不完全,粉煤灰中则有大量的炭粒。

2)粉煤灰的主要矿物组分

通过对粉煤灰进行岩相鉴定证明,玻璃体是主要物相,粉煤灰中的玻璃体含量一般在

70%以上,其次是石英、氧化铁、炭粒、硫酸盐等。这几种矿物在低钙粉煤灰中占绝大多数,因此对粉煤灰的影响较大。粉煤灰的主要矿物组分如下。

（1）密实玻璃体。

这种矿物占粉煤灰量的 50%~85%,颗粒粒径一般为 0.5~250 μm,在玻璃体基质中及颗粒表面上可能有石英和莫来石微晶,表面上还可能有微粒状的硫酸盐。

（2）多孔玻璃体。

这种矿物占粉煤灰量的 10%~30%。它是未能熔融成珠状而形成不规则的多孔玻璃颗粒,颗粒粒径比密实玻璃体大,也有部分较细的碎屑。

粉煤灰的矿物组成是粉煤灰品质的重要指标,认识和掌握粉煤灰的矿物化特点、形成机理有利于提高粉煤灰的资源化程度,进而可深度开发粉煤灰的潜在价值并提高综合利用水平。现在把粉煤灰看作水泥那样的“第二胶凝材料”或者“副胶凝材料”。众所周知,水泥的水化和硬化是依靠水泥熟料矿物的作用而起化学反应的,因此单看粉煤灰的化学成分不够,还需看矿物组分。对粉煤灰矿物鉴定的结果发现,粉煤灰中虽然有不少结晶的矿物,常见的如石英、莫来石、云母、磁铁矿、赤铁矿、生石灰、氧化镁、硫酸钙、硫化物等,还有氧化铁等次要的矿物组分,然而大量的还是非晶态的玻璃体。长期的研究证明,这些结晶的矿物在常温下往往是惰性的,而非晶态的玻璃体却具有化学活性,这与水泥矿物就不一样,所以研究粉煤灰胶凝性能的重点不应放在晶体矿物上,而应放在粉煤灰的玻璃相上。

粉煤灰中的玻璃体有两种形态:一种是微珠;另一种是多孔玻璃体。再仔细分析一下粉煤灰玻璃体的存在形态还可以发现,铝硅酸盐是作为基质存在的,而玻璃基质内还分散着微晶状或针状的晶体物质。这些玻璃质内的微晶体主要是石英,针状晶体物质则是莫来石。有的大颗粒微珠的表面上拴住一些 0.1~0.3 μm 粒径的硫酸盐。粉煤灰的火山灰活性一般取决于玻璃体和结晶体组分的比例,玻璃体越多,化学活性越高。低钙粉煤灰中铝硅酸盐玻璃的含量一般为 60%~85%。高钙粉煤灰的活性和自硬性,则取决于富钙玻璃的含量。在高钙粉煤灰中还可以发现一些硅酸二钙等有自硬性的矿物。

低钙粉煤灰中主要矿物组分和形态特征列于表 2-2 中。

表 2-2　低钙粉煤灰中主要矿物组分和形态特征

矿物组分	质量分数 /%	形态特征
铝硅酸盐、玻璃体	60~85	主要是粒径为 0.5~250 μm 的玻璃微珠,一般平均粒径为 30 μm,玻璃基质中可能含有石英微晶和莫来石针状晶体,表面上可能有细粒硫酸盐。有些粉煤灰玻璃体中有一部分是形状不规则的多孔玻璃体,颗粒较粗,其含量可能高达总质量的 30% 以上
石英	1~10	部分存于玻璃基质中,部分单独存在
氧化铁	3~25	部分熔于硅酸盐玻璃中,部分以磁性的富铁微珠等形式存在
炭粒	1~10	多孔粗粒,有时保持珠状,劣质粉煤灰炭粒的含量更高
硫酸盐	1~4	主要是钙和碱金属的硫酸盐,粒径为 0.1~0.3 μm,部分粘连在玻璃微珠表面上,部分分散于粉煤灰中

1.2.3 粉煤灰的物理性能和工艺性能

粉煤灰由极细小的颗粒组成,大部分为玻璃体,少量的为结晶体及炭分。随着煤种、煤的来源,煤粉细度,锅炉的设计,锅炉的负荷及燃烧条件,收尘、输送及储存方法等的不同,粉煤灰的物理性能和化学性能也不同。

粉煤灰的外观类似水泥,都是粉状物质。锅炉燃烧条件不同以及粉煤灰的组成、细度、含水量等的变化,特别是粉煤灰中含碳量的变化,都会影响粉煤灰的颜色(表2-3)。粉煤灰的颜色可从乳白色到灰黑色变化,颜色是一项重要的质量指标,可以反映含碳量的高低和差异;在一定程度上也可以反映粉煤灰的细度,颜色越深,粉煤灰粒度越细,含碳量越高。粉煤灰有低钙粉煤灰和高钙粉煤灰之分。通常高钙粉煤灰的颜色偏黄,低钙粉煤灰的颜色偏灰。

表 2-3　粉煤灰的物理性能

物理性质	数值范围
真密度 /(g/cm³)	2.0~2.4
堆积密度 /(g/cm³)	0.5~1.0
比表面积 /(m²/g)	0.25~0.5
粒径 /μm	1~300
孔隙率 /%	60~75
灰分 /%	80~90
pH 值	11~12
可溶性盐含量 /%	0.16~3.33
理论热值 /(kJ/kg)	550~800
表观热值 /(kJ/kg)	300~500

粉煤灰是微小物体的集合体。粒体间空隙充满气体或液体,因此,可以认为粉煤灰是固、气两相或固、液、气三相的混合体。粉煤灰的密度是指在绝对密实状态下单位体积物质的质量,以 kg/m³ 或 g/cm³ 表示。粉煤灰密度的测量通常用李氏密度瓶进行,必须在相同温度下得到两次读数,两次结果之差不得大于 0.02 g/cm³。由于粉煤灰颗粒有许多毛细管,必须用一种表面张力小、能浸润粉煤灰的液体通过排液置换法求其真实体积。粉煤灰中各种颗粒的密度为 0.4~4 g/cm³,甚至更高,变化很大,因此用李氏密度瓶测得的密度只是混合颗粒的平均密度。如果密实颗粒占优,密度就偏高;如果空心、多孔的颗粒增多,密度必然偏低。低钙粉煤灰的密度一般为 1.8~2.6 g/cm³;高钙粉煤灰的密度可达 2.5~2.8 g/cm³。粉煤灰密度指标对粉煤灰质量评定和生产控制具有一定意义。密度发生变化则表明粉煤灰质量也可能发生了变化,还可判断粉煤灰的均匀性。如美国 ASTM C618 标准规范中虽然对粉煤灰密度没作规定,但对密度的变化却提出要求,即 10 个粉煤灰试样的密度试验结果的值,出入不得超过平均值的 5%,否则均匀性就算不合格。密度指标也是对粉煤灰的细度和烧失量的一种间接考察。对粉煤灰混凝土配合比设计计算来说,密度是必须测定的重要技术参数。

粉煤灰的堆积密度实际上是指粉煤灰颗粒集合体的密度,不同于粉煤灰的密度。它是粉煤灰在自然状态下单位体积集合体的质量,以 kg/m³ 或 g/cm³ 表示。堆积密度可以用量筒测定。不同的试验条件和试验环境,得到的堆积密度也是不同的,因此堆积密度的测量一定要注意条件。堆积密度的计算公式与密度相同。

粉煤灰颗粒粒径范围为 0.5~300 μm,其中玻璃微珠粒径为 0.5~100 μm,大部分在 45 μm 以下,平均粒径为 10~30 μm,但漂珠粒径往往大于 45 μm,海绵状颗粒粒径(含炭粒)为 10~300 μm,大部分在 45 μm 以上,粉煤灰细度是影响混凝土性能和其他建筑材料性能的最重要的品质指标。各国粉煤灰标准中都有细度这一指标。

国内外大量试验都证实,以 45 μm 的标准筛测定粉煤灰的细度比较合理,因此国际上现行的粉煤灰标准规范,多数国家规定以 45 μm 筛筛余百分数为细度指标。我国粉煤灰新标准中,其细度指标也改为 45 μm 方孔筛筛余百分数。细度是在气流筛上测定的。

粉煤灰的细度指标也可以用它的比表面积表示。1 g 粉煤灰所含颗粒的外表面积称为粉煤灰的比表面积,单位为 cm²/g 或 m²/g。比表面积的测定各国通常用勃氏试验法,用这类方法所测定的比表面积的变化范围一般为 1 700~6 400 cm²/g,我国则用类似测定水泥比表面积的透气试验法。国内电厂粉煤灰比表面积的变化范围为 800~5 500 cm²/g,一般为 1 600~3 500 cm²/g。

除了上面介绍的比表面积测定试验方法外,还有平均粒径法和计算法,但它们所得结果的数值相差很大,有的甚至相差几十倍之多,因此,对粉煤灰比表面积的测定结果要注明试验方法。

粉煤灰在流动和输送时,颗粒之间、颗粒与管壁之间存在着摩擦作用,这个摩擦作用决定着粉煤灰移动的难易程度,反映了粉煤灰的黏结强度。

安息角又称堆积角,是粉煤灰本身的一种摩擦角,它是自然堆积成的粉煤灰表面与水平面之间的夹角,如图 2-2 所示,当粉煤灰自上方漏斗中稳定下落时,物料表面与地面或平面形成的夹角即为安息角。不同的堆积情况,安息角也不同。图 2-2(a)所示为堆积于一任意大的底板上,角度受到底面粗糙度的影响;图 2-2(b)所示为在小底板上堆积,这种情况最稳定;图 2-2(c)所示为落于容器内,角度受到器壁的影响。

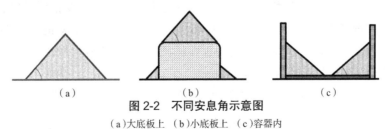

（a）　　　　　　　　　（b）　　　　　　　　　（c）

图 2-2　不同安息角示意图

（a）大底板上　（b）小底板上　（c）容器内

1.2.4　粉煤灰的工艺性能

粉煤灰的品质因素与拌和物工作性的关系:粉煤灰用作水泥混合材或混凝土掺和料时,其需水性直接影响拌和物的流动性与稳定性,而这种影响又与粉煤灰自身的品质有密切关系。以水泥砂浆的扩散作为流动性指标,用 15 种粉煤灰进行试验的结果表明,影响拌和物流动性最主要的品质因素为容重和 45 μm 筛余量。同样,以水泥砂浆泌水量作为稳定性指标,发现影响拌和物稳定性的最主要品质因素为容重,即在含碳量相近时,容重越大的粉煤灰或 45 μm 筛余量越小的粉煤灰,掺入水泥或混凝土,使拌和物达到同样流动性时需要的拌和水量越小。容重小的粉煤灰具有较高的保水能力,可减少拌和物的泌水量。

需水量比反映粉煤灰的需水量,直接影响到混凝土的施工性能和力学性能,因此粉煤灰标准规范采用粉煤灰水泥砂浆与基准水泥砂浆对比的需水量比作为反映粉煤灰物理性能的一项重要品质指标。需水量比是掺 30% 粉煤灰的硅酸盐水泥与不掺粉煤灰的硅酸盐水泥达到同一流动度 125~135 mm 时的加水量之比。

目前,粉煤灰需水量比这项品质指标,越来越受到使用部门的重视。在混凝土基本组分中,除胶凝材料是活性组分外,水也是一种活性组分,因为水不仅参与水泥的水化反应以及粉煤灰的火山灰反应,而且混凝土中的多余水分形成的凝胶孔、毛细孔及其他孔隙,是影响混凝土结构和性能的最敏感的因素。混凝土中掺入粉煤灰,改善了新拌混凝土的流变性质,提供了减少混凝土用水量的可能性。

粉煤灰的需水量比与粉煤灰的细度有关。粉煤灰的颗粒越细,需水量比越小。在粉煤灰颗粒中,多孔玻璃体或炭粒含量多,需水量比大;密实玻璃体含量高,需水量比小。

现行的各国粉煤灰标准规范中,虽然所规定的需水量比的试验条件各不相同,其结果不能作简单的对比,但是作为大体上的对照还是有一定意义的。至于需水量比的最大限值,在较多的标准中都规定不大于 105%,只有日本规定为 102%。英国对用作胶凝组分的粉煤灰则规定不大于 95%。根据实际经验,粉煤灰的需水量比指标在 105% 以下,粉煤灰混凝土的用水量与基准混凝土的用水量相同,新拌粉煤灰混凝土和易性指标仍有可能达到与基准混凝土相等的水平;需水量比在 100% 左右,掺加粉煤灰就可能在一定的条件下开始取得减水效果;需水量比在 95% 以下,则能比较容易地确保减少原来混凝土的用水量。美国 ASTM C618 规定粉煤灰需水量比不得大于 105%,而对其他火山灰材料则规定不大于 115%,这就说明粉煤灰具有需水量比值较低的优点,是一般火山灰所不能比拟的。

我国《用于水泥和混凝土中的粉煤灰》(GB/T 1596—2017)规定 Ⅰ 级灰需水量比不大于 95%,Ⅱ 级灰不大于 105%,Ⅲ 级灰不大于 115%。

需水量比是用于混凝土掺和料的粉煤灰品质标准中的一个重要指标,是指在特定试验条件下掺与不掺粉煤灰的同流动性砂浆的拌和水用量之比。该参数对混凝土拌和物及硬化混凝土性能均有重要影响。正是基于这种重要性,研究者们就需水量比与粉煤灰自身品质之间的关系进行了各种试验研究。

通过对粉煤灰颗粒结构特征的研究,发现颗粒中的孔主要由两部分组成,第一部分为 40 μm 左右的管状微孔,一端开口,由表及里,水分进出均很困难;第二部分为以两端开口的管状毛细孔为主的多种孔的复合孔,孔径较大,它与需水量比的关系较大。英国的粉煤灰专家用细度与烧失量作为组合参数划分粉煤灰减水性能的等级,详见表 2-4。

表 2-4　用细度和烧失量作为组合参数划分粉煤灰减水性能的等级

粉煤灰减水性能等级	细度 × 烧失量 （45 μm 筛余量）× 烧失量 /%	减水性能分级
1	<50	具有大幅度减水性能
2	50~100	具有中等程度的减水性能
3	100~150	稍有减水性能
4	>150	无减水性能

综上所述,可以认为粉煤灰的需水性主要取决于粉煤灰的颗粒结构特征,即其颗粒粒径、颗粒形貌与孔结构特征。与此相关宏观品质参数主要是细度（45 μm 筛余量）、容重、烧失量。当用作胶凝材料时,其控制指标需水量比可用单因子或复合因子定量地加以确定和比较。

粉煤灰的质量是粉煤灰颗粒与孔隙水质量的总和。由于水分在总质量中占显著的比例,且粉煤灰的输送及运输费用取决于质量,因此,粉煤灰中的含水量是很重要的参数,含水量对粉煤灰性能的影响也具有同等重要的意义。由于含水量的变化,同一粉煤灰可为粉尘状,亦可呈泥浆状,因而含水量可影响粉煤灰工程性能,如压实性能及抗剪强度。尤其在粉煤灰产品中,粉煤灰的含水量是配料的主要参数。粉煤灰的含水量是指原状粉煤灰所含游离水、吸附水占所测试样原质量的百分数。含水量的测定简单,只需称量试样烘干（在（105 ± 5）℃）前后的质量即可算出。

1.2.5　粉煤灰的活性

粉煤灰的活性包括粉煤灰的火山灰活性和自硬性。通常粉煤灰的活性指它的火山灰活性,即粉煤灰在常温常压下与石灰反应生成具有胶凝性能的水化产物的能力。粉煤灰活性的本质是基于硅铝质玻璃体在碱性介质中,OH^- 打破 Si—O、Al—O 键的网络,使聚合度降低,成为活性状态并与 $Ca(OH)_2$ 电离的 Ca^{2+} 反应生成水化硅酸钙和水化铝酸钙,从而产生强度。然而粉煤灰的活性并不像天然火山灰那样,只要与石灰水混合就表现出胶凝性,它需要一定的物质或方法激发后才能表现出活性。因此粉煤灰的活性是一种潜在的活性。

粉煤灰活性的主要影响因素有粉煤灰的形成条件、物理性质、化学性质、结构性质等。

（1）形成条件包括原煤、燃烧方式、燃烧温度、收尘方式等。

（2）物理性质包括形貌特征、细度、比表面积、需水量、矿物组成等。

（3）化学性质包括化学成分、微量元素等。

（4）结构性质包括玻璃体的结构,硅铝含氧团体的聚合状态,钙、硅、铝在玻璃体中的分布等。

还有的认为粉煤灰中 SiO_2/Al_2O_3 的值越大,粉煤灰的活性越高。

1.2.6　粉煤灰的分类和分级

粉煤灰主要由三类颗粒组成,即球形颗粒、不规则的熔融颗粒和炭粒。根据粉煤灰中三种颗粒的组成和比例,将粉煤灰分成四类：Ⅰ类粉煤灰,主要由一类球形颗粒组成;Ⅱ类粉煤灰,除含有球形颗粒外还有少量熔融玻璃体;Ⅲ类粉煤灰,主要由熔融玻璃体和多孔疏松玻璃体组成;N类粉煤灰,由多孔疏松玻璃体和炭粒组成。前两类粉煤灰质量好,可作为建筑材料;后两类粉煤灰质量差,不能作为建筑材料。上海等地专家也根据粉煤灰颗粒组成的情况,提出了粉煤灰资源研究、开发和利用的新观点。将粉煤灰分为优质粉煤灰、粉煤灰粉料和灰渣充填材料三种资源产品,简称"珠灰—粉灰—渣灰"粉煤灰资源系统。

按粉煤灰的化学组分分类,粉煤灰又分低钙灰、中钙灰、高钙灰、高铁灰和高碱灰《用于水泥和混凝土中的粉煤灰》(GB/T 1596—2017)中首次纳入高钙粉煤灰(C类粉煤灰)应用技术,其在于化学成分含量不同,会导致利用领域材料性能的差异。

1.2.7　粉煤灰的颗粒形态

粉煤灰是多重颗粒的聚集体,其典型 SEM 图片如图 2-3 所示,颗粒形态有以下几类。

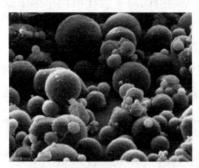

图 2-3　粉煤灰的 SEM 图片

1)类球形颗粒

类球形颗粒,外表比较光滑,由硅铝玻璃体组成,又称玻璃微珠,其大小多在 1~100 μm。在球形微珠中又可分为以下几种。

(1)沉珠,一般直径 5 μm,表观密度 2.0 g/cm³,大多沉珠是中空的,表面光滑。沉珠在粉煤灰中约占 90%。

(2)漂珠,一般直径为 30~100 μm,壁厚 0.2~2 μm,表观密度 0.4~0.8 g/cm³,能浮于水面。一般来说,漂珠含量占 0.5%~1.5%。

(3)磁珠,Fe_2O_3 含量占 55% 左右,表观密度大于 3.4 g/cm³,具有磁性。

(4)实心微珠,粒径多为 1~3 μm,表观密度 2~8 g/cm³。

2)不规则的多孔颗粒

这种颗粒包括两类,其一为多孔炭粒,是粉煤灰中未燃尽的炭;其二为高温熔融玻璃体,这部分玻璃体是在煅烧温度较低或高温煅烧时间较短或颗粒中燃气逸出形成的,这类颗粒较大且多孔。

3)不规则颗粒

这类颗粒主要由晶体矿物颗粒、碎片、玻璃碎屑及少量炭屑组成。

1.2.8　粉煤灰的细度

细度是评价粉煤灰的一个重要参数,在很大程度上反映了粉煤灰的质量。粉煤灰的细度指标的表征方法有两种,一种用比表面积(m²/kg)表示,一种用 45 μm 筛余量(%)表示,我国主要用后者。

粉煤灰中球形颗粒性能最为优越,而球形颗粒的表观密度通常较大,粒径在 45 μm 以下的颗粒为不规则颗粒。因此,粉煤灰的细度越小,玻璃微珠含量越高,粉煤灰的相对密度越大,见表 2-5。

表 2-5　粉煤灰细度与相对密度之间的关系

粉煤灰类别	比表面积 /(m²/kg)	相对密度 /(kg/m³)	备注
筛分细灰	930	2 440	将原状粉煤灰筛分成细灰、中灰、粗灰,按比例为 10∶25∶65
筛分中灰	490	2 110	
原状粉煤灰	300	1 990	
筛分粗灰	180	1 880	

粉煤灰越细,玻璃微珠含量越高。对此三峡工程曾对不同电厂的粉煤灰进行过检测,结果见表 2-6。由表列数据可知,重庆电厂粉煤灰细度为 5.2%,微珠含量高达 75.0%,而细度只有 15.6% 的湘潭电厂粉煤灰微珠含量仅为 57.2%。

表 2-6　粉煤灰细度与微珠含量之间的关系

粉煤灰品种	细度 /%	微珠含量 /%	需水量比 /%
重庆电厂粉煤灰	5.2	75.0	94
珞璜电厂粉煤灰	12.6	73.1	98
汉川电厂粉煤灰	13.6	67.3	98
湘潭电厂粉煤灰	15.6	57.2	103

粉煤灰细度对其活性影响很大。粉煤灰越细,其活性成分参与反应的表面积越大,反应速度越快,反应程度也越充分。表 2-7 表示粉煤灰细度与活性指数的关系。由表中数据可知,随着粉煤灰变粗,活性指数急剧下降。

表 2-7　粉煤灰细度与活性指数之间的关系

编号	1	2	3	4	5	6	7	8	9
细度 /%	45.1	39.8	35.2	30.1	24.9	20.1	14.8	9.8	5.1
活性指数 /%	14.5	17.0	19.5	22.7	26.4	30.5	35.6	41.3	47.5

由于粉煤灰细度是决定粉煤灰质量的最重要的因素,可以据其对粉煤灰进行级别分类,以便大致判断粉煤灰质量,见表 2-8。

表 2-8　根据细度对粉煤灰的级别分类

等级	细度（45 μm 筛余）/%	用于混凝土中的效应
优级	<5	性能优良
1	5~20	性能良
2	20~35	性能良或尚可
3	>35	耐久性存疑

1.2.9　粉煤灰的烧失量

烧失量是表征粉煤灰中未燃烧完全的有机物包括炭粒的数量的指标。烧失量越大,表明未燃尽炭分越多。这些未燃尽炭分的存在对粉煤灰质量有很大的负面影响。含碳量越高,其吸附性越大,活性指数越低。粉煤灰的含碳量与锅炉性质和燃烧技术有关。我国新建的现代化电厂,粉煤灰含量可以低到 1%~2%,有的电厂也有可能高到 20%。

2　我国目前粉煤灰的现状

2.1　粉煤灰存量

我国粉煤灰的年产量随着火电行业的不断发展呈现迅速增长的状态,从 2001 年的 1.54 亿 t,升至如今年产量超过 7 亿 t,而我国对粉煤灰的综合利用率虽已在 70% 以上,但依旧远低于一些发达国家对粉煤灰的利用率（如日本 100%、荷兰 100%、丹麦 90%）。其原因如下。

一是受原材料品质、地域及市场等因素限制,我国各地区对粉煤灰利用呈现出不均衡的特点,如江浙、上海等地区的粉煤灰能被完全资源化利用,而陕西、山西等北方省（区）的粉煤灰出现静态堆存量大和新增产量大的问题,加之本地市场需求不足,长距离的运输成本又过高,大量粉煤灰无法得到有效的开发及利用。

二是我国各地政府对粉煤灰的综合利用的重视程度不够,我国科研人员在粉煤灰开发利用方面的创新意识还不够,目前我国对粉煤灰的应用主要集中在建筑材料及工程领域方面,如在水泥掺和剂、建材深加工、混凝土添加中的利用率分别达 38%、26%、14%,而在其他应用方面仅占 19%,特别是在粉煤灰的精细化利用,如金属的提取、陶粒的生产等方面还需进一步加强。除了需关注普通粉煤灰的综合利用之外,科研工作者还应同时将目光放至循环流化床（CFB）锅炉粉煤灰。CFB 粉煤灰与普通粉煤灰的理化性质存在着较大的差异,CFB 粉煤灰具有 CaO 和 SO_3 含量高,化学活性低,自硬性、产物性质差异性较大等特点,虽然其在再燃技术、土壤改良、矿山治理、采空区回填和城市环境治理等方面有了一定的应用,但由于其发展时间较短,单机规模也较小,其综合利用以及规模化利用依旧相对滞后。

为此,建议各地政府应加大对粉煤灰利用的激励政策,如对粉煤灰综合利用的企业给予支持政策,对粉煤灰进行研究的科研单位给予项目立项及资金奖励政策,提高科研人员的积极性,促进科研单位加大对粉煤灰高值化利用技术的攻关,使科研融入工业生产,鼓励企业引进新技术。加强"政—校—企"三方合作,定期进行相互交流沟通工作,政府、科研单位、企业协同作用,使普通粉煤灰和 CFB 粉煤灰的研究利用并驾齐驱,把粉煤灰变废为宝,实现粉煤灰高效率、多途径、多价值的综合利用。

2.2　粉煤灰的主要危害及污染问题

由于多方面的原因,我国的粉煤灰利用率比较低,大部分粉煤灰还是储存在灰场,仍有少量粉煤灰飘入大气之中。政策规定不允许向江河湖海排放粉煤灰,但是由于排灰设施不够完善和存在管理方面的问题,仍有少量粉煤灰连同灰水流入水体。这些都对环境构成污染,造成多方面的危害。

2.2.1　储灰占地、污染土壤

土地是农业生产的重要基地和物质基础,它不仅向人类供给资源和能源,同时还接纳经过开采、加工、调配、消费后的水、气、固体物等各种废弃物。土地是人们赖以生存的最基本的元素,是极其宝贵的自然资源。

据统计到 2012 年为止,我国土地资源总面积为 144 亿亩,具有如下主要特点。①山地多(含丘陵,占土地总面积的 2/3),平地少(占 1/3)。②较难利用的沙漠、戈壁、高寒荒漠、石山和冰川以及永久积雪地的面积较广,约占土地总面积的 18%。在可供农用的土地中,草地比例最大(占土地面积的 41.58%),林地次之(占 17.95%);耕地最少(仅占 14.21%)。③耕地质量不高(高产田不及 1/3),退化严重,可耕地的后备资源少。由于电厂遍布全国,又多建于城市或市郊,因此不少储灰场占用了大量的可耕地,并且对周围的土壤造成了污染,图2-4 为粉煤灰的堆放情况。

图 2-4　粉煤灰的堆放情况

粉煤灰对土壤的污染,除了直接侵占污染外,还通过水、空气进行扩散污染。

(1)通过水体污染。我国的粉煤灰多以水冲形式输送或排放,灰中的可溶物和不溶颗粒,无论是从储灰场溢出,还是排入小溪汇入江河,最终又被灌溉进入土壤,从地表向下渗透。其中的微量元素、重金属及少量放射性元素等有害成分,随之扩散、迁移、积累,有时还有可能污染地下水。如果超过标准限量,则会转移到农作物、庄稼、蔬菜、水果等食品中,危害人们的健康。

（2）通过大气污染。在收尘设备运行过程中,粒径小于 10 μm 的粉煤灰很难被收尘器所捕集,常常随烟道气排放至空气中,随着空气的流动飘逸扩散;储入灰场的粉煤灰在干燥状态下,若未经表面团化处理,也会随风飞扬,这些颗粒会逐渐落至地面,污染土壤表层,与粉煤灰同时生成的二氧化硫、氮氧化物等气体,随着雨、雪等落至地面,污染土壤。

2.2.2　污染大气

洁净的空气是维持生命的重要因素。由于我国的燃煤电厂除尘器的运行状态各不相同,每年都有数百万吨粉煤灰排放到大气中,造成了大气粉尘污染。粉煤灰即使储入灰场灰堆,表面因水分蒸发而干燥,若遇四级以上的风力、阵风,即可剥离 1~1.5 cm 厚的灰层,粉煤灰被高高吹起达 20~50 m,造成局部地区的大气污染。悬浮于大气中的粉煤灰,能散射和吸收阳光,减弱太阳对空气和物体的照度,使物体与其背景反差减小,从而降低能见度,能见度的降低,不仅影响环境美观,而且对空航、船航、行车以及各种交通造成恶劣影响。

粉煤灰中的颗粒物在空气湿度较大时,对金属表面有腐蚀作用,还会侵蚀和污染建筑物、雕塑制品、涂料表面以及衣着服装等。弥散于空气中的粉煤灰颗粒物对动物和人类的毒害更为严重,粒径大于 10 μm 的颗粒,几乎都可以被鼻腔和咽喉所捕集,不进入肺泡。粒径 10 μm 以下的颗粒对人体危害大,其危害程度,除受人的呼吸次数和呼吸量影响外,还与颗粒大小有密切关系。粉煤灰颗粒物不仅使上呼吸道的慢性炎症发病率提高,还使呼吸道及肺部的各种防御功能相继被破坏,人体抵抗力逐渐下降、对疾病感染的敏感性加大。这时微生物的侵袭便向细支气管和肺泡发展,诱发慢性阻塞性肺部疾病隐患以及继发性感染症,不断增加心肺负担,使肺泡的换气功能下降、血管的阻力增加、肺动脉压力上升,最后右心室肥大,右心功能不全而导致肺心病。

2.2.3　污染水体,浪费水资源

水是一切生命有机体的重要组成部分,人体中水占 70%。没有水就没有生命。水又是生态系统中能量流动与物质循环的介质,对调节气候和净化环境起着重要作用。因此,水是人类生产、生活的重要资源,水与人类的生存与发展休戚相关,图 2-5 为粉煤灰造成河道阻塞情形。

图 2-5　粉煤灰造成河道阻塞

目前我国的燃煤电厂,由于储灰设施不够完善,粉煤灰利用率又不高,尚有不少粉煤灰连同冲灰水排放而排入水体,成为水体的一个重大污染源。

粉煤灰连同冲灰水一起进入水体,形成沉积物、悬浮物、可溶物,造成各种危害。实验证明如果向流量为 1 000 m³/s 的江河中排放 1 000 t 粉煤灰,水的浊度将增加 6 倍,流经 500 km 处的水体中都能检测出粉煤灰。水浊度的增加,会减少照入水体中绿色植物的阳光,堵塞滤池,覆盖鱼的巢穴,妨碍鱼的产卵、觅食等,危害水生动植物的生长和繁殖。如果工业用水的浊度增加,则会腐蚀涡轮、水泵、管道等设备。颗粒较大的粉煤灰进入水体后,逐渐沉积,会提高水体床面,影响河流、湖泊、水库的正常功能,甚至堵塞航道,造成危害。

我国大部分电厂采用湿排灰工艺,输送或排放 1 t 粉煤灰,约需 2 t 水,排灰不仅浪费了大量的水,而且消耗了大量的电能。

国内外无数事实证明,环境污染实质上大多是资源和能源的浪费所导致的,大量的能源和资源用之为宝,弃之则为害。粉煤灰同其排灰水的任意排放所造成的危害即是明显的例证。

2.3　我国粉煤灰综合利用目前面临的问题

我国是一个产煤大国。以煤炭为电力生产基本燃料的国策在长时间内不会改变。近年来,我国的能源工业稳步发展,发电能力年增长率约为 7.3%。每燃烧 1 t 原煤,能产生粉煤灰 250~300 kg,还有 20~30 kg 炉渣。无论是煤粉炉、链条炉,还是沸腾炉,灰渣排放总量约占燃煤总量的 1/3。每发 1 kW·h 的电,需标准煤约 300 g,产生粉煤灰约 100 g。燃煤发电机组,1 kW 的装机容量,年排放粉煤灰 1 t 左右。电力工业的迅速发展,带来了粉煤灰排放量的急剧增加。燃煤热电厂每年所排放的粉煤灰总量逐年增加,1995 年粉煤灰排放量达 1.25×10^8 t,到 2000 年约为 1.53×10^8 t,2009 年我国煤炭产量在 3.01×10^8 t 左右、排放量约为 4.5×10^8 t,2014 年粉煤灰产量约为 5.5×10^8 t,2015 年全国粉煤灰产生量达到 5.7×10^8 t。绿色和平组织在北京发布《煤炭的真实成本——2010 中国粉煤灰调查报告》指出:中国所面临的粉煤灰问题的规模在全世界都是绝无仅有的,粉煤灰是火力发电的必然产物,每消耗 4 t 煤就会产生 1 t 粉煤灰。中国的火电装机容量从 2002 年起呈现出爆炸式的增长,粉煤灰排放也在过去 8 年内增长了 2.5 倍,绿色和平组织在粉煤灰样品中还检测出 20 多种对环境和人体有害的物质,其中包括可能导致神经系统损伤,出生缺陷甚至癌症的重金属。按照报告所述,中国每年有镉、铬、砷、汞和铅这五种国家重点监控的重金属随粉煤灰排放进入自然环境。绿色和平组织针对部分火电厂灰场附近的地表水和地下井水的检测也显示出多种有害物质的浓度超过了国家的相关标准。在调查的 14 家火电厂中,大多数灰场的选址和防扬散、防渗漏、防流失措施远达不到有效防治粉煤灰环境污染的目的。粉煤灰中的有害物质已不可避免地污染了周围的土壤、空气和水,不仅威胁到附近居民的身体健康,还会通过食物链危害到更大范围内的公众群体。由此可见,粉煤灰问题不仅造成了资金和土地资源的浪费,更重要的是造成了严重的大气污染、土壤污染和水资源污染,危害人类的健康。

粉煤灰是一种放错地方的资源,我国是一个人均占有资源储量很有限的国家,而原本可作为一种再生资源的粉煤灰却成了污染环境和危害人类健康的废弃物,没有得到有效利用,这是可持续发展中必须解决的资源回收利用问题。

粉煤灰可用作水泥、砂浆、混凝土的掺和料,并成为水泥、混凝土的组分,粉煤灰可作为原料代替黏土生产水泥熟料,制造烧结砖、蒸压加气混凝土、泡沫混凝土、空心砌砖、烧结或非烧结陶粒,铺筑道路,构筑坝体,建设港口,用于农田坑洼低地、煤矿塌陷区及矿井的回填:也可以从中分选漂珠、微珠、铁精粉、碳、铝等有用物质,其中漂珠、微珠可分别用作保温材料、耐火材料、塑料、橡胶填料。因此开展粉煤灰的综合利用,变废为宝、变害为利,已成为我国经济建设中一项重要的技术经济政策,是解决我国电力生产与环境污染、资源缺乏之间矛盾的重要手段,也是电力生产所面临的任务之一。

随着我国燃煤电厂快速发展,粉煤灰产生量逐年增加,2010年达到4.8亿t,利用率68%,主要利用方式有作为混凝土掺和料和水泥混合材以及生产蒸压加气混凝土、蒸压煤灰砖等各种建材产品以及筑路回填等。近年来,从高铝粉煤灰中提取氧化铝的技术研发成功并逐步实现产业化,为粉煤灰中高价值组分的提取提供了经验。我国粉煤灰综合利用经历了"以储为主—储用结合—以用为主"三个阶段,目前,"以用为主"的格局基本形成。但从整体看,东西部发展不平衡的问题较为突出。

近几年,随着相关科学技术的发展与部分强制性政策的出台,国内粉煤灰利用率逐渐上升,利用途径也日益增多。然而与部分发达国家相比,我国在粉煤灰资源开发方式和综合利用率方面仍存在不小差距。目前,我国粉煤灰综合利用存在的主要问题如下。

2.3.1 产地和市场地理隔离大,局部问题突出

粉煤灰主要产生于火力发电厂、钢厂、氧化铝电厂等燃煤企业,由于各地经济发展阶段与产业结构存在差异,对粉煤灰综合利用的程度不同,使得各地粉煤灰综合利用水平差距较大。西部部分地区粉煤灰年产生量较高,如山西、内蒙古、宁夏等局部地区,因综合利用产品市场需求低及交通不便等原因,处置方式以堆放为主,电厂建设需配套申请粉煤灰堆场,每年会积累大量的陈灰。总体来说,粉煤灰综合利用面临多重困难。而在经济发达地区,如我国第一发电大省山东,粉煤灰虽然年产量巨大,但因区域经济繁荣、交通便利,粉煤灰制备水泥凝胶材料市场需求旺盛等,电厂粉煤灰基本不成负担,甚至是某些区域急需的资源,如我国南方地区二级粉煤灰夏季销售价格高达240元/t,是一种炙手可热的资源。但如果粉煤灰产地及市场存在较大的地理隔离,造成局部地区资源浪费严重,则必将阻碍其长远发展。

2.3.2 源头分级分质研究不足,资源浪费较大

因技术及资金问题,西部大多数地区粉煤灰在堆存利用时未进行成分分质及源头粒度分级,使不同等级的粉煤灰混合在一起。在资源化利用过程中,将一级灰混在二级灰中利用时,易造成资源浪费;将二级灰混在一级灰中利用时,易影响综合利用产品的品质。

2.3.3 循环流化床粉煤灰研发投入不足,技术体系缺失

目前,粉煤灰多产生于煤粉炉和循环流化床,因两种炉型处理工艺存在较大差距,致使产生的粉煤灰物理及化学结构差异较大。整体来看,煤粉炉产生的粉煤灰品质较好,可直接利用,综合利用率较高;相比之下,循环流化床产生的粉煤灰因残炭量高、自硬性大、水化膨

胀度高等,综合利用难度较大,加之技术研发不足,相关技术体系严重缺失,导致其综合利用率偏低。

2.3.4　粉煤灰高附加值发展途径研究不足、可落地性差

粉煤灰综合利用主要以混凝土掺和料、粉煤灰加气块为主,存在产品渠道单一、产业链单薄、运输半径小、受地区交通影响大等问题。胶凝材料和加气块销售半径均难以突破200 km,由于技术壁垒低、项目投资小等特点,此类项目可复制性极强,地区内部同质化竞争激烈、企业效益差。粉煤灰本身具有开口或半开口的空心球结构,在污水处理、隔热、防声降噪等领域都具有应用可行性。但是相关研发工作却远远不足,据调查国内仅清华大学轻质材料研究院利用粉煤灰等固体制备陶瓷空心微珠作为水处理材料取得较好效果,其他研发团队在高值化方向的研究和应用案例较少,并且大型企业参与度不足。

由于企业技术人员创新意识差、动力不足,对市场及其前景不能及时正确地做出分析,缺少新思维、新方法,团队整体目标性不强,国家对技术研发重视度低,缺乏高端人才的培养机制,技术成本高,产生二次污染,产业化应用难度大等制约了粉煤灰的高值化应用。

2.3.5　部分电厂管理层重视度不高,缺乏粉煤灰综合利用规划

我国电厂国有化较集中,粉煤灰综合利用投资审批周期较长,投资动力不足,大部分电厂的高层领导对其重视度较低,粉煤灰综合利用没有列入电厂和一些城市的发展战略中或战略定位低,没有形成以综合利用为主线的产学研相结合的产业体系,未能规划入企业和地方的长远发展战略,致使粉煤灰综合利用长远发展受阻。

2.4　榆林地区粉煤灰利用现状

榆林地区粉煤灰利用现状如下。

(1)可在建设交通基础设施时消纳粉煤灰,节约成本。

(2)回填采空区:粉煤灰可用于采空区回填,如榆林热电公司采用粉煤灰水泥砂浆灌注法处理煤矿采空区的冷却塔地基,其强度满足设计要求且浆液充满原采空区域,但治理成本较高,成本约 13 万元/亩。

(3)制砖:以质量分数为 20%~70% 的粉煤灰代替黏土制作粉煤灰烧结砖,可节约土地资源。目前已开发出利用 82%~90% 的自燃煤矸石与粉煤灰工业废料生产的复合双免砖。

(4)农业:将粉煤灰添加到土壤中,不仅能够丰富土壤的营养,有利于农作物的生长,而且可以提高废弃物的再利用率。如今粉煤灰已广泛应用在土壤修复中。

数据显示,粉煤灰占榆林市工业固废的 23.76%,其利用率为 22.8%,综合利用率低成为榆林市工业固体废物处理处置最大的短板。

从表 2-9 数据可以看出,榆林市工业固体废物整体利用率偏低。与《榆林市固体废物污染防治专项整治行动方案》中工业固体废物综合利用率达到 73% 以上,及国家《关于推进大宗固体废弃物综合利用产业集聚发展的通知》中基地废弃物综合利用率达到 75% 以上还存在较大差距。

表 2-9　2019 年榆林粉煤灰消纳利用表

分区	2019 年产生量/(万 t/年)	拟建项目	设计固废利用量/(万 t/年)	固废利用量合计/(万 t/年)
府谷	600	清水川矿井充填项目	100	210
		郭家湾矿井充填项目	110	
神木	200	固废制路基项目	10	320
		大柳塔煤矸石矿井充填胶结材料项目	160	
		粉煤灰制土壤改良剂项目	100	
		神木柠条塔矿井充填胶结材料制备与应用项目	50	
锦界	200	制活性粉体项目	40	200
		制干混砂浆项目	10	
		粉煤灰制土壤改良剂项目	100	
		锦界矿井充填胶结材料制备与应用项目	50	
榆横	200	金鸡滩工业区充填项目	50	230
		郭家滩煤矿矿井充填项目	100	
		制活性粉体项目	60	
		制干混砂浆项目	10	
		固废制路基项目	10	

2.5　粉煤灰综合利用产业的发展建议及愿景

2.5.1　打通物流交通体系,实现跨区域流通

近年来粉煤灰综合利用不断向精细化、高技术化发展,综合利用量稳步增长,在我国东部部分经济发达地区出现粉煤灰供不应求局面,对于内蒙古、山西等地区粉煤灰外运比实现就地利用效果更加明显,通过打通绿色交通与绿色物流体系,利用公转铁、铁水联运等方式实现跨区域资源流通将是未来粉煤灰综合利用发展的重要手段。充分发挥铁路剩余运力、加强政策倒逼、突出市场化竞争能够有效弥补资源密集地区综合利用技术手段不足等问题。

2.5.2　分质分级技术研发,提高粉煤灰整体利用率

粉煤灰分质分级是基于不同炉型的粉煤灰成分不同、粒径不一,做好原料源头分类,可使煤粉炉产生的粉煤灰及一级粉煤灰得到高质利用;而针对循环流化床产生的难利用粉煤灰,相关产废单位及科研院所应加强合作,打通"产学研用"之间的通道,加强技术创新及研发投入,地方政府应制定相关的政策,通过资金补贴及税收优惠等手段,提高其综合利用率。

2.5.3　粉煤灰综合利用的发展愿景

(1)多数地区的大中城市的煤粉炉粉煤灰综合利用向更加科学合理和更高层次的方向发展,不仅"吃光榨尽",而且"吃好当宝"。各地的相关部门对本地粉煤灰的成分和特点进行深入的分析和探讨,尽量提高其利用价值。

(2)对循环流化床锅炉产生的 CFB 灰和 CFB 脱硫灰的特点和应用领域有比较科学的

认识,并找到改性的方法和合理利用途径。

（3）煤电基地的粉煤灰综合利用本着"因地制宜,合理利用"的原则,找到一条多功能的利用之道。开发"粉煤灰建筑体系"为我国的小城镇和新农村建设提供节能环保的绿色发展样板。

（4）粉煤灰高价值组分的提取技术有重大突破,并能为大面积推广供应成套技术装备,从而使粉煤灰的潜在价值得到充分的发挥,为有效补充国内矿产资源、提高资源保障力度做出贡献。

（5）粉煤灰综合利用的管理体制从无序向有序的方向转变。从各地经验看,电力与热力生产企业自营粉煤灰处理效果不甚理想,成立专业的粉煤灰综合利用公司,承包电力热力生产企业的粉煤灰处理,可以提高技术水平和经济效益,促进粉煤灰的科学合理利用。当然,如果电力热力生产企业愿意自行成立专业的粉煤灰综合利用公司,进行技术研发、经营管理,也许更好。

（6）随着国民经济继续又好又快发展对资源的更大需求量,随着粉煤灰综合利用技术水平和管理水平的不断提高,随着国家关于鼓励粉煤灰综合利用各项政策的进一步落实和各级政府的有关部门工作力度的进一步加大,我国粉煤灰的利用率在 2025 年将超过 90%。

3 粉煤灰在实际生产中的应用

3.1 粉煤灰在建筑材料中的应用

3.1.1 粉煤灰生产水泥

粉煤灰主要由活性二氧化硅和三氧化二铝组成,因此它可代替黏土组分进行配料,用于水泥的生产。粉煤灰应用于水泥生产,不仅具备经济效益,还具有社会效益,集中表现如下。

1）节省燃料

一方面由于粉煤灰的产生过程就相当于一个熟化过程,当用它代替黏土时,就省掉黏土用于熟化消耗的能量;另一方面由于粉煤灰中尚含有一定数量未完全燃烧的炭粒。因此,在粉煤灰水泥生产的配料中可减少加入的煤量。例如:开封建筑材料厂采用 64%~69% 石灰石、15% 左右粉煤灰、6%~7% 石膏、2% 萤石、0.9%~10% 矾土、7.9%~8.5% 外加煤配制生料,经 1 350 ℃燃烧成熟料。用该熟料和 15% 沸石、25% 脱碳粉煤灰制成水泥,平均吨熟料耗标煤 102 kg,比普通的硅酸盐熟料 200 kg 煤耗降低了 49%。

2）增加产量,降低电耗

粉磨普通硅酸盐水泥时,掺加粉煤灰作混合材料,能起一定的助磨作用,使磨机产量有所提高,单位电耗降低。

3）降低产品成本,改善水泥某些性能

粉煤灰比生产传统水泥的原材料易得、价廉,同时,粉煤灰水泥具有如下特点。

（1）早期强度低,后期增长率高,比普通硅酸盐水泥高 1 倍;浇筑实体致密,不易产生裂缝,水泥石结晶完整耐风化,适用于道路、堆场、机场跑道、水坝等工程。

（2）干缩性小,能明显改善混凝土的干性收缩与脆性。

（3）水化热偏低,适用于高温季节施工或大体积混凝土工程施工。

（4）胶砂流动度大,和易性好,在相同坍落度时可比普通硅酸盐水泥减少拌和水,从而减小水灰比。

（5）耐硫酸盐性能好,长期处在有硫酸盐的介质中基本无侵蚀现象。

（6）对一些地方小窑水泥厂产的水泥,因含氧化镁及游离氧化钙过量,破坏了水泥安定性而不能使用时,掺入二氧化硅含量大于52%的粉煤灰(掺入量10%~30%),水泥的安定性得到改善,并能立即使用。

4）保护环境,变废为宝

像我国这样一个燃煤大国,能使粉煤灰资源得到很好的再生利用,对避免生态环境恶化、实现可持续发展、造福子孙后代具有重要意义。

粉煤灰水泥的生产工艺流程:粉煤灰水泥的生产工艺流程与生产普通水泥、矿渣水泥以及火山灰水泥的工艺流程基本相同。因此,一般大、中、小型水泥厂均可进行生产。

湿灰生产粉煤灰的优缺点如下。湿灰运输方便,不需要专门的密封装运设备。生产时,粉煤灰虽需要进行烘干,但设备易于解决,一般可利用水泥厂原有的烘干设备进行。它的缺点是对密封和收尘措施要求较高,不然易污染车间环境,影响生产,而且,由于收尘时细灰飞损较大,也会影响水泥质量。此外,由于湿灰易黏结成团,很难烘干,这就给水泥的粉磨带来一定的困难。加之湿排灰中含有相当数量的粗颗粒(即炉底渣),因而也影响粉磨效率。上海水泥厂用湿灰试生产500号粉煤灰水泥时,由于粉煤灰脱水困难,干燥后的粉煤灰含水量一般仍在5%~8%,因而在磨制掺30%粉煤灰水泥时,磨机台时产量与细度相近的普通水泥比较,有较显著的下降,电耗也相应增加。据初步测定,台时产量由12.5 t下降到8.5 t;电耗也由31 kW·h/t增加到46 kW·h/t。可见用湿灰生产粉煤灰水泥是不太合理的,但是当供灰的电厂仍采用湿排灰工艺时,用湿灰生产粉煤灰水泥也是可行的。

当采用干灰生产粉煤灰水泥时,由于干灰不需要进行干燥,因而省去了烘干工序,节省了因烘干需要的燃料和电力,这是它的最大优点。但是需要有密封装置的运输设备,这是它的缺点。我国很多电厂目前还是采用湿排灰方法处理粉煤灰,这使综合利用粉煤灰受到一定的影响。为促进粉煤灰水泥的生产,除水泥厂外,还需要火力发电厂、运输系统和有关设计科研单位的共同努力,解决干排灰的供应和输送等问题。

生产粉煤灰水泥必须正确控制原材料的质量,熟料、粉煤灰、石膏的合理掺量和水泥的粉磨细度。只有正确掌握以上几个方面才能获得合理的技术经济指标。

1）原材料的质量控制

稳定粉煤灰水泥的质量,首先,要控制熟料的质量,根据熟料质量的变化情况,及时调整粉煤灰的掺量和粉磨细度。因此,生产厂应经常对熟料进行质量检验。

其次,应该对粉煤灰的质量进行控制。其中粉煤灰的含碳量、含硫量应作为例行生产控制的指标,必须经常加以检验。取样的要求视原料的情况而定,如粉煤灰来自一个化学成分变动不大的电厂,则每班分析一次即可;对于来源复杂或煤种常有变化的电厂粉煤灰,则应适当增加分析次数,以便做到及时掌握原材料的情况,保证粉煤灰水泥的正常生产。此外,在粉煤灰水泥粉磨之前对粉煤灰的水分应经常加以控制——建议入磨前粉煤灰的含水量以不超过 2% 为宜,这是因为原材料的水分对磨机的操作影响较大,如果粉煤灰含有较多的水分,则不利于水泥的生产。

对于粉煤灰的活性指标,由于试验耗时较长,故一般可不作为例行生产时经常控制的技术条件。但由于各种各样的原因,粉煤灰的质量总会有变化,因而在生产粉煤灰水泥的过程中,应定期加以检验。

粉煤灰的取样,应分批进行,每批数量视具体情况而定。对于粉煤灰来源广、变化大的水泥厂,为保证水泥的生产质量,还可以通过测定水泥强度的方法,直接控制粉煤灰的质量。通常用预先选储好的具有代表性的水泥熟料,在配料、细度等相同的条件下,对各种粉煤灰配制的水泥进行强度检验,并可采取统一的蒸汽养护方法,以便尽快观察水泥后期强度变化情况,找出规律,作为生产时控制粉煤灰质量的方法。

2)粉煤灰与石膏掺量的控制

生产粉煤灰水泥时,粉煤灰的掺量一般控制在 20%~40%;水泥中的三氧化硫(SO_3)应不超过 3.5%。由于各厂的原材料、生产工艺以及对水泥品质要求等不完全相同,因此对于粉煤灰和石膏的掺量应通过试验选定。

配比确定后,控制熟料、粉煤灰、石膏三者的入磨比例,是稳定水泥质量的重要措施之一。最好采用自动控制的质量配料秤,如简易自动配料秤或电子秤自动控制喂料,也可采用圆盘喂料器或螺旋喂料器对熟料、粉煤灰、石膏三种原材料分别进行喂料,并用磨头定期抽查的方法,经常检查各物料的入磨比例,以便及时调整。除在入磨时控制物料比例外,还应定期取水泥样品进行粉煤灰掺量与三氧化硫含量的分析,根据分析的结果再进行入磨物料比例的调整。生产控制时取样分析水泥中粉煤灰掺量与三氧化硫含量的次数,视磨头控制物料喂料的严密程度而定。波动小的,每班取样分析一次即可,否则需要增加分析次数,采取勤分析勤调整的办法。

3)粉磨细度的控制

控制水泥的粉磨细度是保证水泥质量的关键。水泥粉磨得越细,强度发挥得越快。但是细度过细,磨机产量将会显著降低,耗电量大幅度增加,并不经济。因此,对水泥粉磨细度的控制,是在一定的粉磨工艺条件下,力求一个比较经济合理的细度指标。可通过试验确定生产某一标号的水泥时所要求的细度指标。在生产过程中还应及时分析,随时进行调整。

必须指出,对于混合粉磨配制的粉煤灰水泥,以筛析法确定水泥细度较为合理。这是因为粉煤灰与熟料的易磨性相差很大,混合粉磨时,往往熟料颗粒较粗,粉煤灰颗粒较细,此时水泥比表面积虽然较大,但往往由于磨机钢球级配不良而使得熟料颗粒过粗,从而影响水泥的强度。筛析法能比较准确地反映熟料粉磨的细度情况,有利于粉煤灰水泥的生产质量控制。

3.1.2　粉煤灰在混凝土中的应用

粉煤灰混凝土泛指掺加粉煤灰的混凝土。实践证明,在配制混凝土混合料时,掺入一定数量和质量的粉煤灰,可达到改善混凝土性能、节约水泥、提高混凝土制品质量和工程质量以及降低制品生产成本的目的。它是实现粉煤灰资源化、商品化、综合成本和效益一体化的一条重要途径。

由于粉煤灰固有的火山灰活性,它能与水泥水化过程中析出的氢氧化钙缓慢进行“二次反应”,在表面形成一火山灰质物,与水泥浆硬化体晶格坚固地结合起来,进而增长龄期强度,提高混凝土的抗渗性和耐久性;此外,由于粉煤灰在混凝土中具有超出火山灰活性的特殊物理性能,比如粉煤灰的减水功能、增加浆体的体积功能、调节凝胶量和胶凝过程的功能、填充浆体孔隙的功能等,使粉煤灰混凝土物理化学作用达到动态平衡,起到了使混凝土性能改善和质量提高的作用。

1)掺混方式分类及优缺点

按粉煤灰在混凝土配制过程中的掺混程序不同,掺混可分为“内掺”和“外掺”两种方式。“内掺粉煤灰”顾名思义就是指水泥内已掺有粉煤灰。也就是说粉煤灰与水泥按专门设计的固定比例掺混好,形成一种系列化的销售产品,用户根据自己的具体工程要求选用。如含粉煤灰的普通硅酸盐水泥、粉煤灰硅酸盐水泥或粉煤灰矿渣硅酸盐水泥及预混合粉煤灰水泥等。“外掺粉煤灰”就是指粉煤灰生产企业经过选灰,加工成供混凝土中直接掺用的商品粉煤灰。用户按照工程的要求和粉煤灰的特征随用随进行粉煤灰混凝土最佳配比的设计。前者的优点是粉煤灰和水泥混合均匀、质量控制较好,其根本缺点是因粉煤灰与水泥配比固定,不能按照现场施工情况调整二者比例;后者的优点是施工配比可灵活掌握,缺点是给施工带来增加设施等麻烦。

按所掺粉煤灰的加工程度不同,混凝土可分为原状粉煤灰混凝土和产品粉煤灰混凝土。所谓原状粉煤灰混凝土,就是指在制备混凝土时,把直接从燃烧系统排出的粉煤灰作为一种组分加入搅拌机拌制而成的混凝土;而制备产品粉煤灰混凝土则是指制备混凝土时对所用的粉煤灰进行预加工处理,以提高粉煤灰的内在品质和质量,如已被广泛采用的磨细粉煤灰技术。原状粉煤灰混凝土的优点是使用方便,可带来较大的经济效益,但是致命的缺点是由于所用原状粉煤灰无法控制质量,没有质量保证,只能用在要求较低的施工工程中,在结构混凝土中代替部分水泥或砂;产品粉煤灰混凝土能提高粉煤灰混凝土质量,有利于开发特种用途的粉煤灰混凝土,将是拓宽和推广应用领域的发展方向和重点。

2)粉煤灰混凝土的应用范围

从 20 世纪 50 年代初期开始,我国粉煤灰混凝土经半个多世纪的开发历程,目前已被广泛应用在土木工程、建筑工程以及预制混凝土制品和构件等方面。

粉煤灰混凝土用于大坝、道路、隧道与港湾、下水道等,效果是和易性好、水密性好、水化热低、膨胀收缩小、后期强度高、耐海水侵蚀性强、耐化学腐蚀性强、可配制特殊用途土木工程混凝土。粉煤灰混凝土用于现场浇制工业和民用建筑的柱、梁、板、基础、地面等,其效果是和易性好、可改善混凝土浇捣性和装饰性、可按指定强度指标设计混凝土、长期强度高、可配制特殊用途的建筑工程用混凝土。粉煤灰混凝土用于钢筋混凝土预制件、水泥制品（管、砌块），可改善加工性能、节约振捣能量、改善制品外观质量、降低水泥单耗、节约材料成本。粉煤灰混凝土用于各种用途和强度的普通和特殊用途预拌混凝土（商品混凝土），能更好地与化学外加剂配制成泵送及其他性能混凝土。

3.1.3　粉煤灰砖

1）烧结法制备粉煤灰砖

烧结粉煤灰砖是以粉煤灰和黏土为主要原料，再辅以其他工业废渣，经配料、混合、成型、干燥及焙烧等工序而成的一种新型墙体材料。

我国烧结粉煤灰砖始于 1964 年，多年来均将粉煤灰掺入黏土、煤矸石及页岩中制砖，取得了一定的经济效益和社会效益。而真正用于生产是 20 世纪 70 年代，最初采用塑性挤出工艺，粉煤灰掺量难以提高，一般在 25% 左右。之后，一些研究单位用可塑性较高的黏土，采用硬塑挤出工艺，使粉煤灰掺量提高至 45%。为了进一步提高粉煤灰掺量，一些单位开始进行压制成型高掺量粉煤灰的研究，使粉煤灰的掺量提高至 70%~80%，同时对黏土的可塑性要求更高了。由此看来，粉煤灰烧结砖从最初掺入黏土中部分取代黏土，已发展到以黏土作黏结剂，使粉煤灰得以成型而烧制成砖。如今烧结粉煤灰砖向轻质、承重和具有装饰效果的方向发展。产品质量应符合《烧结普通砖》（GB/T 5101—2017）标准的要求。建筑设计与施工按《砌体结构设计规范》（GB 50003—2011）、《砌体结构工程施工质量验收规范》（GB 50203—2011）执行。

生产烧结粉煤灰砖与普通黏土砖相比，具有如下优点。

（1）保护环境，节约耕地。烧结粉煤灰砖中的黏土耗用量按 40% 计，则每万块砖可少用黏土 8 m³ 之多。

（2）节约能耗。焙烧外燃黏土砖（轮窑焙烧），每万块耗标准煤 0.7 t 左右，而采用粉煤灰内燃烧结工艺，基本实现了焙烧不用煤（粉煤灰掺量 50%，热值 2 508 kJ/kg 以上），并能抽取焙烧余热进行人工干燥。

（3）减轻建筑荷重，降低劳动强度。每块烧结粉煤灰砖平均质量为 2.0 kg，比普通黏土砖轻 0.5 kg。

（4）提高效率，降低成本。烧结粉煤灰砖干燥、焙烧周期均比黏土砖短。

（5）砖质量好。特别是压制成型的烧结粉煤灰砖产品尺寸准确，棱角整齐，外观漂亮，耐久性好，其力学性能不亚于普通黏土砖，保温隔热性能优于普通黏土砖，表观密度比普通黏土砖小。

我国生产的粉煤灰烧结砖包括普通实心砖、大块空心砖、普通空心砖、拱壳砖以及挤出瓦等。这些产品被广泛用在工业厂房、烟囱、水塔、住宅、剧院街道上，使用情况良好。

2）蒸制法制备粉煤灰砖

蒸制粉煤灰砖是以电厂粉煤灰和生石灰或其他碱性激发剂为主要原料，也可掺入适量的石膏及一定量的煤渣或水淬矿渣等骨料，按一定比例配合，经搅拌、消化、轮碾、成型，在常压或高压蒸汽养护下制成的一种墙体材料。它的基本工艺流程如图 2-6 所示。

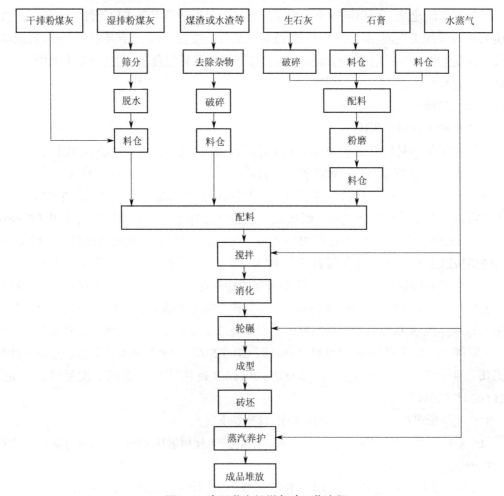

图 2-6　高压蒸汽粉煤灰砖工艺流程

生产蒸制粉煤灰砖与普通黏土相比,具有下列优点。①变废为宝,保护环境。②节约土地。③不需焙烧,仅需提供养护用的蒸汽,故燃料消耗低。④机械化程度高,劳动生产率高。⑤不受季节气候影响,可以全年生产。⑥产品容重轻,热导率小,对改善建筑性能、降低建筑成本有利。

3）免烧免蒸粉煤灰砖

我国 170 个城市已于 2003 年 6 月 30 日前禁止使用实心黏土砖,到 2005 年年底所有的省会城市全面禁止使用实心黏土砖。免烧免蒸粉煤灰砖是近几十年开发出的新型墙体材料之一,它以粉煤灰为主要原料,用水泥半干法压制成型,石灰及外加剂等与之配合,经搅拌、半干法压制成型,自然养护制成,是一种砌筑材料。

3.1.4　粉煤灰砌块

我国传统的墙体建筑材料红砖,用土量大,烧结 100 万块红砖要破坏 1 亩土地,对于我国这样一个人口众多、耕地资源有限的国家而言,保护和节约每一寸田地意义重大。因此,推进粉煤灰砌块等建材业的发展,有利于促进墙体材料改革,更进一步地限制红砖的生产。

　　粉煤灰空心砌块与黏土制品相比,质量轻、强度高、保温性能好、耐久性好。在施工过程中,与砖相比其优点是:比砌砖体提高工效 1 倍以上,而且可以大大减轻劳动强度,把工人从繁重的体力劳动中解放出来,并起到节约工期、降低工程造价的作用。这正符合当前墙体材料轻质、高强、空心、大块的发展方向。

　　我国利用粉煤灰研究生产的各种砌块有蒸养粉煤灰硅酸盐砌块、蒸压粉煤灰加气混凝土砌块、粉煤灰混凝土小型空心砌块、粉煤灰泡沫混凝土砌块、粉煤灰空心砌块等。

3.1.5　粉煤灰陶粒

　　粉煤灰陶粒是以粉煤灰为主要原料(85% 左右),掺入适量石灰(或电石渣)、石膏、外加剂等,经计量、配料、成型、水化和水热合成反应或自然水硬性反应而制成的一种人造轻骨料。根据焙烧前后体积的变化,其分为烧结粉煤灰陶粒和膨胀粉煤灰陶粒两种。前者比后者容重大,强度高,因而应用范围也有所不同。

　　粉煤灰陶粒一般呈圆球形,粒径为 5~15 mm,表皮粗糙而坚硬,呈淡灰黄色,内部有许多细微气孔,呈灰黑色。它具有优异的性能,如密度低、筒压强度高、孔隙率高、软化系数高、抗冻性良好、抗碱骨料反应性优异等。由于陶粒密度小,内部多孔,形态、成分较均一,且具一定强度和坚固性,因而具有质轻、耐腐蚀、抗冻、抗震和隔绝性(保温、隔热、隔声、隔潮)良好等特点,比天然石料具有更为优良的物理力学性能。基于陶粒这些优异的性能,它可以广泛应用于建材、园艺、食品饮料、耐火保温材料、化工、石油等部门,应用领域越来越广。陶粒在发明和生产之初,主要用于建材领域,随着技术的不断发展和人们对陶粒性能认识的深入,陶粒的应用早已超过建材这一传统范围,不断向新领域扩展。

　　粉煤灰陶粒常用来配制强度为 100~500 号各种用途的轻质混凝土和陶粒粉煤灰大型墙板等,用它制作建筑构件,则可缩小截面尺寸、减轻下部结构及基础荷重,节约钢材和其他材料用量,降低建筑造价。同时,由于粉煤灰陶粒混凝土还具有隔热、抗渗、抗冲击、耐热、抗腐蚀等优良性能,现在陶粒在建材方面的应用,已经由 100% 下降到 80%,在其他方面的应用已占 20%。随着陶粒新用途的不断开发,它在其他方面应用的比例将会逐渐增大。目前已被广泛应用在高层建筑、桥梁工程、地下建筑工程、造船工业及耐热混凝土等工程。粉煤灰陶粒生产流程如图 2-7 所示。

　　(1)粉煤灰陶粒以质轻、高强的特点,用作高层建筑和市政桥梁工程时,可缩小构件截面尺寸,减轻下部结构及基础荷重,节约钢材和其他材料用量,降低工程造价、加快施工进度。

　　(2)粉煤灰陶粒以保温、连续级配、质轻等特点,应用于建筑墙板和建筑砌块时,可减少水泥用量,减轻重量,增加建筑保温、隔声性能,目前我国约有 40% 的陶粒被用于建筑墙板和砌块,高强陶粒还可用作承重墙板和砌块,并省去外墙保温环节。

　　(3)粉煤灰陶粒混凝土具有隔热、抗渗、抗冲击、耐热、抗腐蚀等优良性能,是地下建筑工程、造船工业及耐热混凝土等工程的首选骨料。

　　(4)粉煤灰陶粒混凝土具有良好的耐火性能,可直接用于高温窑炉及烟囱的耐火内衬。

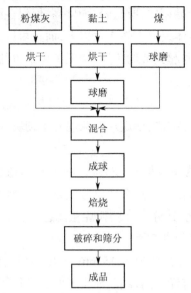

图 2-7　粉煤灰陶粒生产工艺流程

（5）公路声屏材料必须具有耐候性足够、耐酸碱、耐水、耐火、强度高、吸声系数高、吸声频带宽等特点,粉煤灰陶粒混凝土完全满足这些要求并已得以应用。

（6）粉煤灰陶粒以表面粗糙坚硬、耐磨、抗滑、抗冻融等特性,用于筑路工程,可显著提高道路的抗滑性能,提高车辆行驶安全性,用于软土地基和高寒地区,可延长道路的使用寿命。

（7）粉煤灰陶粒以多孔、吸水和不软化等特点,可用作水的过滤剂、花卉的保湿载体和用于蔬菜无土栽培等。

3.1.6　粉煤灰砂浆

建筑砂浆标号低,一般为 25 号、50 号、75 号、100 号等,它在建筑工程中的应用量大面广。为了在确保工程质量的前提下,降低工程造价,我国广大的建筑工作者,利用粉煤灰取代部分(或全部)传统建筑砂浆中的水泥、石灰膏和砂等组分,配制成粉煤灰砂浆。经过几十年的研究和应用表明,粉煤灰砂浆具有如下优点。

（1）砂浆对粉煤灰的品质要求低,全国绝大多数电厂的原状粉煤灰都能用。

（2）砂浆中粉煤灰的掺量比较大,每立方米砂浆,少则几十千克,多则二三百千克,甚至更多。

（3）粉煤灰砂浆的性能比较好,强度比较稳定,有利于保证工程质量。

（4）使用原状粉煤灰配制砂浆,取灰、运灰、保存、使用都很方便,无须改变施工工艺及器具,工人容易接受。

（5）粉煤灰容重较小,因此用它配制的砂浆容重也比较小,大大减轻了操作工人的劳动强度。

（6）经济效益、社会效益都很显著,一般可以节约水泥 20%~30%,节约砂 10%~50%,节约砂浆材料费 5~10 元 /m³,同时可节约储灰占地。因此,普及推广粉煤灰砂浆意义重大。

特别是随着我国水泥生产向高标号方向发展,致使低标号水泥缺乏,只能用高标号水泥配制低标号砂浆,结果造成技术上不合理,因为从砂浆强度指标看,掺少量高标号水泥即可满足要求,但是从砂浆的稠度指标看,必须增加水泥用量以改善稠度,便于施工操作,这样就造成经济上的不划算。

3.1.7　粉煤灰人工轻质板材

1)粉煤灰硅钙板的生产

粉煤灰硅钙板是以粉煤灰等工业废渣为主要原料,采用抄取法或流浆法成型,在蒸压釜中蒸压养护而成,它具有质轻、强高、保温、隔声、防潮、不燃、可锯钻加工等优点,适用于船舶工业和建筑工程,经表面装饰后,可成为高档建筑材料。粉煤灰硅钙板作为新型建筑材料,装配成轻质复合墙板,完全符合现代节能要求,再加上生产它的原材料为工业废渣,与同类产品横向比较,它可谓质优价廉,市场竞争能力强。因此,粉煤灰硅钙板是一种具有广阔发展前景的建筑节能型复合墙体材料。

2)粉煤灰纤维棉板材

由于湿排粉煤灰特别是灰场湿排粉煤灰,均匀性差,含渣量高,微粒度粗,使其在建材领域的应用不如干排灰受欢迎。我国绝大部分电厂都采用湿排灰工艺,这就使其在建材行业的广泛应用受到一定限制。而粉煤灰纤维棉所用粉煤灰不需分级,不论干、湿,根据各煤种的化学性能,经过造型配比,运用工程化、配套化、机械化的流水线生产工艺,将粉煤灰转化成纤维棉,再深加工制作高档、新型、防火、节能系列建材产品,如粉煤灰纤维棉半硬板钢丝网三维复合板、粉煤灰纤维棉防火吊顶吸声板、粉煤灰纤维棉高强度多用途防火墙板等。

3)粉煤灰轻质隔声内墙板的制备和性能

粉煤灰轻质隔声内墙板是以膨胀珍珠岩为骨料、粉煤灰为填料、快硬硫铝酸盐水泥(或铁铝酸盐水泥)作胶结料,加入适量的特种外加剂制成。其特点如下。

(1)板面平整,尺寸精确。

(2)板的表面可作各种饰面,如贴墙纸、瓷砖、喷涂、粉刷、弹涂等。

(3)质轻、高强、隔声、防火、防潮、保温、隔热、不变形、可任意组合、安装方便。

(4)可锯、可刨、可钻孔、可螺结、可设置预埋件。

(5)占地面积小,可增加设计平面利用系数 K 值,比双面抹灰的 24 cm 砖墙的平面利用系数约增加 17.2%,扩大室内的使用面积。

(6)减轻结构自重,提高抗震性。

(7)施工简单,速度快,周期短,劳动强度低,节能。

(8)节省劳力和起重设备。

(9)经 25 次冻融循环试验不变形,不脱落。

4)其他粉煤灰轻质板材

(1)粉煤灰多孔轻质建筑板是以氯化镁水泥为胶凝材料,粉煤灰为活性填料,中碱玻璃纤维为增强材料,并配以改性外加剂和发泡液,采用适当工艺在常温常压下固化成型的一种新型多孔轻质建筑板材。该产品具有质量轻、强度高、保温隔声性能好、变形小、不燃烧、可加工性强、适用范围广等优良性能,可广泛用于建筑物的外墙内保温、外墙外保温、屋面保温、非承重分户室隔墙及有相似要求的其他建筑工程部位。

(2)建筑业是国民经济各部门中的耗能大户,约占全国能耗的25%。建筑节能是缓解能源紧缺状况最重要的途径之一。李富昌等以干排灰和湿排灰、无机胶凝材料(如水泥、菱苦土、水玻璃等)、外加剂和水为原料,试制了适合于墙材的无机发泡保温材料。实验表明同其他无机墙体保温材料相比,该产品具有泡孔均匀、闭孔、质量轻、热导率低、成本低以及现场浇注发泡、自然养护等优点。

(3)粉煤灰加气混凝土板材是以粉煤灰为主要原材料,以钢筋为增强材料,再配以石灰、水泥、铝粉或铝粉膏及其他辅助材料,研制成的复合材料。它将结构与保温隔热融为一体,具有质轻、防火、耐水、可加工性强等特点,因而广泛用于工业和民用建筑。它的成型原理与加气混凝土切块基本相同,即将硅钙材料按配方配比,由发气剂在料浆中产生化学反应,逐步放出气体形成气泡,使料浆膨胀,再经水热处理而成。其区别在于,浇注成型时将经过防腐的钢筋网片放入模具中,经过切割工序后,形成加筋的各种规格的加气混凝土板材。

3.1.8 粉煤灰瓦

粉煤灰瓦是混凝土瓦的一个品种,是在混凝土混合料中掺入30%以上的粉煤灰制成的混凝土瓦。

20世纪90年代,湖北省荆州市建材总厂从瑞典公司引进了我国第一条彩色水泥瓦生产线,该生产线投产后发挥了良好的技术经济效益,在其示范效用的影响下,新型混凝土瓦产品在我国迅速发展起来。经过几十年的生产实践,我国已经成功地消化引进的成套设备,实现了引进设备的国产化,为在我国大面积推广创造了条件。

为了将粉煤灰从其他工业废渣应用到混凝土瓦的生产中,辽宁省建筑材料科学研究所与其他单位合作,成功研制了粉煤灰瓦,为粉煤灰房建材料增添了一个新的品种。

随着我国建筑业的迅速发展和人们对居住质量要求的日益提高,千篇一律的平屋顶建筑越来越受到社会的责难,人们希望有一个丰富多彩的屋面。因此,国家制定了适合发展坡屋面的技术政策,建设部明文指出:今后城镇建筑30%以上的房屋应用坡屋面的形式来改善建筑物防水、隔热、保温功能和美化环境。这就为混凝土瓦的发展指明了方向和前途。由于粉煤灰的掺入既改善了质量,又降低了成本,因而粉煤灰瓦将成为各地发展混凝土瓦的首选品种。

混凝土瓦色彩丰富艳丽、可装饰性强、品种繁多、功能齐全、密实性好、强度高、耐久性好,而且其性能也不逊于普通烧结黏土瓦。其性能对比见表2-10。

表2-10　新型混凝土瓦与普通烧结黏土瓦的比较

项目	新型混凝土瓦	普通烧结黏土瓦
主要原材料	水泥,砂,粉煤灰	黏土
力学性能	承载力标准值,优等品2 000 N,一等品1 800 N,合格品1 500 N	弯曲破坏荷载,平面瓦1 020 N,板瓦1 170 N,S形瓦1 600 N
颜色	可着各种颜色	单一红色

项目	新型混凝土瓦	普通烧结黏土瓦
抗冻性	25 次冻融循环无破损现象	15 次冻融循环合格
吸水率	优等品、一等品不大于 10%，合格品不大于 12%	无釉类瓦不大于 21%
抗渗性	水位高于脊 15 mm，保持 24 h，瓦脊面不现水滴	水面距瓦面最浅处 15 mm，保持 3 h，瓦背面无水滴产生
效用效果	不渗水，防风雨性好	易脱皮，抗渗性、抗冻性不良
使用寿命	80~100 年	30~40 年
外观	边角齐整，表面平滑，无翘曲变形，瓦脊较高，装饰性强	规整度差，烧结过程中易变形翘曲，炸损裂纹，破损率高

3.1.9　粉煤灰功能性材料

利用粉煤灰制作具有某种特定建筑功能，如保温、隔热、防水、防火、耐火、防腐等功能的房建材料，也是粉煤灰综合利用的重要途径，对提高粉煤灰的利用价值具有重要意义。

（1）粉煤灰泡沫混凝土通常是用机械方法将泡沫剂水溶液制成泡沫，再将泡沫加入由粉煤灰、水泥、各种外加剂和水组成的料浆中，经混合搅拌而成。粉煤灰泡沫混凝土可以在建筑物施工现场直接浇注到某个建筑部位，也可以在工厂加工成制品。

（2）粉煤灰泡沫塑料保温隔热材料是以水泥和粉煤灰为胶结料，以回收的聚苯乙烯泡沫塑料粉碎颗粒为保温隔热物料，掺加一定的外加剂和水经搅拌而成的一种保温隔热材料，同时兼有一定的防水功能，是一种以废料为主的新型保温隔热材料。这种材料可以在工厂加工成制品，也可以进行现场施工，将混合料直接铺到建筑部件上。

（3）使用保温性能良好的墙体材料，必须采用保温砂浆与之匹配，否则灰缝处将形成"热桥"。配制保温砂浆的主要途径是使用轻砂，如膨胀珍珠岩、火山渣、浮石等，但是，这些材料表面粗糙，孔隙多，以致保温砂浆流动性差，且水泥用量高。哈尔滨建筑大学研究在保温砂浆中掺入粉煤灰，取得了良好效果。

（4）粉煤灰防水材料是将粉煤灰和憎水介质及其他外加剂经加工制成的粉末状防水材料，又称粉煤灰防水粉。襄樊大学、武汉工业大学和重庆建筑工程学院对此都有深入的研究，其产品已经大范围应用于建筑工程。

（5）粉煤灰掺以一定量的辅料在高温熔炉内熔为液态，用离心力和高压载能气体将熔融体制成很细的直径 3~6 μm 灰白色纤维，这就是粉煤灰纤维棉，简称粉煤灰棉。这是一种与矿棉、岩棉特性基本相同的纤维材料，是隔声、吸声、保温、隔热、防火制品的良好基材。

（6）在轻质耐火材料中，以温度在 900~1 200 ℃的中温隔热材料用量最大最广泛。漂珠砖是这一类轻质砖的代表。由于漂珠砖生产简单，强度高，保温性能好，几乎替代了硅砖和轻质黏土砖，占据了绝大部分轻质黏土砖市场。但是，漂珠砖只占粉煤灰质量的 1%~5%，数量少，分选困难，价格高昂，限制了漂珠砖的发展。为此，许多单位都在研究开发以粉煤灰为原料的轻质耐火砖，其中华中科技大学土木建筑学院的研究成果已投入生产。

3.2　粉煤灰在道路工程中的应用

粉煤灰填筑是在工程建设中,利用粉煤灰替代传统的砂、土或其他填筑材料,采取压实工艺,并使回填体具有一定的工程性能。

粉煤灰在工程中作为填筑材料使用,是大用量、直接利用的一种重要途径。国外已广泛应用于道路路堤和广场、机场、港区的地基,并用于拦水坝和地貌改造等工程。国内近十几年来也开始在高等级道路路堤和工程回填中应用。

粉煤灰填筑工程的特点,首先是投资少、上马快,不像粉煤灰在建材产品中的利用那样,要花费较多的投资兴建工厂。填筑路堤或工程回填,只要提供灰的运输工具和摊铺、碾压机械,就可以进行施工。其次是用灰量大,如上海沪嘉高速公路,按路堤高 2.7 m,路幅 26 m 计,每公里可用湿灰约 10 万 t。对灰的质量不像使用在水泥、混凝土中那样严格,无论是低钙灰、高钙灰,还是湿灰和干灰均可采用。

利用粉煤灰填筑,在欧美国家已有较长的历史,如粉煤灰路堤,英国在 20 世纪 50 年代后期就开始研究,并修筑了一系列试验路段。1965—1970 年,英国在斯特林—爱丁堡汽车道路、七橡树道路和亚历山大道路工程中,都成功地在软土地基上使用粉煤灰建造路堤。工程实践证明了粉煤灰路堤的适用性和其独特的优越性,被确认并列入英国国家高速公路发展规划,允许粉煤灰用于软土地基上以替代自重较大的黏土。随后法国、德国、芬兰、波兰、前苏联等国相继开展了粉煤灰用于路堤填筑与结构回填的研究。

美国由于自然资源丰富,建设工程材料价格低廉,因此粉煤灰在填筑工程中的应用比欧洲国家稍晚。但在 20 世纪 70 年代后期,粉煤灰排量剧增,环保法的要求也愈来愈严格,灰渣处置费用不断提高,从而促使人们提高了对粉煤灰利用的兴趣,并做了大量工作。其中比较突出的是:1979 年由美国电力研究院(EPRI)组织编写的《粉煤灰结构填筑手册》,总结了前十年实验室和现场试验的经验。1986 年 2 月,该院又提出了一份《粉煤灰大吨位利用》的调查报告,收集了 278 个粉煤灰填筑等大吨位利用的工程实例,对这方面的技术发展做了历史性的回顾和总结,有力地推动了粉煤灰在大吨位方面的利用。

近十几年来,国内不少地区对利用粉煤灰作填筑材料进行了工程性试用。有工程回填的,如大连甘井子电厂厂区和第一粮库;宝山钢铁总厂炼钢副原料坑车道和站台、烧结清循环水池以及煤气柜工程;南通经济开发区富金家具厂、邮政大楼场地;上海港务局关港作业区曹家港填筑工程;上海益昌冷轧薄板工程;上海浦东外高桥新港区填筑等工程;在干法压实施工的基础上,对原石洞口电厂 50 万 m³ 临时灰场采用排水板钢渣挤实动力加固处理,建成上海刚罗泾煤码头新港区,消纳粉煤灰 200 万 m³,钢渣 100 万 t。用于道路路堤的有西安高 1.2 m 的试验路段;上海沪嘉高速高 2.7~3.2 m 的试验路段;上海莘松高速全线使用粉煤灰和土间隔路堤及新桥立交桥 7.5 m 高的粉煤灰路堤;上海沪清平一级拦路港大桥成功实施了路堤高 8.9 m 的粉煤灰拉筋挡墙试验工程;杭州钱江二桥接线工程粉煤灰路堤;云南水塘试验路段等工程。从工程实践看,使用性能良好,符合设计要求。

粉煤灰的化学成分在前面的章节已经做了详尽的叙述,本节不再阐明,而主要就粉煤灰的化学成分对工程填筑性能的影响进行说明。

1）粉煤灰化学成分对工程填筑性能的影响

填筑工程中，粉煤灰可以替代部分砂性、黏性土等回填材料，原因是粉煤灰在颗粒组成、密度、压缩性能和击实特性等方面与黏性土，特别是砂性土相比，有不少相似之处和优点。但是，由于粉煤灰的生成形式和化学成分与黏性、砂性土完全不同，因而粉煤灰作为回填材料又具有其特点，这也是工程设计和施工技术人员所关心的一个问题。

粉煤灰化学成分对工程填筑性能的影响具体表现在以下几个方面。

（1）对物理性能的影响。粉煤灰的含碳量会影响其物理性能。高含碳量会抑制粉煤灰的硬化，减小密度，加深颜色以及增大压实时的最佳含水量，以及回填体的结构强度。

（2）出现自硬性的可能性。氧化钙、氧化钠或氧化钾含量高的粉煤灰，遇水后会发生火山灰反应，产生自身硬化，这种自硬性对粉煤灰的某些物理及工程性能有较明显的改善作用，如抗剪强度、压缩性能、承载能力、渗透性和冻敏性等。这个现象也就是粉煤灰压实体的龄期效应，这与土是完全不同的。当然，倘若采用的是湿灰，由于少量的游离氧化钙被水稀释，则粉煤灰的自硬性就会降低，甚至没有。

（3）出现硫酸盐腐蚀的可能性。混凝土结构与三氧化硫含量高的粉煤灰接触，会产生硫酸盐腐蚀的可能性。

（4）对浸出液 pH 值的影响。粉煤灰浸出液基本呈碱性，pH 值介于 6.9~12。但是据美国研究资料报告，小部分氧化铁含量高的粉煤灰的浸出液呈酸性。

2）工程填筑对粉煤灰化学成分的要求

上述分析表明，粉煤灰的化学成分对工程填筑是有一定影响的。

含碳量高的粉煤灰会抑制粉煤灰回填体的硬化，而且对回填体的强度有一定的影响，但对这种影响至今尚未进行详细定性的研究，当然作为回填材料的粉煤灰应选用含碳量低的为宜。对含碳量达 15% 以上的粉煤灰，其适用性应通过试验来确定。

目前，我国大部分电厂的粉煤灰都属于 F 级灰，即低钙，自硬性较弱。其作为代土的回填材料，一般都能满足回填工程的结构强度要求，故对粉煤灰的游离氧化钙等活性成分并不作具体的要求。

粉煤灰干灰的浸出液 pH 值一般在 11~12，但是，由于湿排灰受到大量清水的冲洗、稀释，故从沉灰池中取出的湿灰浸出液 pH 值有了明显降低，接近 7。采用干粉煤灰或调湿灰作回填料时，需重视对水质的影响。

国民经济的快速发展，首先表现为交通运输量的快速增加，因此，全国范围内高速公路的里程数也在快速增加。以上海为例，2002 年，高速公路里程数为 180 km，2005 年达到 530 km，2010 年，上海形成总长 650 km 的高速公路网络。众所周知，高速公路将采用全封闭、全立交的形式，技术标准高，尤其在南方水网地区，为了确保河道的通航要求，高速公路路堤的平均高度在 3.0 m 左右，这就需要大量的土方被用作填筑路堤。采用粉煤灰填筑高速公路路堤，其优越性是显而易见的，既可减少粉煤灰对环境的污染，又可为国家节省宝贵的良田。

3）公路路基压实标准

路基压实标准是路基设计与施工中的重要指标。路基压得愈密实，则强度愈高，路基愈稳定。随着交通量的增加，轴重的提高以及重型压实机具的出现，各国对路基压实的标准有提高的趋势，以提高路面的平整度和服务性能。研究表明：95% 的路面服务指数与路面的平整度有关。因此，我国现行的公路柔性路面设计规范和城市道路设计规范对土路基将原来的轻型压实标准改为重型压实标准，压实要求比原来有了提高。

路基压实标准主要是根据道路等级、气候条件、压实机具等因素综合考虑后制定的。粉煤灰路堤压实标准一般来说，应与土路堤相同，没有必要另立标准。国外，如英美等国粉煤灰路堤用于高等级道路已有二十多年的历史。不论是有自硬性的 C 级灰，还是无自硬性的 F 级灰，多数采用轻型压实标准，压实标准亦不高，为 90%~95%，表 2-11 为一些国家粉煤灰路基压实标准。

表 2-11　各国粉煤灰路堤压实标准

国别	压实标准 /%	标准类型
英国	≥90	轻型
加拿大	90~95	轻型
捷克	92~95	轻型
美国	90	轻型
	≥95	重型

上海地区由于地下水位高，雨水多，土路基采用重型压实标准，在实施上有较大的困难，土的天然含水量远大于最佳含水量，下雨天数又多，无法通过自然晾干方法来保证路基正常施工，采用其他措施在技术上、经济上亦不尽合理，故至今仍沿用原有的轻型压实标准。粉煤灰路堤的压实标准亦与其保持一致。具体的压实要求如表 2-12 所示。

表 2-12　上海地区煤粉灰路堤压实标准

路床以下深度 /cm	快速路、主干路、高等级公路	次干路二级公路	支路三、四级公路
0~80	98	95	92
>80	95	92	90
>150	95（90）	92（90）	90（90）

在有条件的地区，应当尽可能地采用重型压实标准，以保持与规范的一致性。但值得一提的是，有些粉煤灰颗粒较粗且均匀，往往在现场难以达到较高的压实标准，在这种情况下，需要对压实标准做合理的调整。

4）路基设计强度

路基是路面的基础，其设计强度对路面厚度有一定的影响。路基设计回弹模量受原材料性质、水文情况、压实度、均匀性等因素的影响。通常采用现场实测、统计分析方法来确定其设计强度。因此各地区应通过试验路来制定适用的参数。到目前为止,我国纯灰路堤还不多,需要不断积累经验和数据,逐步完善。

在上海地区,根据路堤含水量与回弹模量的测量结果,按照 97.5% 的保证率及不利季节系数 0.83,考虑路堤高度影响,提出如表 2-13 所示的暂行建议值,供设计使用。

表 2-13　粉煤灰路堤强度建议值

路床以下深度 /cm	$h<50$	$50 \leqslant h<200$	$h \geqslant 200$	备注
粉煤灰路堤强度 /MPa	25~15	30~25	35~30	
灰土间隔路堤强度(1:1)/MPa	17~15	25~17	29~25	灰土间隔路基的其他比例可参照选用
土路堤强度 /MPa	17~15	20~17	23~20	

第 3 章　煤矸石

1　煤矸石的特性

煤矸石是在掘进、开采和洗煤过程中排出的一种固体废物。中国是一个以煤炭为主要能源的发展中国家,在天然能源中,煤炭占 70% 以上,所占比重超过世界平均水平的一倍,并且在今后较长的一段时期内,中国的能源结构仍将以煤炭为主。人类在享受着使用煤炭作为能源所带来工业革新的同时,也遭受着煤矸石自燃、煤矸石堆放以及煤矸石山塌方等事故所带来的空气污染、水体污染、耕地占用,甚至人民生命和财产遭受损失等问题的困扰。

在我国仅 2020 年一年的原煤产量就达 38.4 亿 t,如果中国每年生产 1 亿 t 煤炭,即将排放矸石量在 1 400 万 t 左右;从煤炭洗选加工来看,每洗选 1 亿 t 炼焦煤,排放矸石量为 2 000 万 t,每洗 1 亿 t 动力煤,排放矸石量为 1 500 万 t。煤矸石不仅堆积占地,而且还会自燃污染空气或引起火灾。我国的煤矸石主要用于生产矸石水泥、混凝土的轻质骨料、耐火砖等建筑材料,此外还可用于回收煤炭,煤与矸石混烧发电,制取结晶氯化铝、水玻璃等化工产品以及提取贵重稀有金属,也可作肥料。

1.1　煤矸石的组成

煤矸石是在成形过程中与煤矿共同沉积的有机化合物和无机化合物组成的混合岩石,通常存在于煤层中、煤层顶的薄层内或底板岩石中,是在煤矿建设和煤炭采掘、洗选加工过程中产生的数量较大的矿山固态排弃物。它实际上是含碳岩石(碳质页岩、碳质砂岩等)和其他岩石(页岩、砂岩、砾岩等)组成的混合物。随着煤层地质年代、地域、成矿条件、开采方法的不同,煤矸石组成及其质量分数也各不相同。

1.1.1　煤矸石的元素组成

煤矸石的化学成分比较复杂,除含有大量的 C、Si、O、Al、Fe、S、Ca、Mg 等常量元素外,还含有各种微量、痕量元素(trace metal),如 Hg、Cd、Cu、Pb、Zn、Mo、Co、Sn 等。

不同类型煤矸石中微量元素含量不同,对于环境的影响也不同。砂质矸微量元素含量低,泥质矸含量高,且差别较大,大部分自燃矸的微量元素含量高于新鲜矸和未自燃风化矸,Co、Ni、Cu、Mo、Cd 元素在自燃矸与风化矸中均显示富集的性质,自燃矸比风化矸对元素的富集作用更为明显,但并不是对所有元素产生富集。在不同类型矸石中,自燃矸中 Co、Ni、Cu、Mo、Pb、U、Hg、As、Cd 等易于富集的元素含量最高。因此泥质矸、风化矸、自燃矸可以释放出更多的有害微量元素,综合利用中应格外注意。

1.1.2　煤矸石的化学组成

煤矸石是无机质和有机质组成的混合物。煤矸石的化学成分是随岩石种类和矿物组成

的不同而变化的,它是评判煤矸石性质、决定其利用途径的重要依据。其化学成分主要是
SiO_2、Al_2O_3 和 C,其中 SiO_2 和 Al_2O_3 的含量最高, SiO_2 和 Al_2O_3 的平均含量一般于
40%~60% 和 15%~30% 之间(砂岩煤矸石的 SiO_2 含量可高达 70%,铝质岩煤矸石的 Al_2O_3
含量可达 40% 以上)。其次是 Fe_2O_3、CaO、MgO、SO_3、Na_2O、K_2O、P_2O_5、N 和 H 等,其中
Fe_2O_3 和 CaO 的含量波动最大。此外,还常含有少量 Ti、V、Co 和 Ca 等金属元素。

1.1.3　煤矸石的矿物组成

煤矸石中常见的矿物有,黏土类矿物、碳酸盐类矿物、铝土矿、黄铁矿、石英、云母、长石、
碳质和植物化石,煤矸石主要由高岭土、石英、蒙脱石、长石、伊利石、石庆石、硫化铁、氧化铝
和少量稀有金属的氧化物组成。煤矸石是无机质和少量有机质的混合物,随煤层所在的地
层不同,其中含有各种岩石,主要有黏土岩石、砂岩类、碳酸盐类、铝质岩类。

黏土岩类,主要组成物为黏土矿物,其次为石英、长石、云母、岩屑等物,最后为黄铁矿、
碳酸盐等自生矿物。此外,往往还含有丰富的植物化石和有机质。黏土岩类煤矸石在煤矸
石中占的比例最大,尤其是泥质页岩、碳质页岩、粉砂页岩等更为常见。

砂岩类,是含有大量砂粒的碎屑沉积物,由碎屑矿物和胶结物两部分组成,根据碎屑矿物
的粒径大小又可分为砂岩和粉砂岩,大部分介于 0.1~2 mm 之间的称为砂岩,而介于
0.01~0.1 mm 之间的称为粉砂岩。在砂岩中,碎屑矿物多为石英、长石、云母;石英往往被碳酸
盐所溶蚀和交替。云母矿物碎屑一般以白云母为主,长石碎屑往往易风化为黏土矿物或含碳
物质;胶结物一般为碳质侵染的黏土矿物,以及含有碳酸盐的黏土矿物或其他化学沉积物。
在粉砂岩中,碎屑矿物多为石英、白云母。胶结物比较复杂,通常为黏土质、硅质、腐殖质、钙
质等;在石灰二叠纪煤系地层中,粉砂岩含有丰富的植物化石和菱铁矿结核。

碳酸盐类,多属菱铁矿,其次为方解石、石灰石,往往还混有较多的黏土矿物、有机物、黄
铁矿等硫酸盐类物质。

铝质岩类均含有高铝矿物、三水铝矿、一水软铝矿、一水硬铝矿,而黏土矿物退居次要地
位,但常常含有石英、玉髓、褐铁矿、白云石、方解石等物。

物相分析表明,煤矸石中含有多种岩石,其基质都由黏土矿物组成,夹杂着数量不等碎
屑矿物和碳质,因此,可以将煤矸石看作一种硬质黏土矿物。煤矸石中最常见的黏土矿物种
类有高岭石类、水云母类、蒙脱石类、绿泥石类,煤矸石有的以高岭石为主,有的以水云母为
主,有的试样中还含有少量绢云母和溴云母。据有关资料介绍,我国的煤矸石以高岭石为主
的占 2/3 强,以水云母为主的占 1/3 弱。

1.1.4　煤矸石的岩石组成

煤矸石的组成随产地、层位、成因、开采方式等不同而各异。而煤矸石的岩石组成不仅
与煤田地质条件有关,也与采煤技术密切相关。岩石组成变化范围大,成分复杂,主要由页
岩类(碳质页岩、泥质页岩、粉砂质页岩)、泥岩类(泥岩、碳质泥岩、粉砂质泥岩)、砂岩类
(泥质粉砂岩、砂岩)、碳酸盐岩类(泥灰岩、石灰岩)及煤粒、硫结核组成。

1)泥质页岩

紫红色,泥质结构,叶片状构造,矿物成分以黏土矿物为主,含石英、长石、云母等陆源碎

屑和自生非黏土矿物,因含铁质,岩石呈紫红色。水云母黏土页岩状结构,不完全解离,质软,受大气作用和日晒雨淋后,易崩解,易风化,加工中易粉碎。

2）碳质页岩

碳质页岩呈黑或灰黑色,能污手,含灰度高,不易燃烧。水云母含碳质黏土页岩,层状结构,表面有油脂光泽,不完全解离,受大气作用后易风化,其风化程度稍次于泥质页岩,易粉碎。

3）砂质页岩

灰黑色,泥质结构,具页理构造,含泥质、碳质、石英粉砂岩。结构较泥质页岩和碳质页岩粗糙而坚硬,极不完全解离,出井时,块度较其他页岩大,在大气中风化较慢,加工中难以粉碎。

4）砂岩

淡褐色或红色,主要含硅、钙、黏土和氧化铁,含泥质、碳质、石英粉砂岩。结构粗糙而坚硬,出井时一般为椭圆形,结构稳定,在大气中基本不风化,难以粉碎。

5）石灰岩

灰、灰白、灰黑、黄、浅红、褐红,含白云石、黏土矿物和碎屑矿物。结构粗糙而坚硬,较砂岩性脆,出井时,块度较大,在大气中一般不易风化。用氧化物含量也可判断矸石中矿岩成分。通常所指的化学成分是矸石煅烧所产生的灰渣的化学成分,一般由无机化合物（矿岩）转变成的氧化物,尚有部分烧失量。化学成分的种类和含量随矿岩成分不同而变化,因此可以用氧化物含量来判断矸石中矿岩成分和矸石类型等。化学成分和矸石类型的关系可见表 3-1。

表 3-1　化学成分和矸石类型的关系

主要成分	SiO_2 40%~70% Al_2O_3 15%~30%	SiO_2>70%	Al_2O_3>40%	CaO>30%
煤矸石的岩石类型	黏土岩矸石	砂岩矸石	铝质岩矸石	钙质岩矸石

我国煤矸石的水分含量较低,一般为 0.5%~4%;灰分一般较高,干燥基灰分一般为70%~85%;挥发分一般低于 20%;固定碳最高可达 40%。灰分可近似代表煤矸石中的矿物质,挥发分和固定碳近似代表煤矸石中的有机质。

1.2　煤矸石的性质

在煤矸石处理中,生产线中煤矸石的物理化学性质与其岩石的类型和矿物组成有关,充分了解煤矸石的化学成分和煤矸石的矿物组成及特点是资源化利用煤矸石的关键。煤矸石作为煤炭工业废渣被排放,它们分别从煤矿建井、矿井改扩建、煤炭采出过程和原煤洗选过程等煤炭开采的各个阶段被排放。它们来自所采煤层的顶板、底板、夹层或运输大巷、主井、副井和风井所凿穿的岩层,即主要来自相关的煤系地层中的沉积岩层。在我国,煤矸石大部分自然堆积储存,堆放于农田、山沟、坡地,且多位于煤矿工业广场周边。

1.2.1 煤矸石的物理性质

1）煤矸石的颜色

煤矸石的颜色取决于煤矸石在煤层中的分布与煤矸石中可变成分（碳）的含量,越靠近煤层,含碳量越高,故煤矸石多呈现灰色、灰褐色或褐黑色,条痕为棕褐色、浅褐色,风化后变成浅灰色,灼烧或自燃后因有机质挥发呈现白色、灰白色或黄白色,如果煤矸石中铁含量较高,将呈现黄色,或带红色。煤矸石的颜色在一定程度上决定了煤矸石的综合利用技术途径。如涂料、橡胶领域中煅烧高岭石填料,是要提高煅烧煤矸石的白度,煤矸石中氧化铁、氧化钛以及钙、钠、钾的氧化物含量越低,越有利于提高煤矸石的白度与耐火度。

2）煤矸石的力学性能

煤矸石的岩石种类是与煤层相联系的,煤矸石中出现的岩石是泥岩、粉砂岩、页岩和砂岩等。这些岩石的硬度及其风化程度决定了煤矸石的力学性能。煤矸石的硬度在 3 左右,煤矸石风化程度越严重,岩石的力学性能越低,煤矸石的力学性能（抗压强度）也越低,抗压强度范围为 300~4 700 Pa。煤矸石的力学性能高低决定了煤矸石是否能够作为混凝土骨料使用。有研究表明粒径不小于 5 mm 的自燃煤矸石的松散容重在 1 040~1 090 kg/m^2,筒压强度在 49~74 kgf/cm^2（1 kgf/cm^2=98.066 5 kPa）,是良好的混凝土粗骨料。

（1）煤矸石的可塑性。

煤矸石的可塑性是指煤矸石粉和适当的水混合均匀制成任何几何形状,当除去应力后泥团能保持该形状的性质。煤矸石具有较好的可塑性,塑性指数一般在 7~10。煤矸石可塑性大小主要和矿物成分、颗粒表面所带离子、含水量及细度等因素有关。按可塑性可分为低可塑性矸石、中等可塑性矸石和高可塑性矸石。中等以上的可塑性矸石适合制矸石砖。

（2）煤矸石的硬度。

煤矸石的硬度一般与其形成年代、矿物组成、埋藏深度等因素有关,煤矸石的种类不同,硬度也不同。其普氏硬度系数一般为 2~3,有的达 4~5。含砂岩煤矸石的硬度较含页岩煤矸石的大,含页岩多的矸石硬度在 2~3,含砂岩多的矸石硬度在 4~5。

（3）煤矸石的收缩性。

煤矸石的收缩性比较小,煤矸石干燥收缩率一般在 2.5%~3.0%,烧成之后收缩率一般在 2.2%~2.4%。

（4）煤矸石的强度。

煤矸石是由各种岩石组成的混合物,各种岩石的强度变化范围很大。抗压强度在 30~470 kgf/cm^2（1 kgf/cm^2=98.066 5 kPa）之间。煤矸石的强度和煤矸石的粒度与氧化铝的分布有一定关系,含氧化铝越高,强度越小;煤矸石粒度越大,强度越大。这是由于强度高的岩石在采掘、装运、堆积过程中受冲击及风化作用不易破碎,保持了较大的粒度,而强度较低的页岩、黏土岩,易破碎,保持了较小的粒度。

3）煤矸石的堆积密度

煤矸石堆积密度为 1 200~1 800 kg/m^3,自燃煤矸石堆积密度为 900~300 kg/m^3,通常情况自燃煤矸石堆积密度低于煤矸石,原因是煤矸石经过自燃后结构疏松,孔隙率较高。煤矸石的密度介于 2 100~2 900 kg/m³。

4）煤矸石的吸水特性

煤矸石的多孔性能决定了煤矸石的吸水特性，自燃煤矸石比未自燃煤矸石具有更高的孔隙率，且孔隙结构复杂，孔径大小变化幅度大。煤矸石的吸水率通常为 2.0%~6.0%，自燃煤矸石吸水率为 3.0%~11.60%。不同温度煅烧煤矸石的吸水率不同，当煤矸石煅烧温度达到 1 300 ℃时，吸水率明显降低，相组成较为稳定，这时气孔率已经达到 120%，属于多孔材料。

煤矸石的吸水特性对煤矸石综合利用影响很大，对于混凝土用骨料而言，应尽可能降低煤矸石吸水率，当骨料吸水率较高时，煤矸石混凝土抗冻性较差。煅烧煤矸石吸水率对煤矸石混合材与掺和料的影响主要体现在火山灰水泥和煤矸石混凝土的工作性能方面，吸水率较高，制备相同工作性能煤矸石混凝土的需水量将增加；另外，煤矸石吸水率将影响煤矸石的塑性指数，这将影响煤矸石制砖过程中坯体的质量。

5）煤矸石高温相关性能

（1）煤矸石烧结性能。

煤矸石烧结性能对煤矸石合成陶瓷具有重要意义，煤矸石的烧结温度大于 1 000 ℃，一般要低于高岭石的烧结温度，属于中低等耐火材料。煤矸石烧结温度低于高岭石的原因为煤矸石是一个多相复杂体系，Na^+、K^+ 和 Ca^{2+} 等阳离子的存在会降低煤矸石的烧结温度。

（2）煤矸石自燃特性。

煤矸石具有自燃性能，长期露天堆放煤矸石内部热量积累到一定程度，当矸石山温度达到煤矸石自燃临界温度时，煤矸石便开始自燃。一般来说，当煤矸石含硫量高（大于 3%）、含碳量高（大于 20%）、大体积堆放时极易发生自燃，尤其在干燥地区。

（3）煤矸石的发热量。

煤矸石的发热量是指单位质量的煤矸石完全燃烧所放出的热量，单位为 kJ/kg。煤矸石中含有少量可燃有机质，包括煤层顶底板、夹矸中所含的碳质及采掘过程中混入的煤粒，燃烧时可释放一定的热量。一般煤矸石发热量和固定碳质量分数、挥发分和灰分有关，随挥发分和固定碳质量分数增加而增加，随灰分质量分数增加而降低。我国煤矸石的发热量普遍低，煤矸石中的灰分较高，因此含碳量也就相当低，这就决定了其发热量也一定低。煤矸石发热量大小和含碳量及挥发分多少有关，煤矸石的热值一般在 4 200~8 400 kJ/kg，煤矸石的热值直接受煤田地质条件和采掘方法影响。即使对特定的矿井排出的煤矸石而言，其热值也是随时间变化的。我国煤矸石发热量多在 6 300 kJ/kg 以下，热值高于 6 300 kJ/kg 数量较少，约占 10%。

（4）煤矸石的熔融性。

煤矸石的熔融性是指煤矸石在一定的条件下加热，随着温度的升高，煤矸石产生软化、熔化的现象，在规定条件下测得的随着温度变化而引起煤矸石变形、软化和流动的特性，称为灰熔点。我国灰分中氧化硅和氧化铝的含量普遍高，因此煤矸石的灰熔点相当高，最低可达 1 050 ℃，高时可达 1 800 ℃左右。鉴于这个特性，煤矸石可以作耐火材料。根据熔融特性,灰熔点或软化区范围可分为难熔矸石(灰熔点为 1 400 ~ 1 450 ℃)、中熔矸石(灰熔点为 1 250 ~ 1 400 ℃)和低熔矸石(灰熔点< 1 250 ℃)。煤矸石的耐火度一般为 1 300~1 500 ℃,最高可达 1 800 ℃。

(5)煤矸石的膨胀性。

煤矸石的膨胀性是指煤矸石在一定条件下煅烧时产生体积膨胀的现象,煤矸石的体积膨胀的原因主要是煤矸石在熔融状态下,分解析出的气体不能及时从熔融体内排出而形成气泡。

根据膨胀性(膨胀系数)可分为:微膨胀矸石(膨胀系数< 0.2%)、中等程度膨胀矸石(膨胀系数为 0.2%~1.6%)和激烈膨胀矸石(膨胀系数> 1.6%)。有膨胀性的矸石可烧制轻骨料。煤矸石的烧结温度一般在 1 050 ℃左右。900 ℃左右为一次膨胀,温度继续上升至 1 160 ℃以上时产生二次膨胀,由固相转为固液相或完全熔融。

1.2.2 煤矸石的化学性质

煤矸石由无机矿物质、少量有机物以及微量稀有元素(如矾、硼、镍、铍等)组成。尽管各地的煤矸石所含矿物不同,且化学组成较为复杂,但一般情况下煤矸石中的化学成分主要以硅、铝、钙和铁为主。表 3-2 汇总了我国部分矿区煤矸石的化学组成,以供参考。煤矸石的化学组成随着煤层地质年代、不同产生途径(坑采、露采、洗煤厂等)以及不同岩石基质而波动较大,即使是同一矿区煤矸石的组分也有较大的波动。因此,煤矸石在综合利用时要定期检测矸石化学组成变化,以便有效利用。

表 3-2 我国部分矿区煤矸石化学成分 %

煤矸石产地	类别	SiO₂	Al₂O₃	FeO	CaO	MgO	TiO₂	Na₂O	K₂O
山西大同	高铝	12.28	39.37	0.33	0.58	0.15	0.00	0.36	0.94
山西阳泉		44.78	39.05	0.45	0.66	0.44	0.05	0.10	0.15
山四平朔		11.30	35.98	0.28	0.117	0.21	0.65	0.067	0.07
山西加城		45.20	38.12	0.18	0.12	0.1	0.04	0.22	0.15
陕西铜川		14.75	37.43	0.09	0.07	0.15	1.43	0.08	0.56
内蒙古大青川		46.35	37.62	0.53	0.33	0.09	0.98	0.03	0.08
石圪节		53.95	42.40	0.96	0.56	0.50	0.76	132	0.58
山东兖州煤矿		51.03	40.68	2.82	0.81	1.29			
内蒙古海勃湾		50.72	44.17	1.88	0.71	0.51			
云南小龙潭		14.28	2.98	4.98	68.80	1.40			
开滦唐山	黏土岩质	48.35	20.26	0.29	0.21	0.19	0.54	0.19	1.49
开滦赵各庄		55.43	18.37	6.9	9.03	3.86	1.07		
开滦钱营		47.90	16.31	0.91	2.32	2.85	0.35	2.09	0.3
平顶山三矿		50.5	28.21	2.38	1.32	1.09	0.81	1.98	
山西官地		47.19	33.53	3.72	1.55	0.53	0,81	0.81	1.18
山东滕南		42.34	34.47	0.83	1.41	0,60	1.01	1.14	

续表

煤矸石产地	类别	SiO_2	Al_2O_3	FeO	CaO	MgO	TiO_2	Na_2O	K_2O
山东淄博	融土岩质	57.87	18.90	6.71	4.17	8.27			
阜新煤矿		62.74	18.74	0.57	0.39	0.67	0.63	0.94	4.84
山西大同		88.68	0.83	3.15	0.64	2.41	0.05	0.13	
陕西煤矿		64.44	0.36	0.81	0.24	0.23	0.15		
山东滕南	砂岩质	53.16	20.06	4.01	1.08	0.47	1.06	2.65	
黑龙江七台河		30~40	2~10	10~15	10~45	1~4			
甘肃山丹		89.20	1.54	1.59	7.23	0.01			
湖南涟邵金竹山		90.45	0.36	2.59	0.14				
阜新煤矿		61.13	15.12	3.42	1.77	1.98	0.69	2.34	3.03
山东孙村		59.85	19.64	4.66	2.59	2.67			
吉林营城	自燃	66.33	17,27	5.0	1.15	0.75	0.56		
河南平顶山		61.76	21.44	8.10	0.85	1.02			
河南鹤壁九矿		59.70	25.15	4.25	0.69	0.31	1.04		

1）无机矿物质

煤矸石中无机物质主要为矿物质和水,通常以氧化硅和氧化铝为主,另外还有含量不等的 Fe_2O_3、CaO、MgO、SO_3、Na_2O、K_2O 等。如黏土岩类的煤矸石主要是 SiO_2 和 Al_2O_3, SiO_2 含量在 40%~60%, Al_2O_3 含量在 15%~30%;砂岩类煤矸石 SiO_2 含量最高,一般可达 70%;铝质岩类 Al_2O_3 含量可达 40% 左右;碳酸盐煤矸石 CaO 含量可达 30% 左右。氧化硅和氧化铝的比例是煤矸石中最为重要的因素,它将决定煤矸石的综合利用途径。铝硅比(Al_2O_3/SiO_2)大于 0.5 的煤矸石,其矿物成分以高岭石为主,有少量伊利石、石英,颗粒粒径小,可塑性好,有膨胀现象,可作为制造高级陶瓷、煅烧高岭土及分子筛的原料。

2）有机质

煤矸石中有机质主要包括碳、氢、氧、氮、硫等几种化学元素,煤矸石的热值取决于煤矸石中有机质的含量,煤矸石中的含碳量是选择其工业利用途径的依据。此外,煤矸石中硫的存在形式对煤矸石应用的影响较大。我国大部分矸石含硫量比较低,一般低于 1%,但也有部分煤矸石中硫的含量很高,如贵州六枝矿、内蒙古乌达矿、江西丰城矿等部分矿的煤矸石含量甚至高达 18.98%,并多数以黄铁矿形式存在,是宝贵的提硫资源。

3）稀有元素

煤矸石中常见的伴生元素及微量元素很多,有铀、锗、镓、钒、钍、铼、钛、铍、锶、锂等。除此之外,还含有多种有害、有毒以及放射性元素,会对环境和人类健康造成危害,如汞、铍、铅、铬、镉、氟、锰以及一些放射性元素等。在煤矸石综合利用过程中,要针对不同煤矸石中有害元素的构成及含量采取适当的污染防治措施。因此,对煤矸石进行元素分析时,除了需要对煤矸石中主要构成元素含量进行分析,还要充分掌握煤矸石中各种有毒、微量元素情况。

4）黏土矿物

煤矸石经过自燃或煅烧，矿物相发生变化，是产生活性的根本原因，煤矸石中的黏土矿物成分，经过适当温度煅烧，便可获得与石灰化合成新的水化物的能力。所以，煤矸石又可视为一种火山灰活性混合材料，其活性大小的衡量标准是黏土矿物含量。

（1）高岭石的变化。

高岭石在 500~800 ℃脱水，晶格破坏，形成无定形偏高岭土，具有火山灰活性。

$$Al_2O_3 \cdot 2SiO_2 \cdot 2H_2O（高岭石）\rightarrow Al_2O_3 \cdot 2SiO_2 + 2H_2O（偏高岭土）$$

在 900~1 000 ℃之间，偏高岭土又发生重结晶，形成非活性物质。

$$2（Al_2O_3 \cdot 2SiO_2）（偏高岭土）\rightarrow 2Al_2O_3 \cdot 3SiO_2 + SiO_2（尖晶石）（无定形）$$

（2）莫来石的生成。

煤矸石煅烧过程中，一般在 1 000 ℃左右便有莫来石（$2Al_2O_3 \cdot 3SiO_2$）生成，到 1 200 ℃以上，生成量显著增加。莫来石的大量生成，将降低煤矸石的活性。

（3）黄铁矿的变化。

黄铁矿是可燃物质，随煤矸石一起燃烧，晶体相应发生变化，生成赤铁矿，对煤矸石活性无影响。

$$4FeS_2 + 11O_2 \rightarrow 2Fe_2O_3 + 8SO_2$$

（4）煤矸石的活化。

未经活化的煤矸石有较高的晶格能，几乎不具有反应活性，如果不经处理直接加以利用，效率会很低。因此，要有效地利用矸石中的有用成分，首先要对其进行活化，使有序而活性较低的晶体结构转变为活性较高的半晶质及非晶质，从而提高其反应活性。当煤矸石的温度升至一定程度（一般为 400~600 ℃）时脱除羟基，脱羟基后高岭石成分仍然保持原有的层状结构，但是原子间已发生了较大的错位，形成了结晶度很差的偏高岭石。偏高岭石中原子排列不规则，呈现热力学介稳状态，是一种具有火山灰活性的矿物。一般认为，煤矸石的活性激发主要有热活化、化学活化、物理活化和微波辐照活化。目前，煤矸石的活化主要集中在热活化。热活化指通过煅烧活化，从而使烧成后的煤矸石中含有大量的活性氧化硅和氧化铝，达到活化的目的。但是，煅烧过程中，温度不能太高，否则煤矸石又可能变成活性较低的莫来石，影响其有效利用。不同的活化方法所起到的作用并不是绝对独立的。煤矸石的活化，通常要将不同的活化手段结合使用，才能取得更为理想的效果。

5）化合物

煤矸石中含有大量的化学组分，各种成分含量不同以及各成分之间比例不同，都对煤矸石的活性产生了不同程度的影响。

（1）氧化硅。

氧化硅（SiO_2）是煤矸石中的主要组分之一，它对于煤矸石玻璃体结构的形成有很大的作用。但在煤矸石中 SiO_2 的含量一般偏高，得不到足够的 MgO、CaO 来与之化合，往往影响了煤矸石的活性。特别当 SiO_2 存在于结晶矿物中时，更影响了煤矸石的活性。

（2）氧化铝。

氧化铝（Al_2O_3）是决定煤矸石活性的主要因素之一。Al_2O_3 含量相对较低时，活性较好。

（3）氧化钙。

氧化钙（CaO）是煤矸石的主要成分之一，其含量越高，煤矸石的活性越大，因为 CaO 易与 SiO_2 在遇水时反应生成 C_2S 等矿物组分，提高系统的反应能力，所以在将煤矸石应用于建材行业时要求 CaO 含量适当高一些。

（4）氧化铁。

煤矸石中含有一定量的氧化铁（Fe_2O_3）。Fe_2O_3 能在煤矸石冷却过程中形成大量铁酸盐矿物和中间相，提高煤矸石活性，所以 Fe_2O_3 含量越高，煤矸石的活性越强。

（5）氧化镁。

氧化镁（MgO）在煤矸石中大多以稳定的化合状态存在。MgO 能促使煤矸石玻璃化，有助于形成不均匀的显微结构，但若 MgO 含量偏高且以方镁石形态存在，则会因水化而使体积膨胀，导致制品安定性不足，所以，MgO 含量太多时会影响煤矸石的应用。

1.3　煤矸石的分类

对煤矸石的分类和命名不仅是煤矸石综合利用的基础工作，而且也是一项综合性较强的工作。各地煤矸石成分复杂，物理化学性能各异，不同的煤矸石综合利用的途径对煤矸石的化学成分及物理化学特征要求也不一样。为煤矸石进行科学、合理的分类对推动煤矸石资源化利用具有十分重要的理论和实际意义，主要体现在最大限度地利用煤矸石、基于利用途径对煤矸石进行归类堆放、为探索高附加值利用煤矸石技术途径和其长远发展提供决策性依据。

关于煤矸石的分类命名，国内外至今尚无系统、完整和统一的方案，多是不同研究者根据某些特征各自提出的分类标准。煤矸石的分类及命名方案很多，其中最简单、最常用的是以煤矸石的产地分类。煤炭生产部门则习惯用颜色分类命名，如黑矸、灰矸、白矸、红矸等；或根据矸石产出层位分类命名，如顶板矸、夹石矸等。煤矸石常见的分类方式有按来源分类、按自然存在状态分类、分级分类法以及按利用途径分类等。

1.3.1　按来源分类

煤矸石根据产出方式即来源可以分为洗矸、煤巷矸、岩巷矸、手选矸和剥离矸，有的研究将自燃矸也作为按来源分类中的一类。

1）洗矸

从原煤洗选过程中排出的尾矿称为洗矸。洗矸的排量集中，粒度较细，热值较高，黏土矿物含量较高，碳、硫和铁的含量一般高于其他各类矸石。

2）煤巷矸

煤矿在巷道掘进过程中，凡是沿煤层的采掘工程所排出的煤矸石，统称煤巷矸。煤巷矸主要由采动区煤层的顶板、夹层与底板岩石组成，常有一定的含碳量及热值，有时还含有共伴生矿产。

3）岩巷矸

在煤矿建设与岩巷掘进过程中，凡是不沿煤层掘进的工程所排放出的煤矸石，统称岩巷矸。岩巷矸所含岩石种类复杂，排出量较为集中，其含碳量较低或者不含碳，所以无热值。

4）手选矸

混在原煤中产出，在矿井地面或选煤厂由人工拣出的煤矸石称为手选矸。手选矸具有一定的粒度，排量较少，主要来自所采煤层的夹矸，具有一定的热值，与煤层共伴生的矿物，往往一同被拣出。

5）剥离矸

煤矿在露天开采时，煤系上覆岩层被剥离而排出的岩石，统称为剥离矸。其特点是所含岩石种类复杂，含碳量极低，一般无热值，目前主要是用来回填采空区或填沟造地等，有些剥离矸还含有伴生矿产。

6）自燃矸

自燃矸也称过火矸，是指堆积在矸石山上经过自燃后的煤矸石。这类矸石（渣）原岩以粉砂岩、泥岩与碳质泥岩居多，自燃后除去了矸石中的部分或全部碳，其烧失量较低，颜色与煤矸石原岩中的化学组成有关，具有一定的火山灰活性和化学活性。

1.3.2　按自然存在状态分类

在自然界中，煤矸石以新鲜矸石（风化矸石）和自燃矸石两种形态存在，这两种矸石在内部结构上有很大的区别，因而其胶凝活性差异很大。

1）新鲜矸石

新鲜矸石（风化矸石）是指经过堆放，在自然条件下经风吹、雨淋，使块状结构分解成粉末状的煤矸石。该种煤矸石由于在地表下经过若干年缓慢沉积，其结构的晶型比较稳定，其原子、离子、分子等都按一定的规律有序排列，活性也很低或基本上没有活性。

2）自燃矸石

自燃矸石是指经过堆放，在一定条件下自行燃烧后的煤矸石。自燃矸石一般为陶红色，又称红矸。自燃矸石中碳的含量大大减少，氧化硅和氧化铝的含量较未燃矸石明显增加，与火山渣、浮石、粉煤灰等材料相似，也是一种火山灰质材料。自燃矸石的矿物组成与未燃矸石相比有较大的差别，原有高岭石、水云母等黏土类矿物经过脱水、分解、高温熔融及重结晶而形成新的物相，尤其生成的无定形 SiO_2 和 Al_2O_3，使自燃煤矸石具有一定的火山灰活性。

1.3.3　分级分类法

以上对煤矸石进行分类的方法只能反映煤矸石某一方面的特性，不利于煤矸石的综合利用。欧洲各主要产煤国、美国、澳大利亚等国对煤矸石的综合利用进行了大量的研究，提出过多种分类方案，其中以前苏联的研究最具代表意义。其按煤矸石的来源、特点、成分等不同指标分等级列出分类符号，然后根据各种利用途径对煤矸石质量的要求，填入所需的分类符号。根据分类符号所规定的质量要求，可以方便地选择煤矸石的加工工艺和综合利用途径。

20 世纪 80 年代以来，我国科技工作者针对我国的煤矸石情况进行了较为深入的研究，同时借鉴国外的分类方法,提出了各种分类方案,并采用多级分类命名的方法,希望能够充分反映煤矸石的物理化学以及岩石矿物学特征,以期为煤矸石的利用提供方便,其分类方法介绍如下。

1)三级分类命名法

重庆煤炭研究所提出煤矸石的三级分类命名法,三级分别为矸类(产出名称)、矸族(实用名称)、矸岩(岩石名称)。该方案首先按煤矸石的产出方式将其分为洗矸、煤巷矸、岩巷矸、手选矸和剥离矸五个类,最后按煤矸石的岩石类型划分矸岩。

2)四级分类命名法

中国矿业大学以徐州矿区煤矸石的研究为基础,提出了华东地区煤矸石分类方案。该方案是以煤矸石在建材方面的利用为主要途径的一种分类方案。分类指标为岩石类型、含铝量、含铁量和含钙量,四个指标均分为四个等级,除岩石类型以笔画顺序排等级外,其他三个指标都以含量多少排等级,以阿拉伯数字表示等级次序。然后以岩石类型等级序号为千位数字,依次与其他三个指标的等级序号组成一个四位数,作为煤矸石分类代号。

1.3.4　按利用途径分类

分级分类方法虽然能比较全面地反映煤矸石的相关特征,但该方法过于复杂。鉴于煤矸石活性与煤矸石所含黏土矿物种类以及数量相关,为便于煤矸石建材资源化利用,建议按煤矸石黏土矿物组成和数量对煤矸石进行分类,按煤矸石中高岭土、蒙脱土和伊利石含量将煤矸石分为高岭土质矸石、蒙脱土质矸石、伊利石质矸石和其他矸石,其他矸石是指所含黏土矿物总量小于10%的煤矸石。根据煤矸石的主要利用途径,一是作为原料,二是利用其热值,结合煤矸石的矿物组成和碳含量,可以对煤矸石进行以下分类。

煤矸石中的碳含量决定着煤矸石资源化利用的方向,根据固定碳含量将煤矸石划分为四个等级,见表3-3。

表 3-3　根据固定碳含量将煤矸石分类

1级	<4%	(少碳)
2级	4%~6%	(低碳)
3级	6%~20%	(中碳)
4级	>20%	(高碳)

根据煤矸石中的岩石矿物的组成特征可以将其分为高岭石泥岩(高岭石含量 >50%)、伊利石泥岩(伊利石含量 >50%)、碳质泥岩、砂质泥岩(或粉砂岩)、砂岩与石灰岩。岩石矿物组成的差异必然导致化学组成存在差别,根据煤矸石中 Al_2O_3 含量和 Al_2O_3/SiO_2 值可以将煤矸石分为高铝质、黏土岩质和砂岩质矸石三大类,其对应化学组成见表3-4。

表 3-4　不同类型煤矸石化学成分

类型	SiO_2	Al_2O_3	Fe_2O_3	CaO	MgO	K_2O	Na_2O	TiO_2
高铝质	42~54	37~44	0.2~0.5	0.1~0.7	0.1~0.5	0.1~0.9	0.1~0.9	0.1~0.4
黏土岩质	24~56	14~34	1~7	0.5~9	0.5~6	0.3~3	0.2~2	0.4~1
砂岩质	53~88	0.4~20	0.4~4	0.3~1	0.2~1.2	0.1~5	0.1~1	0.1~0.6

尽管当前煤矸石的分类方法很多,但尚未形成一个统一的、明确的分类及命名方案。只有对各地区的煤矸石物理、化学以及岩石矿物性质进行系统的研究,建立起比较完备的煤矸石数据库,才能基于煤矸石综合利用来确定煤矸石的分类。从有利于煤矸石综合利用且分类简单的方面来说,根据煤矸石的碳含量和矿物组成进行分类是一种比较适合的分类方法。

2　煤矸石资源化现状

2.1　煤矸石产量及存量

煤矸石是我国累积量与年产生量最大的工业固态废物之一。我国煤炭资源丰富,煤炭在我国能源结构中占据主导地位,是全球最大的煤炭生产国,煤炭是我国的主要能源,煤炭资源的开发对我国经济建设和社会发展起到了重要的支撑作用。

2018 年我国煤炭产量为 36.8 亿 t,仍占能源消费总量的 59% 左右,在煤矿开采和选煤厂作业中,会产生大量煤矸石,占煤炭产量的 15%,通常作为固体废弃物排放到地面,形成矸石山。据不完全统计, 2022 年我国矸石累计堆放量超过 60 亿 t,形成矸石山 1 500~1 700 座,占地 1.33 万 ha,且以 5 亿 ~8 亿 t/a 的排放量逐年增加,此后煤炭产量虽有回落,但 2020 年仍达到 39 亿 t。全国每年堆存的煤矸石有近 40 亿 t,规模较大的矸石山有 2 600 多座,占地逾 1.2 万 ha,煤矸石已成为我国最大量的工业固体废弃物,占我国工业固体废弃物总量的 1/4 左右。大量煤矸石的堆积,不但占用大量土地,而且有的矸石山在存放中发生自燃,排放大量的 SO_2、CO_2 和粉尘,对矿区周围空气造成严重污染,破坏矿区生态环境,甚至有的矸石山还会发生爆炸,危害矿区人民的生命安全,同时还会导致地表下沉、水土流失、地质沙漠化和生态破坏等问题。

2.2　煤矸石主要存在的问题及影响

煤矸石的肆意排放、随意堆放及其自燃特性决定了煤矸石危害的立体性和严重性,主要体现在对土壤、水体以及空气的污染以及引发地质灾害等方面。

2.2.1　对土壤的污染

煤矸石对土壤的污染主要包括占用良田耕地以及破坏土壤的有机养分。

1)占用良田耕地

煤矸石的堆存量与年排放量约占我国工矿业固体废物的四分之一,有关部门的统计资料显示,全国规模较大的矸石山约 2 600 座,占地逾 1.2 万 ha。随着我国现代化建设事业的发展和环境保护工作力度的加大、洁净煤技术的发展和采煤机械化水平的提高,煤矸石、煤泥的排放量还要增加。仅煤炭产量最大的山西省,目前煤矸石堆存量就高达 10 亿 t,每年新增煤矸石 8 000 万 t 左右,已经形成了 300 多座矸石山。矸石山多是直接堆存在土地上,有的煤矸石山距离村庄很近,如图 3-1 所示。煤矸石山的堆存占用了大量良田耕地,而中国是一个耕地资源非常紧缺的国家,以占世界 7% 的耕地养育着 22% 的世界人口, 2007 年我国人均耕地仅为世界平均水平的 40%,有些地区人均耕地已经低于国际公认的人均耕地警戒线标准。随着煤矸石的继续排放以及煤矸石山的不断涌现,将会出现矸石山和农民争夺耕地的局面。随着对能源需求的扩大以及煤炭生产的高速增长,如果不能有效将煤矸石加以利用,其占用土地的数量必将与日俱增,这对本来就人多地少的中国而言,无疑是雪上加霜。

图 3-1　煤矸石山堆存状况

2)破坏土壤的有机养分

煤矸石对土壤的污染除了占用土地以外,还表现为使土地盐渍化以及破坏土壤的有机养分,影响农作物的生长。煤矸石在风化过程中可分解成部分可溶盐,如 Cl^-、SO_4^{2-}、Mg^{2+}、Ca^{2+}、K^+ 或 Na^+ 等,这些可溶盐渗入土壤,将导致土壤盐渍化。另外,煤矸石中含有有害重金属,经过雨淋之后,会渗入土壤,增加了土壤中重金属的含量,从而破坏土壤中的有机养分。

2.2.2　煤矸石对水体的污染

煤矸石对地表水和地下水的污染形式与污染程度与煤矸石的组成相关。污染的形式主要为重金属污染与有机物污染。

1)重金属污染

煤矸石中含有的硫化物在雨水及地表水的溶淋作用下会形成酸性溶液。这种酸性溶液在渗透迁移过程中会将其中的重金属元素如汞、铬、砷、铜、镉、铅等溶出,渗入地下水及土壤当中,污染饮用水。

2)有机物污染

煤矸石中多种多环芳烃迁移到附近的水体中,对环境水造成大量的有机物污染,这一污染应引起有关方面的高度重视。

煤矸石中有害可溶物含量与地层岩性特征、采矿条件以及堆放条件有关,不同矿区的煤矸石由于可溶有害物质的含量不同,其对地下水的污染也不尽相同,例如我国西南、西北地区的煤矸石硫含量较高,其中的有害元素较易溶出。据山西汾西矿务局调查,某些井田范围内的土壤已受镉、汞等重金属污染。另外,煤矸石经风化后,其可溶物的溶出量将大大增加。对某省部分煤矸石堆放区水体化学成分及微量元素分析表明,水体总硬度、TDS 均超过《生活饮用水卫生标准》(GB 5749—2006)所规定的最大值 450 mg/L。水样中的 SO_4^{2-} 最高值为 2 637.69 mg/L,超过《地表水环境质量标准》规定的数值(250 mg/L 以下)近 10 倍之多。水体中微量有毒、有害组分,如 Be、U、Mn、Sr、Mo、Ni、F 等,也存在超标或浓度过高的现象。

2.2.3　煤矸石对空气的污染

我国的矸石山中有 237 座发生过自燃。煤矸石山中的可燃物质如残煤、碳质泥岩、废木材等,发生氧化及热量累积,当温度达到其燃点温度时,就会发生燃烧。煤矸石的自燃是一个复杂的物理化学过程,其中碳、硫是煤矸石自燃的物质基础。通常情况下,煤矸石的自燃过程可以分为三个阶段:缓慢升温、加速氧化、稳定燃烧。

煤矸石自燃对气体的危害主要由煤矸石中 C、S 和 P 的完全或不完全燃烧所引起。在自燃过程中,S、P 等物质会发生氧化反应生成 SO_2、H_2S、P_2O_5 等有害气体,同时由于煤矸石自燃的不完全,还会生成大量的 CO。对自燃的煤矸石山周围大气检测结果表明,矸石山周围大气中 SO_2、H_2S、CO 等有害气体的含量严重超标,SO_2 是一种刺激性气体,会对呼吸道产生刺激而引起咳嗽、流泪等症状, H_2S 是一种具有臭鸡蛋气味的气体,当人吸入该气体后会产生恶心、呕吐等症状。CO 对人体的危害主要是造成缺氧,导致脉弱、呼吸变慢等症状。由于煤矸石自燃对周围大气的污染,使矿区附近居民呼吸道疾病大量增加,主要症状有双眼红肿、头昏恶心、咳嗽气喘、鼻腔溃疡等,严重时还会造成煤矿工人呼吸中毒、昏迷乃至死亡等恶性事故。

除了自燃产生有害气体对空气产生污染以外,扬尘也是煤矸石对空气的危害。露天堆放时,煤矸石表面会风化成粉末,在风力的作用下形成扬尘。扬尘量主要与煤矸石粉末粒度以及周围气候条件有关,粉末粒度越小,风速越大,扬尘情况越严重。煤矸石粉末的粒度除了与破碎状态有关外,还与其风化程度相关,煤矸石的风化速度除了与自身的矿物组成有关外,最重要的是与煤矸石堆存环境的气候变化有关。对于露天堆放的煤矸石,冷热交替、干湿交替都会加速煤矸石的风化,处于 0.5 m/s 以下风速的煤矸石由于受这种自然环境的影响减弱,其风化速率明显降低。除此之外,煤矸石在运送堆放过程也会大量扬尘。煤矸石粉尘中含有很多对人体有害的化学元素,如汞、铬、砷、镉、铅,以及少量天然放射性元素铀 238、钍 232、镭 226 等。这些含有害物质的粉尘一旦吸入人体,会导致如气管炎、肺气肿、尘肺甚至肺癌等疾病。

2.2.4　矸石山引发地质灾害

煤矸石山多为自然堆积而成,具有结构疏松、稳定性较差的特点,极易引发地质灾害:一是煤矸石山的崩塌和滑坡;二是煤矸石泥石流,如图 3-2 所示。英国阿伯方地区附近的煤矸石山滑坡曾导致 144 人丧生,并造成重大的财产损失。20 世纪 70 年代发生于美国西弗吉尼亚州法罗山谷的煤矸石泥石流灾害导致 116 人死亡,4 000 多人无家可归。2004 年 2 月,淮南新集煤矿矸石山发生塌方,造成 8 人死亡;2004 年重庆发生煤矸石山的溃塌事故,宽约 150 m、长达 1 000 m 的矸石山大面积滑坡, 24 人被埋。煤矸石山溃塌事件多发生于山区的多雨季节,造成的危害程度不尽相同,但人身伤亡事故是经常发生的。

图 3-2　煤矸石堆场雨中滑坡污染一级饮用水源

另外,煤矸石山中硫含量较高,氧化作用所产生的热量累积使矸石山内部温度升高,可以达到 800~1 200 ℃,形成一个高温高压的环境,并产生大量可燃气体,该气体在聚集到一定浓度且得不到有效释放时,会发生爆炸,矸石山的爆炸也会导致矸石山的崩塌和滑坡。20世纪 80 年代以来,大小矸石山爆炸共发生 10 余起,导致 30 多人死亡。1988 年河南焦作矿区的矸石山爆炸造成 6 人死亡;1994 年枣庄煤矿北煤井矸石山垮塌,造成 17 人死亡,7 人受伤;2005 年,河南平顶山煤业集团四行煤矸石山发生自燃爆炸并诱发崩塌,造成 8 人遇难,122 人受伤;2006 年,甘肃雷坛河遭煤矸石侵袭,两万人饮用水源受威胁,造成紧张的工农关系。

2.3　榆林地区煤矸石概况

2.3.1　榆林地区煤矿煤矸石产生情况

1)榆林地区煤矸石来源与利用

煤矸石是采煤过程和洗煤过程中排放的固体废物,是一种在成煤过程中与煤层伴生的含碳量较低、比煤坚硬的黑灰色岩石,包括巷道掘进过程中的掘进矸石,采掘过程中从顶板、底板及夹层里采出的矸石以及洗煤过程中挑出的洗矸石。煤矸石弃置不用,排放到矸石场占用大片土地。煤矸石中的硫化物逸出或浸出会污染大气、农田和水体。矸石山还会自燃发生火灾,或在雨季崩塌,淤塞河流造成灾害。中国积存煤矸石达 10 亿 t 以上,每年还将排出煤矸石 1 亿 t。为了消除污染,自 20 世纪 60 年代起,很多国家开始重视煤矸石的处理和利用。利用途径有以下几种:①燃化类,利用矸石发电,提取化工产品等;②建材类,生产水泥和建筑制品等;③填铺类,用于铺路以及井下充填、地面充填造地等。

煤矸石在大小煤矿都有存放,特别是我省一些大中型煤矿,堆积的煤矸石已成小山,有的已存久自燃,溢出的浓浓烟雾和硫酸气污染空气及水体,还占用了大量的土地。据山东、山西、河北、甘肃四省统计,煤矸石的存放量已达 72 735.22 万 t。我省煤矸石的存放量也约 15 000 万 t,全国的总量将更可观。

陕北地区的煤矸石也属此类型。煤矸石中高岭土含量在 90% 以上,矿石质地好、结晶好、热稳定性好、有序度较高。由于此类型矿石中往往含有氧化铁、硫化铁、氧化钛、有机质等杂质,矿石呈灰色或黑色,自然白度低,而降低了它的使用价值。为了除去这些杂质,除用重选、磁选、浮选等常规选矿方法外,还必须用超细磨、化学漂白除铁、高温煅烧等工艺,才能大幅度地提高产品的白度、细度和质量。当前该地区的主要工作是依靠科技进步,扩大应用领域,把当地的资源优势尽快变为经济优势。

陕北地区煤矿众多,煤质优良,经过洗选的煤矸石一般发热量较低,多数不适用于发电,同时由于每年产生的矸石量较大,作为建材原料等途径无法消化现有的煤矸石。为减少环境污染,寻求完善的矸石井下回填技术,已成为当地煤矿企业的迫切需求。根据当前的形势,我们必须加快脚步,重视煤矸石的深加工研究及工业应用试验,这也是世界各国十分重视的课题。

2)矿井洗选矸石井下回填工艺及可行性

陕北地区某大型矿井,生产能力为 8 Mt/a,并配套建设同规模选煤厂。选煤厂洗选矸石产生量为 0.204 Mt/a。矿井选煤厂洗后矸石,采用无轨胶轮车运至井下废弃巷道堆弃处理,选用 WC8E 型后翻自卸式防爆胶轮车 19 辆,其中 15 辆工作,4 辆备用。矿井远期矸石考虑综合利用。

洗选矸石处置工艺及可行性如下。

(1)矸石运输方式。

根据矿井实际生产需要,地面选煤厂矸石采用无轨胶轮车运输下井。矿井投产时,地面矸石站通过副斜井井筒至井下矸石堆弃处,运距约 8.95 km。副斜井井筒斜长 3 127 m,倾角 5.5°,井下辅助运输巷道倾角 0° ~2°。

根据矸石下井运输距离、运输量以及巷道倾角,确定选用 WC8E 型后翻自卸式防爆胶轮车运输下井矸石,无轨胶轮车在 5.5° 坡运输平均车速 3.6 m/s,其余巷道运输平均车速 4.2 m/s。矿井投产时,每班运输矸石 31 次,往返一次循环时间 95~ 99 min,每班作业时间 49~59 h。根据每班运输时间,选用 WC8E 型后翻自卸式防爆胶轮车 19 辆,其中 15 辆工作,4 辆备用,每辆车平均作业时间约 3.31 h / 班。

(2)矸石堆弃位置。

井下巷道掘进方式为连续采煤机掘进,连采掘进的性质决定掘进巷道每隔 50 m 设一处联络巷,综采工作面巷道长度约为 4 600 m,共设置 92 处长度为 25 m 的联络横川,每个联络横川宽 25 m,高 3.8 m, 92 处联络横川的体积为 218 500 m³;另外工作面运输巷亦可堆弃矸石,工作面运输巷长 4 600 m,宽 10 m,高 3.8 m,体积为 174 800 m³。联络横川和工作面运输巷体积共为 393 300 m³,按 60% 堆弃率计算,可堆弃 235 980 m³ 矸石,即 47.196 万 t 矸石。项目每年需下井堆弃矸石 20.4 万 t,仅占可堆弃矸石量的 43.22%。因此选煤厂洗选矸石下井堆弃联络横川和工作面运输巷是可行的。

(3)矸石堆弃工艺。

矸石井下废弃巷道堆弃利用防爆无轨胶轮车进行,在地面装车后运输到井下废弃巷道,通过胶轮车自带的液压装置自卸到巷道内,然后利用煤矿防爆装载机整理堆积,巷道充填完成后砌筑密闭墙封闭。

（4）生产初期矸石处置可靠性。

矿井工作面采用后退式回采，第一个工作面投产时已经形成井下连续采煤机掘进工艺废弃巷道，选煤厂与矿井开采同期投产运行，生产初期洗选矸石即可进行堆弃处理。

选煤厂洗选后的矸石下井量为 618.2 t/d，折合 309.1 m³/d。井下初期在主采煤层布置一个综采工作面，生产能力 8.00 t/a，年推进度 4 600 m，日推进度 13 m。地面矸石仓储存量 3 000 t，可容纳洗煤厂 4.8 d 的洗选矸石量，因此采煤与下井堆弃平衡按照 4 d 一个循环计算，具体见表 3-5。

表 3-5　采煤与下井堆弃量

矿井采煤、充填平衡表项目	矸石量 /m³	工作面推进度 /m	形成废弃巷道长度及体积 /(m/m³)
投产第一天	309.1	13	13/255
一个工作循环（4 d）	1 236.4	52	82/1 607
采煤、下井堆弃平衡计算	每个循环产生矸石量 1 236.4 m³，形成废弃巷道 1 607 m³，产生的矸石量占废弃巷道体积的 77%，因此采煤形成的废弃巷道体积可以满足矸石堆弃的需要		

矿井投产后开采完成第一个工作循环所形成的废弃巷道体积可满足选煤厂运行 4 d 产生的洗选矸石量堆弃的空间，在此之前，地面矸石仓可以满足矸石的临时存储需要（矸石仓可容纳 4.8 d 矸石产量）。随着矿井不断开采，产生的废弃巷道体积远远大于产生的洗选矸石体积，满足地面洗选矸石下井堆弃的需要。矿井井下辅助运输配备各型无轨胶轮车辆共计 29 辆，其中用于矸石运输车辆 19 辆，已充分考虑矿井生产无轨胶轮车的使用配置量，因此洗选矸石下井运输不会对井下其他辅助运输生产造成影响。

从运输方式、井下空间、堆存工艺以及生产初期矸石回填可行性方面分析，该矿井地面洗选矸石回填井下联络横川和工作面运输巷是可靠的。本案例阐述为陕北地区煤矿洗选矸石提出一个新的解决途径，如果可以推广应用，可在一定程度上缓解该地区因煤矸石堆放造成的环境污染。

2.3.2　榆林地区对煤矸石的利用情况

1）榆林地区煤矸石的量

榆林地区已发现 8 大类 48 种矿产资源，尤其是煤炭、石油、天然气、岩盐等能源矿产资源富集一地，分别占全省总量的 86.2%、43.4%、99.9% 和 100%。煤炭在榆林市矿产资源中占比较大，已探明储量为 1 500 亿 t，约占全国储量五分之一。煤炭在开采和加工利用过程中会产生大量工业固废，如煤矸石、粉煤灰、炉渣等。2018 年榆林市工业固体废物产生量 3 447.8 万 t，其中煤矸石产生量 1 607.5 万 t、粉煤灰产生量 604.8 万 t、其他固体废物产生量 489.2 万 t、炉渣产生量 391.7 万 t 以及冶炼废渣产生量 170.7 万 t 等。工业固体废物综合利用量 1 758 万 t，综合利用率 50.99%。从上述数据可以看出，榆林市工业固体废物整体利用率偏低。与《榆林市固体废物污染防治专项整治行动方案》中工业固体废物综合利用率达到 73% 以上,及国家《关于推进大宗固体废弃物综合利用产业集聚发展的通知》中基地废弃物综合利用率达到 75% 以上还存在较大差距。

2)榆林府谷县煤矸石填沟造地综合利用

马厂村位于府谷县三道沟镇,受外力地质作用的影响,区内丘陵沟壑地带居多,荒沟内土壤层厚度较薄,土壤质地、结构都不具备种植条件,无其他经济价值,水土流失很严重,农业种植的规模化发展受到了很大的限制,所以开展填沟造地的工程很有必要,考虑到填沟造地项目投入较大,依靠当地居民开发该工程效益较低且困难较大,结合庙沟门工业园区洗煤厂产生的煤矸石可用于填沟造地项目,陕西三忻(集团)实业有限责任公司在充分调研庙沟门工业园区周围土地结构和地形(现马厂村内存在 1 条长度约为 2.0 km 的荒沟)的基础上,科学性地提出了"租沟、填沟、造地"的治理模式,利用煤矸石填沟造地。

煤矸石填沟造地范围选取庙沟门西南侧,东西最宽约 220 m,南北最宽约 620 m,占地面积约为 16.33 ha,项目实施造地目标 11.93 ha(179 亩)林地。项目可以有效地解决陕西三忻(集团)实业有限责任公司洗煤厂及庙沟门工业园区内部分洗煤厂煤矸石排放及处置的问题,实现煤矸石综合利用,保障企业正常生产的目标,同时对改善区内水土保持、提高区内绿化率及绿化面积有积极作用。

填沟造地作业过程包括基础处理、运输、倾倒、摊铺、压实及覆土。运输车倾倒作业时需在现场人员的指挥下运送到指定位置,有组织倾倒,倾倒后矸石用推土机摊平,然后用压实机压实作业。具体工艺流程如下。

(1)基础处理。

本项目为填沟造地项目,基础处理包括坑底和边坡清理、场地整平、截洪沟工程和拦渣墙。具体做法为:在下游修建拦渣墙,形成库区,在库区顶部边坡上修建一道截洪沟,严格控制地表水的进入。

本次填沟造地选址位于府谷县三道沟镇马厂村天然形成的沟谷中,项目区地表土壤主要是粉砂组成,结构疏松、黏力差,表土有机质、速效养分含量相当低,一般小于 0.2%~0.4%,剥离意义不大,且为矸石回填场区,因此,场区内不做削坡处理,只需清除地表的植物根茎、石块和其他杂物。故本项目区不进行表土剥离。

为有效地排除矸石体内部渗液,降低地下水水位,设计在沟道填埋前,场地清理基础后,顺应地形,沿沟心线布设梯形断面盲沟,盲沟内充填不规则岩石,创造良好的地下水井流条件,形成场地地下水排泄通道。

(2)汽车运输。

煤矸石运输时应覆盖篷布,严禁敞开式运输;为防止物料撒落路面引起二次扬尘,车辆严禁超载。

(3)指定区域倾倒。

项目填沟造地分区进行,车辆运输至指定区域倾倒,在整个作业过程中必须随时进行场区道路的清扫及场区的洒水工作,使填沟造地作业正常运行,同时场区的各项指标应达到相关的要求。

（4）摊平碾压。

填沟造地分区的作业方法采用下推式作业法并辅以平地覆盖法。矸石填充作业包括卸料、摊平、压实、降尘等。运输车辆将煤矸石运输进入本场填充区，运输车填沟作业时需在现场人员的指挥下运送到卸车平台指定位置，有组织倾倒，倾倒后每1 m用推土机摊平一次，然后压实，避免沉陷。

矸石采用汽车运输，运到场地后按照堆填计划分区卸车，并联合推土机摊平，再用压实机碾压密实，推土机摊平厚度一般不得大于1.0 m，压实度不小于0.65。项目填沟造地采用的煤矸石为不具有危险性的第Ⅰ类一般工业固体废物，为有效地防止堆存矸石自燃和矸石体内外液体渗透，设计矸石每堆存5.5 m左右时，对其再次进行压实，压实度不小于0.9。压实可以有效地增加场地的消纳能力，减少场地沉降量，增加堆积物边坡的稳定性，是填沟造地作业中很重要的工序。矸石倾倒每向前推进4 m，斜面上覆盖黄土一次（黄土厚度0.5 m），并人工摊平，原则上矸石不得外漏。最终覆盖黄土1.0 m，距斜坡边距为5 m，并进行压实。

场地作业面应定期采取洒水降尘措施，冬春季节根据实际情况应增加洒水次数，有效防止粉尘污染。

冬季填矸不得将冰雪直接填筑在矸体，湿度较大矸石应利用自然条件蒸发后再排入场地，雨季及时平整场地作业面，防止雨水形成径流冲刷矸石，造成环境污染。

严格检查，禁止Ⅱ类一般工业固体废物及生活垃圾混入场地。

覆盖黄土前需将矸石表层摊平压实。

黄土摊平压实后的厚度不小于0.5 m，压实密度不小于0.9。

所覆盖的黄土，不得含有腐殖土、草根等杂质。

推土机压实不到的边角等位置，采用人工夯实的办法压实，并达到所要求的压实密度。

在整个填沟造地过程中必须随时进行场区及运输道路的清扫洒水工作，使填沟作业正常运行，同时各项指标应达到填沟造地的要求。矸石从卸车平台倾卸后由推土机向下推，其推距控制在20 m以内，并将矸石层分层摊铺，铺匀后用压实机进行4~6次压实。每日填沟作业结束后在作业面洒水降尘。在雨季作业时，作业车不能进入填沟作业面时，可采用钢板铺设路面卸车；冬季防止车辆打滑，须在道路上设置防滑条或防滑链。

场区设截洪沟，填沟作业单元控制在10 m×10 m，做到每日覆盖，不留废渣裸露面。雨季做好雨水导排工作。冬季结冰季节，矸石运输及填充过程宜快，以防止矸石在碾压前冻结而影响碾压质量；卸车后应及时清理车厢的残留固废。固废摊铺过程中，若面层颗粒出现结冰现象，应增加碾压遍数，保证压实质量。冬季集中在较小的工作面，连续铺压是减轻冻害的有效措施。

（5）处理结果。

填沟造地的实施不产生固体废物，同时对废气、废水、噪声以及生态等均采取了有效的治理及防治措施，从而使污染得到有效控制。项目填沟造地完成后全部生态恢复为林地，对于改善区域环境具有良好的促进作用,环境效益明显。

该项目实施后,会增加附近居民对实施企业的认同感,有利于缓解企业和附近居民的关系,有利于社会的稳定,同时也给企业自身带来了一定利润。所以项目的实施,具有很好的社会效益。

3)榆林沙区煤矸石平台植被恢复可行性

煤矸石是目前我国排放量最大的工业固体废弃物之一,占煤炭开采量的 10%~20%,煤矸石山是煤矿采选过程中产生的含碳岩石及其他岩石等固体废弃物的集中排放和处置场所。榆林位于毛乌素沙地东南缘,处于多层次生态过渡带,生态环境十分脆弱,是全国唯一的国家能源化工基地陕北能源化工基地的重要组成部分。

近年来,随着陕北能源化工基地建设,煤炭开采量快速增加,榆林矿区煤矸石排放量每年不低于 600 万 t,且每年仍以 10%~15% 的速度增加,已形成 10 ha 以上矸石山逾 400 个,大量煤矸石长期堆放,不仅侵占大量林地资源,而且经过自燃、风化及淋溶,对大气、土壤、地下水资源等生态环境造成严重污染,直接威胁到矿区及周边居民生活和农牧业生产。煤矸石植被恢复是煤矸石山治理最有效、最经济、最持久的措施。长期以来,专家学者对煤矸石山人工促进植被恢复与重建技术进行了大量的研究,主要集中在黄土区、黑土区,对半干旱风沙区煤矸石山植被恢复研究较少,以往的研究多为对自然条件或人工干预条件下植被恢复的单一方面研究。为了探求煤矸石山植被恢复的综合效益,本研究从树种、保水剂、穴底处理 3 个影响植被恢复的因素设计正交试验,拟筛选出煤矸石山植被恢复的最佳方式,进而提高煤矸石山植被重建造林质量,以期为半干旱风沙区煤矸石山的人工植被恢复与重建提供理论依据。

研究区位于毛乌素沙地南缘的陕西省神木市大柳塔镇,地貌类型为风沙草滩区,属中温带半干旱大陆性季风气候,该区四季分明,昼夜温差大,最高气温 38.9 ℃,最低气温 −24.0 ℃,年均气温 8.1 ℃,年均降水量 414.1 mm,降水主要集中在 7 至 9 月,年均蒸发量 1 199.2 mm,无霜期 150 d 左右,海拔 1 085~1 105 m,平均风速 2.3 m/s,冬春季节盛行西北风,夏秋两季以东南风为主,土壤主要为风沙土。

结合当地自然条件,选用榆树 3 a 生裸根苗,沙地柏 2 a 生营养袋苗,火炬树 2 a 生裸根苗,紫穗槐 1 a 生裸根苗。保水剂选用唐山某公司生产的吸水倍率为 400 倍的农林抗旱保水剂,液态地膜选用陕西某公司生产的绿野地膜(按 1∶8 兑水稀释),地膜选用普通塑料薄膜。

供试煤矸石山平整后覆沙土厚 50 cm,并搭设 2.0 m×2.0 m 的低立式沙柳沙障。针对树种、保水剂用量和穴底处理方式 3 个因素及相应 4 个水平,选用 L16(45)正交试验,按照表 3-6 安排试验,共 16 个处理,每重复 10 株,每个处理重复 3 次。栽植穴底部处理后施入保水剂。造林两个月后调查造林成活率,翌年 5 月调查保存率,生长指标测定树高、地径、冠幅等指标。

表 3-6　正交试验各因素及水平

水平	因素		
	树种（A）	保水剂（B）/g	穴底处理
1	榆树	6	15 cm 黄土
2	沙地柏	9	液态地膜
3	火炬树	12	塑料薄膜
4	紫穗槐	0	沙土

树种选择是煤矸石山植被恢复的关键，树种是影响造林成活率、保存率和高生长率的最大因素，A4（紫穗槐）、A2（沙地柏）成活率和保存率较大，均在 90% 以上，A1（榆树）次之，A3（火炬树）成活率最低，保存率变化幅度最大，是成活率的 53.3%，这与孙翠玲等的研究结果有相同之处。同时树种对高生长率的影响是 A2>A4>A1>A3，榆树、火炬树由于春季干梢现象，高生长率较低。

穴底处理对造林成活率、保存率和高生长率影响差异显著，C1（穴底 15 cm 黄土）显著高于其他 3 个水平处理。这说明基质是改良沙地煤矸石山植被恢复的重要保障，穴底垫黄土改良基质，可有效地提高土壤的蓄水和持水性能，有利于提高造林成活率和促进植物生长发育。保水剂因素对造林保存率影响较大，对成活率和高生长率影响较小。

毛乌素沙地煤矸石山植被恢复初期采用紫穗槐（沙地柏）、保水剂（6~9 g）、穴底 15 cm 黄土的植被恢复措施，可取得较高的生态效益。

3　煤矸石的综合利用

随着煤炭产量的日益增大，煤矸石的排放量也日益增大。世界上许多国家都很重视煤矸石的利用，其中西欧、东欧各国尤为重视，美国、日本、澳大利亚次之。煤矸石虽然对环境造成危害，但是如果得到适当处理和利用，仍是一种有用的资源。对于煤矸石的综合利用，美国、英国等西方国家的总利用率已达到 90% 以上。截至 2020 年，我国煤矸石综合利用率为 75% 左右。

近年来，随着经济的发展，世界能源面临严峻的挑战，煤矸石的综合利用对于节约资源、改善环境、提高经济效益和社会效益、实现综合利用配制和可持续发展具有重要意义。我国利用煤矸石已有几十年的历史，近年来，由于对环保工作的重视和科学技术的进步，煤矸石的利用率不断提高，已形成了煤矸石发电、煤矸石生产建材、回填、提取化工产品等多种利用途径，如图 3-3 所示。

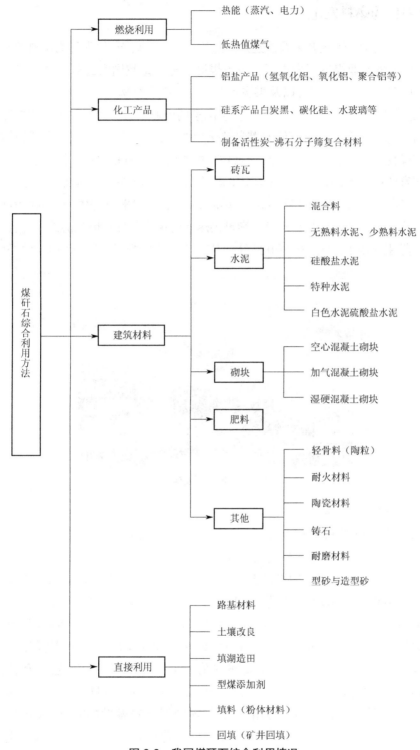

图 3-3　我国煤矸石综合利用情况

3.1 煤矸石作为燃料发电

煤矸石电厂是指以煤炭开采及洗选加工过程中排放的矸石、煤泥等为燃料的发电厂,如图 3-4 所示为黄陵矿业煤矸石发电厂。发展煤矸石电厂是我国实施可持续发展战略,加强环境保护,实现资源的有效配置以及煤炭行业、产业、产品结构调整的必然选择。利用煤矸石、煤泥等低热值燃料建设电厂和热电厂符合国家的产业政策。它有利于节约能源,改善环境质量。因为它可以将这些低热值的燃料转化为电力,化害为利,变废为宝,同时还可取代矿区内现有煤耗高、热效率低的各种中小锅炉,减少烟尘和 SO_2 的排放量,改善矿区环境条件。根据国家产业政策,适合于实行集中供热,热电联供,以提高整体效益。在矿区建热电厂,可以充分利用矿区的固体废物煤矸石、煤泥等。而且,发电过程中产生的废渣粉煤灰等也可以供给砖厂、水泥厂使用;它不仅可满足供热区内热负荷日益增长的需要,而且,可适当增加供电负荷,提高矿区供电安全和可靠性,对矿区经济发展起到促进作用。

图 3-4   煤矸石发电厂

3.1.1 煤矸石发电

利用煤矸石发电是利用其蕴含热量的主要形式。煤矸石因含碳,具有一定热值,热值 >4 180 kJ/kg 的煤矸石通过简易洗选,选取煤矸石发热量一般在 6 270 kJ/kg 以上,把它加工成粒径 <13 mm,水分 <10% 的煤矸石,与洗选过程中产生的热值较低的劣质煤一起配制成发热量为 10 000~13 000 kJ/kg 的煤,可作为发电厂流化床锅炉的燃料,也可用于小型流化床锅炉做燃料供热用。使用这种燃料,不仅能节约大量的优质煤,而且能减少环境污染。

利用煤矸石作为燃料发电,可分为两种情况,一种是用全矸石,另一种是用矸石和煤泥混合物。在用全矸石做燃料时,如果矸石的热值为 4 186 kJ/kg,则应该先进行洗选,用石灰石脱硫之后,再使用。如果矸石的热值在 6 270~12 550 kJ/kg,则可以直接用,其燃烧后产生的灰渣还可以做其他建材原料。在用矸石、煤泥的混合物做燃料时,要求矸石的热值在 4 500~2 550 kJ/kg,煤泥的热值在 8 360~16 720 kJ/kg,含水量为 25%~70%。煤炭生产过程中要排出大量矿井水,水源充足。这些矿井水经处理后完全可以满足煤矸石综合利用电厂的工业用水需求。煤矸石综合利用电厂采用循环流化床锅炉,其燃烧生成的灰渣物化性能好,是生产建材用的活性填料和辅料;而生成的粉煤灰又可作为水泥厂的原料;另外矿区的塌陷区将是天然的排灰场,为塌陷区复垦造田创造了前提条件。这些都是区建电厂优势所在。

我国每年矸石发电消耗矸石量约为 1 400 万 t,占矸石综合利用量的 30% 左右,减少因堆积煤矸石占地 2 000 余亩,而且电厂灰渣制砖,减少了黏土用量,保护耕地,改善了矿区环境。煤炭作为我国的基础产业和主要能源工业,由于受长期计划经济的影响,产业结构矛盾突出,且供过于求,经济效益不好,而利用煤矸石发电则具有较好的社会、经济和环境效益。

3.1.2 煤矸石发电的可行性

煤矸石发电经过十多年的发展,在锅炉燃烧技术、环境保护等方面已经取得了长足的进步,进入 21 世纪后,大力发展煤矸石电厂更是一举多得的方法。

一是适用于煤矸石电厂的循环流化床锅炉燃烧技术取得了很大进步。作为煤矸石电厂核心设备的流化床锅炉的技术水平直接影响到电厂的生产运行情况和企业经济效益。早期建设的煤矸石电厂基本以鼓泡型流化床锅炉为主,这种锅炉热效率低,不利于烟气脱硫。20 世纪 90 年代以来,循环流化床锅炉逐步取代了鼓泡型流化床锅炉,成为矸石电厂的首选锅炉,并逐步从 35 t/h 发展到 70 t/h,合资生产的已达到 240 t/h,热效率提高 5%~15%。以往由于矸石发热量低、灰分高、硬度大,锅炉磨损严重,经常造成锅炉停机检修,影响电厂运行。现在由于采取了防磨措施,循环流化床锅炉连续运行普遍超过 2 000 h。

二是消烟除尘等环境保护技术已能满足国家环保要求。煤矸石电厂除尘脱硫问题是社会广泛关注的问题,关系到矸石电厂生存的大事。目前,煤矸石电厂选用除尘器的类型主要是水磨除尘器、多管旋风除尘器、静电除尘器、布袋除尘器,其中静电除尘器和布袋除尘器效率最高,使用这两种除尘器均能满足环保要求。对于脱硫,由于矸石电厂采用的循环流化床锅炉的工况较容易实现在炉内燃烧过程中脱硫,一般在钙硫比为 15~20 时,脱硫率达 85%~90%,可以满足环保要求。

1)煤矸石发电的益处

(1)改善矿区环境。我国每年矸石发电消耗矸石量约为 1 400 万 t,占矸石综合利用量的 30% 左右,减少因堆积煤矸石占地 2 000 余亩。而且,电厂灰渣制砖,减少了黄土用量,保护耕地,改善了矿区环境。

(2)节省大量能源。据测算,2020 年煤炭开采和洗选业产能利用率为 69.8%,原煤产量为 38.4 亿 t,焦炭产量为 4.71 亿 t。我国煤炭消费量总体较为波动,2019 年煤炭消费量为 28.10 亿 t 标准煤。排矸中的煤炭和煤泥量,折合标煤约 4 000 万 t,以发电用煤 400 g/(kW·h)计算,可以发电 100 亿 kW·h,收入 30 亿元。

(3)社会效益可观。据不完全统计,2000 年煤矸石电厂发电约 120 亿 kW·h,占矿区用电量的 30%,平均每度电盈利 3.38 分,全国电厂盈利 40 亿元以上。煤矿发电与购电相比,全国购电的综合电价为 0.5~0.6 元/(kW·h),煤矿矸石电厂的供电成本为 15~25 元/(kW·h),价差为 0.15 元/(kW·h)。去年,全国国有煤矿年用电量 300 亿 kW·h 以上,仅购电一项,煤炭企业就多支出 45 亿元以上。从社会效益来看,去年,国内生产总值电耗为 1 474(kW·h)/万元,而煤矸石电厂发电新增的生产总值可达 800 亿元以上,已安置了待岗人员 4 万~5 万人。

（4）促进了煤炭行业的结构调整。煤炭作为我国的基础产业和主要能源工业,由于受长期计划经济的影响,产业结构矛盾突出,且供过于求,经济效益较差。煤矸石发电由于有较好的社会、经济和环境效益,也符合国家的产业政策,是煤炭行业产业产品结构调整的有效途径之一。

2）煤矸石发电的障碍

电网关系难以协调,并网运行一直是煤矸石电厂建成后最先面临的难题,难就难在并网发电难、收费项目多、政策不落实等方面。新建一个矸石电厂或扩建一台机组都得经过电业部门长时审批,又要上缴名目繁多的费用,参加电网调峰,影响了煤矸石电厂的正常运行和经济效益。

3）建设资金严重不足

近年来,各商业银行对煤矸石电厂从重点扶持逐步转向严格控制,不但对电厂进行多次评估,还要求企业有不少于30%的自有资金作为资本金,否则不同意贷款,因而,许多地方出现了办不成电厂或办成了也负债较高的问题。目前,绝大多数煤矸石电厂资产负值率均在90%以上。

企业税费负担偏重,国务院先后下文对煤矸石电厂免征发供电环节的工商税和综合利用项目的产品税。而自产品税改为增值税后,煤矸石发电就不能享受减免增值税待遇,企业经济负担有所加重。

企业经营体制落后,目前,大多数煤矸石电厂不是独立的核算单位,是隶属于矿务局（矿）的二级单位或生产车间。这种管理体制、经营机制既不能发挥煤矸石电厂的积极性,又不能按贷款合同还本付息,严重地影响了煤矿办电的信誉。

部分电厂环境污染严重,煤矸石的主要特点是灰分高,发热量低,灰分一般在40%~70%,对于洗矸,硫分也比原煤高。煤矸石燃烧产生大量的烟尘和二氧化硫,如不采取措施将对大气环境造成严重的污染、按照《中华人民共和国大气污染防治法》要求,煤矸石电厂若不能达标排放,有可能被环保部门关停,形势十分严峻。因此,对于较早建成的矸石电厂应尽快建设高效除尘设施,燃用含硫高的矸石电厂要抓紧建设脱硫设施,做到符合国家环保要求。

3.1.3 煤矸石燃烧发电原理

煤矸石燃烧,其热能转化方式主要表现为三种不同形式的能源:一是燃烧热损耗,包括煤矸石中矿物质在燃烧时受热分解所吸收的热量以及未燃尽的碳损耗热能等;二是生产性热能耗,包括供热、发电各个生产环节所消耗的热能;三是有效能,指实际用来供热或发电的有效能量,它不包括燃烧热损耗和生产性热能耗。因此,煤矸石完全燃烧时能量平衡方程为:

$$Q_{\text{net.v}} = R_{\text{c}} + U_{\text{pc}} + J_{\text{e}}$$

式中　$Q_{\text{net.v}}$——煤矸石恒容低位发热量;

　　　R_{c}——燃烧热损耗能;

　　　U_{pc}——生产性热损耗能:

J_e——煤矸石发电时的有效能。

实际上,在煤矸石发电燃烧的过程中,除热能耗外,生产性能耗还有其他多种形式的能耗,它们也应折算成热能耗而被扣除。因此,煤矸石燃烧发电净能 J_g 可表示为:

$$J_g = Q_{net.v} - R_c - U_{pc}$$

国内主要采用具有不同热值的煤矸石,按公路运输 1 kg 煤矸石 10 km 的运输距离,计算煤矸石燃烧供热,并对数据进行了统计分析,结果表明,净供出热量 J_g 与煤矸石发热量 $Q_{net.v}$ 之间存在着明显的线性关系,其回归方程为:

$$J_g = -455 + 0.922Q_{net.v}$$

当 $J_g = 0$ 时,由上式求解煤矸石燃烧供热所需的低位发热量:

$$Q_{net.v} = 4.1868 \times 445/0.922 = 2\ 020.74(\ kJ/kg\ )$$

类似可计算出煤矸石燃烧发电时生产性能耗(运输及其他生产环节综合能耗)、燃烧热损耗、净产出电量及净供出电量,其中将能耗折算成电量,得到净供电量 J_g 与煤矸石发热量 $Q_{net.v}$ 之间也存在着明显的线性关系,其回归方程为:

$$J_g = -0.105 + 0.000\ 257Q_{net.v}$$

当 $J_g = 0$ 时,由上式求解煤矸石燃烧供电所需的低位发热量:

$$Q_{net.v} = 1\ 710.56(\ kJ/kg\ )$$

此值即为燃用煤矸石发电的低位发热量。

由上述讨论可知,利用低热值燃料煤矸石供热发电,其最低发热量应在 1 711~2 021 kJ/kg 之间。上述能量转换关系是在完全理想的条件下建立的,而实际系统要复杂得多。实际上各环节的能量消耗可能要更大,煤矸石发热量也不可能完全燃烧而变成热能。大量实践表明,燃用煤矸石供热或发电的最低发热量应为 3 346 kJ/kg。

在对煤矸石热值利用的同时,需对其热值进行测定。目前测定煤矸石发热量沿用的是煤的发热量的测定方法,在研究工作中通常测定分析及煤矸石高位发热量,而在工业或评价煤矸石热能质量时,往往采用低位发热量作为指标,因此在利用资料时,需要注意这个问题。

3.2 煤矸石回填与复垦

3.2.1 煤矸石回填

矿区可利用煤矸石填充塌陷区,复垦造田,这对矿区固体废物的治理、生态环境的恢复可起到一定的作用。但这种简易填埋法易导致煤矸石淋滤液的二次污染。现在国内发明了一种新的煤矸石卫生填埋方法,主要由底部防渗层、间隔黏土层、侧衬、封顶层、矸石填埋单元及截水沟等附属设施组成,它是在科学选址的基础上采用必要的场地防护手段、合理填埋结构,可最大限度地减缓和消除固体废料对环境的污染。对煤矸石的卫生填埋,能有效地控制淋溶水的扩散,减小对地下水的污染。而且在其顶部防渗层可植树种草,进行土地复垦,恢复生态环境(图 3-5)。

图 3-5　煤矸石对煤矿采空区的回填与复垦

1）填充工艺

（1）原料选择。

煤矸石表面黏附着一定量的煤,仍存在燃烧的可能性。煤矸石在含水量较高时,形成煤泥而失去强度,易变形,对场地损害较大,因此首先要进行烧失量试验。烧失量大于 16% 的煤矸石不得用作场地填充料。为指导施工,还要进行重型标准计时试验、含水量试验、液塑限联合测定试验等。试验方法和土工试验方法相同。

（2）填充程序。

填筑前将原地表进行清理、平整、压实,达到规范要求的压实度。为便于边坡植草,在填筑煤矸石之前应先填筑护肩土。要求在削坡后,填方设计范围内护肩土的宽度为0.8~1.0 m,使所有土方的塑性指数不小于 15。由于土方的松散系数大于煤矸石（土方松铺系数为 1.5,煤矸石松铺系数约为 1.3）,因此护坡土填筑厚度宜高于煤矸石 1.3~1.5 倍,并进行预压实,待煤矸石填铺后,同步压实,以增强整体结构。

（3）煤矸石填筑。

矸石山体比较疏松,所以可以直接采用挖掘机进行挖掘,自卸车运输。在预填场地上首先应根据各运输车的载重及煤矸石的松铺系数计算各车卸料的纵横间距,由专人指挥卸车,土和煤矸石结合部位要求填筑细粒料,便于土、煤矸石结合,以增强结构的整体性。用推土机摊铺、平整。煤矸石的松铺厚度不超过 30 cm。

（4）洒水碾压。

摊铺平整后,要检测煤矸石的含水量,根据最佳含水量确定是否洒水及洒水量。若含水量适中,可以直接进行碾压;若含水量偏低,一般要分两次洒水。第一次洒水为总用水量的60%~70%。待 2~4 h 挖开数点检查,待渗透深度超过厚度的 3/4 时（以不粘轮为度）,开始进行碾压 2~3 遍。压路机选用 30 t 以上振动压路机,强振不少于 2 遍,使煤矸石基本上完全破碎,重新组合。然后喷洒第二次水,洒水量为总用水量的 30%~40%,待 4~8 h 后即可碾压。用重型压路机强振 1~2 遍,静压 2~3 遍,表面无明显轨迹,不出现松散、翻浆、软弹等现象,使表面光洁密实,形成板体。

2）检测方法

基槽下 0~80 cm 之内用灌砂法进行检测，80 cm 以下采用工艺法（粗粒式）或核子密度仪法（用灌砂法核定，细粒式）。工艺法即通过试验确定 30 t 以上振动压路机达到压实度的遍数为依据后，表面无明显轨迹，无松散现象，碾压过程中颗粒无明显移位，即可认为压实符合要求。煤矸石场地基础竣工后，应进行弯沉试验或承载板测定，以评定质量。

3）注意事项

（1）矸石山体较松散且堆积较高，有的达到 30 m 高，同时会出现坍塌、滑坡等现象。因此，挖装时要注意安全，施工中派专人负责观察山体的变化，一旦发现有异常现象，立即指挥机械车辆撤离现场。

（2）由于矸石山体内部易自燃，使山体中有大量的热量，因此遇温度较高的煤矸石时，应先洒水冷却后再装运。同时由于矸石山体自燃程度不同，出现黑色、灰褐色及红色等几种煤矸石。褐色煤矸石含碳量高，烧失量偏大，因此在施工中，优先选用红色矸石，其次是灰褐色矸石，选用黑色矸石时应严格进行试验，若试验结果符合技术要求方可使用。在距场地填方顶面深度 80 cm 范围内，采用烧失量低于 8% 的红色煤矸石，其粒径控制在 10 cm 以下，其中最上压实层所用的煤矸石的粒径控制在 6 cm 以下。

（3）平整工程中，应由专人剔除粒径大于 20 cm 石块、垃圾等，对于在碾压工程中形成支点的矸石块要进行处理，确保碾压质量。

（4）平整工程中对于大颗粒集中的区域。应用细粒料填充处理，确保压实后密实，特别是土与矸石的结合部。

（5）洒水工程中，要喷洒均匀，不能忽多忽少。对土与矸石的结合部位要重点对待，由于土与矸石的最佳含水量和用水量的不同，因此极易造成土方翻浆，在施工中可以采用人工洒水，少量多次的方法，以保证压实工程中土与矸石结合良好。

（6）由于煤矸石需用大量的水，在铺筑之前将煤矸石洒水湿润，可以缩短施工时间，加快工程进度。

（7）碾压要配备大吨位（30 t 以上）振动压路机，同时严格按照技术规定的要求进行操作，即先边后中、先低后高、先慢后快、先轻后重、先稳后振的原则，土与矸石结合部位及边缘要多压 2~3 遍，确保结构的整体性。

3.2.2 煤矸石复垦

1）国内外矿区土地复垦现状

煤矿区集煤炭开采、利用与土地资源占用、破坏为一体，是资源、环境与人口矛盾相对集中显现的区域之一。因此，矿区土地复垦逐渐成为世界各采矿大国的热点课题。历史较久、规模较大、成效较好的有美国、德国、澳大利亚等国家。美国根据矿区环境污染的不同对象先后颁布了严格的国家法令，如《露天开采控制和复田法令》，并在矿区环保及治理上取得了显著成绩；德国对其莱茵矿区受破坏土地到 20 世纪 60 年代末已复垦 8 133 ha；澳大利亚则被认为是世界上先进而且成功地处置扰动土地的国家，该国把土地复垦视为矿区开发整体活动不可缺少的组成部分，目前已形成以高科技指导、多专业联合、综合治理开发为特点的土地复垦模式。

国内矿区土地复垦工作始于20世纪50年代末,那只是小规模、技术粗糙、简单的回填。由于缺乏资金及理论指导,到20世纪80年代后期,全国开展复垦工作的矿山企业不足1%,已复垦的土地不到被破坏土地的1%。为了保护珍贵的土地资源,改善矿区生态环境,国务院1988年12月第19号令颁布了《土地复垦规定》,以法规的形式对复垦地的实施原则、责权关系、组织形式、规划、资金来源及复垦土地使用等做了原则性的规定,提高了全国各行业的复垦意识,使我国的土地复垦工作有了新的发展。到目前为止,我国矿区土地复垦率不到12%,远低于发达国家65%的土地复垦率。矿区土地复垦工作任重而道远。矿山土地复垦需各种知识综合应用,具有明显多学科性,涉及自然科学、技术科学和社会科学等,因此,其具有复杂性、广泛性、多样性等特征。科学的矿山土地复垦技术就是要很好地将各学科中先进、成熟的技术和在推广中的新技术融为一体,从长远的角度进行土地利用和生态环境的优化。

1)复垦技术

复垦技术一般包含工程复垦、生物复垦两大方面。

(1)工程复垦。

工程复垦技术是指工程复垦中,按照所在地区自然环境条件和复垦地利用方向的不同对废弃地采用矸石充填、粉煤灰充填、挖深垫浅等手段进行回填、堆垒和平整,并采取必要的防洪、排涝及环境治理等措施。采场排土中有内排工艺技术和外排工艺技术,覆土时有机械覆土技术和水力复垦技术。

(2)生物复垦。

生物复垦是根据待复垦土地的利用方向,采取包括肥化土壤、微生物培肥等在内的生物方法,改变土壤新耕作层养分状况和土壤结构,增加蓄水、保水、保肥能力,创造适合农作物正常生长发育的环境,维护矿区生态平衡的技术体系。生物复垦方法包括微生物培肥法绿肥法和施肥法。目前,在复垦土壤的侵蚀化控制及产业化、水利播种与覆盖、人造"表土"以及矿山固体废物复垦新技术等方面取得了比较好的成果。

3)开展矿区塌陷地治理及复垦技术的意义

切实做好矿区塌陷地治理和复垦工作是贯彻党的十六届五中全会提出的"加快建设资源节约型、环境友好型社会"精神,落实科学发展观,坚持最严格的耕地保护制度,符合党中央国务院提出的"加快推进土地复垦"的要求。实施土地可持续利用的重要举措。对改善生态环境、发展循环经济、推进社会主义新农村建设、建设节约型社会、促进经济社会可持续发展具有十分重要的意义。

(1)抑制矿区生态环境恶化煤炭资源开发利用对人类环境的负面影响,便矿区环境问题日益严重。矿区大量农田、耕地、林地遭到破坏,引发了一系列的生态环境问题。20世纪80年代起,我国开始采煤塌陷区复垦工作在矿区土地复垦规划理论和方法、高潜水位矿区生态工程复垦、矿区复垦土壤的特性与改良、矸石山植被与复垦、开采塌陷对耕地的破坏机理与对策、开采塌陷土地复垦工艺等方面取得了一些成果,也进行了局部推广,但一些关键性的技术难题尚未解决,故而实践规模小、技术应用单一。随着社会的进步、科技的发展,应展开对矿区塌陷地治理及复垦技术的开发新型土地复垦技术或工艺,从而抑制矿区生态环境恶化的趋势。

（2）保护土地资源人多地少是我国的国情,土地问题十分突出。我国是煤炭开发大国,煤炭开采将不可避免地破坏耕地资源。而保护土地、节约土地是我国国民经济发展的基本国策。所以开展采煤塌陷区土地复垦工作,通过矿区塌陷地治理示范工程建设,系统地建立起适合矿区塌陷地治理及复垦的方法与技术体系,在有效增加耕地数量,协调煤炭资源开采与土地资源保护的关系方面均具有重要的现实意义。

4）矿区土地复垦中存在的问题及建议

（1）土地复垦中存在的问题通过近 30 年来土地复垦工作的理论及实践,我国的土地复垦工作取得了一定的成绩,但与发达国家相比,仍存在比较大的差距。造成差距的原因固然与我国土地复垦工作起步较晚有关,但也存在其他方面的影响因素:有些地区的地方政府和采矿企业对土地复垦工作的重要性认识不足,导致这些地区的土地复垦工作进展比较缓慢。根据国务院《土地复垦规定》,土地复垦实行"谁破坏,谁复垦"的原则,因一些地方的土地使用权权属不清,使该原则不能得到充分体现,也会严重挫伤企业土地复垦的积极性。土地复垦是一项庞大的工程,需要大量的资金支持,但现实中复垦资金来源渠道不确定,许多企业由于经济效益不佳,很难筹集到足够的资金用于土地复垦工作。土地复垦理论仍落后于实践的要求,使土地复垦工程因缺乏理论指导而带有一定的盲目性。

（2）土地复垦建议加大矿山土地复垦工作宣传力度,使各级政府和企业充分认识其重要性,增强复垦意识,积极、主动、科学、有效地开展土地复垦工作。制定一部全国性统一的矿地复垦法律法规,在立法中确立"谁破场,谁复垦,谁收益"的原则,明确破坏土地个人和企业的权利和义务,在法规中制定详细的复垦技术标准以指导矿区复垦工作。通过鼓励企业和私人基金注入,吸引社会及外部资金等手段建立矿山土地复垦的专项基金,增大复垦的资金投入,建立、落实复垦押金制度,确保矿区复垦资金的投入,保证土地复垦工作的顺利开展。成立专门的矿山复垦执法机构,审批矿山开采及复垦计划,组织开展土地复垦工作,监督各级政府和企业切实执行土地复垦法规的各项规定及复垦标准,对不履行土地复垦责任或不按期完成复垦任务的应视为违法行为,要追究其法律责任。加强复垦理论技术,借鉴、引进国外先进复垦技术,加速推进我国土地复垦工作。

3.3　煤矸石回收有益组分

3.3.1　从煤矸石中回收煤炭

回收煤炭的主要工艺比较常用的是重介跳汰联合分选工艺,此外还有旋流器回收工艺、斜槽分选机工艺、螺旋分选机工艺等典型工艺,这些工艺的主要原理都是根据煤矸石和煤炭的密度不同,在重力和离心力的作用下按密度分选,将上层煤粒提出,矸石则排入相应的卸料孔。煤炭洗选排矸量,约占煤矸石总排放量的 30%。洗矸发热量大多为 2.09~6.28 MJ/kg,常被作为矸石电厂的沸腾炉燃料。有些矿从洗矸中回收煤炭,取得了良好的经济效益。

利用洗矸中发热量较高的矸石,采用水力旋流器从洗矸中回收煤炭,具有显著的经济效益和社会效益。

矸石再洗系统工艺流程如图 3-6 所示。洗矸由胶带运至缓冲仓,再从缓冲仓由胶带送至 25 mm 分级振动筛。大于 25 mm 的借人工手选胶带选出中块煤、矸石后进入矸石仓,往矸石山废弃;小于 25 mm 的进入缓冲水仓,形成水、矸石混合体,由渣浆泵输入水力转器。经水力旋转器分选后,其底流和溢流分别进入中间隔开的振动筛脱水,产出再洗煤和再洗碎矸石。矸石经过再洗,把洗矸中的煤生产成再洗煤,减少了煤炭资源的损失。再洗煤占 35%~45%。

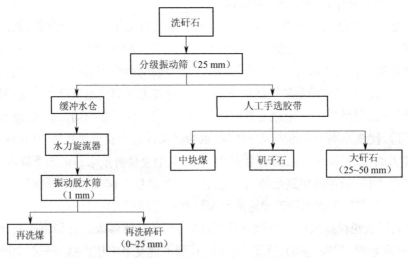

图 3-6　矸石再洗系统工艺流程

3.3.2　从煤矸石中回收黄铁矿

1)回收硫铁矿的概况

硫铁矿是化学工业制备中重要的原料。据不完全统计,我国煤伴生或共生的硫铁矿资源比较丰富,储量约 16.4 亿 t,占全国硫铁矿储量的一半以上,分布在全国 21 个省。这些硫铁矿可和煤炭一起或分层开采出来,经精选后获得符合质量要求的硫精矿。一般硫铁矿在原煤洗选过程中富集于洗矸石中。例如某矿区原煤的硫含量为 2.5%~3.5%,而洗矸石中的含硫量达 10% 以上,超过硫铁矿(8%)。分选回收的硫精矿含硫为 40.1%,完全能达到工业上制备硫酸的要求(制硫酸时要求硫含量 ≥35%),可制备硫酸制品。

2)煤矸石中回收硫铁矿的原理

高硫煤矸石中含有的主要有用矿物为硫铁矿和煤。纯硫铁矿相对密度高达 5 g/cm³,与脉石的相对密度差为 2~2.3,而共生硫铁矿与脉石的相对密度差为 0.5~1。因此,使硫铁矿尽可能从共生体中解离出来,利用相对密度差即可将硫铁矿分选出来。

煤矸石的原矿粒度较大,其中黄铁矿的组成形态包括结核体、粒状、块状等宏观形态为主,经显微镜和电镜鉴定,煤中黄铁矿以莓球状、微粒状分布在镜煤体中,而在细胞腔中亦充填有黄铁矿,个别为小透镜状、细粒浸染状。矿物之间紧密共生,呈细粒浸染状,所以在分选前必须进行破碎、磨矿,煤矸石的解离度越高,回收效果越理想。

3)煤矸石中回收硫铁矿工艺介绍

存在于煤中的黄铁矿,经过洗选后大部分富集于洗矸中。洗矸中黄铁矿以块状、脉状、结核状及星散状 4 种形态存在。前 3 种以 2~50 mm 大小不等、形态各异的结核体最常见,矸石破碎至 3 mm 以下,黄铁矿能解离 80% 左右,破碎至 1 mm 以下几乎全部解离。星散状分布的黄铁矿很少,多呈 0.02 mm 立方体单晶,嵌布于网状岩脉中很难与脉石分开。黄铁矿回收方法和工艺流程原则上是从粗到细把黄铁矿破碎成单体解离,先解离、先回收,分段解离、分段回收。例如 13~50 mm 的大块矸石,采用跳汰机或重介分选机回收硫精矿;6~13 mm 或 3 mm 以下的中小块,可采用摇床、螺旋分选机回收;小于 0.5 mm 的细粒物料可采用电磁选或浮选法回收。由于分离粒度的不均匀性,所以一般采用多种方法的联合工艺流程。下面以某摇床分选煤矸石回收黄铁矿为例。

0.25~1 mm 粒级流程欲得品位不低于 32% 的硫精矿,可选择图 3-7 流程。从流程可看出,经过摇床粗选和扫选后,可以得到硫品位 32.36% 的合格硫精矿,产率达到 46.65%,回收率 78.94% 中矿含硫量为 9.7%,产率 36.13% 可以形成闭路循环进行再选;尾矿含硫量 3% 左右,应归为低硫中矿,这部分低硫中矿可直接废弃。

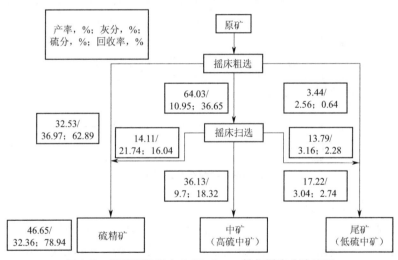

图 3-7　煤矸石样品中 0.25~1 mm 粒级摇床分选流程

流程优化试验结果示于图 3-8,该粒级样品经过摇床粗选和扫选,可以得到硫品位 34.46% 的合格硫精矿,产率达到 50.25%,回收率大于 80%,效果良好;中矿含硫 9.51%,产率 40.22%,可以形成闭路循环进行再选,以取得更高的回收率尾矿硫含量为 3.5%,但产率较低。

全粒级分选可将尾矿并入中矿(即高、低硫中矿合并),视为没有尾矿(尾矿已 在初步富集过程中抛掉),这样可以得到更为简化的分选流程,见图 3-9,其硫精矿的品位能达到 32% 以上,产率约 50%,中矿可返回系统进行再选。

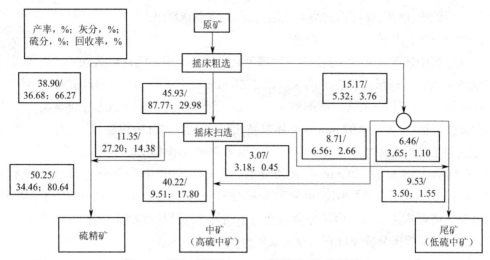

图 3-8　煤矸石样品中 +1 mm 粒级摇床分选流程

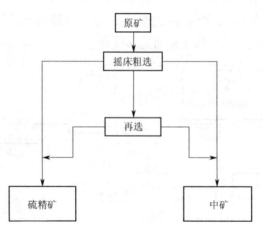

图 3-9　全粒级分选流程

4）从煤矸石中回收硫铁矿应用实例

硫铁矿回收流程有重介旋流器流程、全摇床流程、跳汰—摇床联合流程、跳汰—螺旋溜槽联合流程和跳汰—摇床—螺旋溜槽联合流程五种,其中跳汰—摇床联合流程(见图 3-10)流程复杂、投资大,但其分选效果好、综合技术经济指标合理,得到广泛应用。

四川南桐矿务局建设有三座煤矸石选硫车间厂:其中南桐、干坝子洗煤厂选硫车间以洗煤厂洗矸为原料加工回收硫精砂;红岩煤矿硫铁厂以矿井半煤岩掘进煤矸石为原料加工回收硫精砂。其均采用原矿破碎解离、跳汰或摇床主洗、选回收硫精矿工艺。三座车间在生产回收硫精砂的同时,副产沸腾煤供电厂发电。

开滦唐家庄选煤厂洗矸含量为 3.18%,采用如图 3-11 的工艺流程回收硫铁矿,硫铁矿含硫量 36.66%,用于制硫酸;同时回收热值约 1 463 kJ/kg 的动力煤。硫精矿的回收率见表3-7。

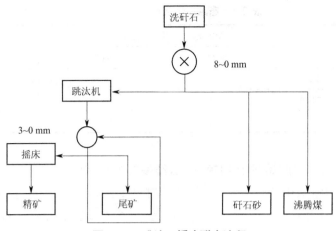

图 3-10　跳汰—摇床联合流程

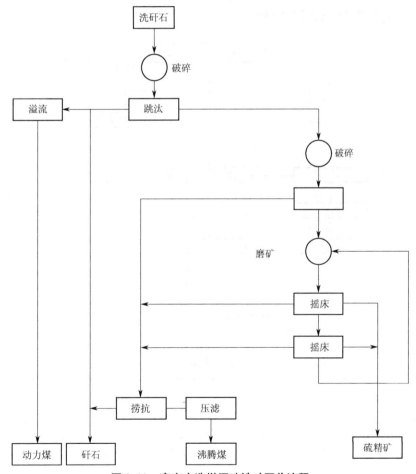

图 3-11　唐家庄选煤厂硫铁矿回收流程

表 3-7　唐家庄选煤厂硫精矿回收率

名称	产率 /%	硫品位 /%	硫回收率 /%	备注
硫精矿	4.84	36.66	44.75	含碳 5.16%
动力煤	20.96	2.32	11.89	灰分 50.67%
尾矿	74.20	2.25	43.36	
原料	100.00	3.96	100.00	

南桐、干坝子选硫车间始建于 1979 年,后经多次改造,南桐选硫车间于 1996 年形成设计处理洗矸石 21 万 t/a、生产硫精砂 3.5 万 t/a 的能力;干坝子选硫车间于 1984 年新建形成设计处理洗矸石 10 万 t/a、生产硫精砂 3 万 t/a 能力;红岩选硫车间于 1989 年 12 月建成投产,形成设计处理半煤岩掘进煤矸石 13 万 t/a,生产硫精砂 2.5 万 t/a 能力。

由于分离粒度的不均匀性,所以一般采用多种方法的联合工艺流程。四川的南桐干坝子选煤厂回收黄铁矿流程如图 3-12 所示。

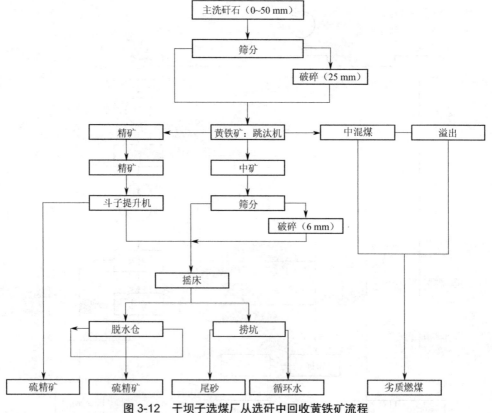

图 3-12　干坝子选煤厂从选矸中回收黄铁矿流程

煤矿从矸石中回收硫铁矿,使资源得到合理利用。减少硫黄进口满足国内急需,同时投资较省,吨精矿生产能力投资要比单独开采约减少一半。从洗矸中回收 1 t 精矿,同时每处理 4~5 t 洗矸石尚可回收 1 t 劣质煤作沸腾锅炉燃料。

回收矸石中的硫化铁不仅可以得到化工原料和可观的经济效益,同时也减轻了对环境的污染。煤矸石中的黄铁矿与空气接触,产生氧化作用,这是一个放热的过程。在通风不良的条件下,热量大量积聚,就导致矸石的温度不断升高。当温度升高到可燃质的燃点时便引起矸石山自燃。另外,硫化铁的氧化还放出大量的 SO_2 气体,污染大气。因此,回收(或除去)矸石中的硫化铁,就减少了矸石山自燃和污染大气的内在因素。

3.3.3 煤矸石生产高岭土

煤矸石是由多种矿岩组成的混合物,属沉积岩类。其矿物成分以铝土矿物和石英为主,常见矿物包括高岭土、蒙脱石、伊利石、石英、长石、云母、绿泥石、硫铁矿及碳质等。除石英、长石、硫铁矿及碳质外,以上矿物均属于层状结构的硅酸盐,这是煤矸石矿物成分特点。

1)高岭土的矿物组成与化学成分

高岭土的物理特性及工业性能取决于它的成矿时代和成矿环境、矿物组成与化学成分,另外粒度也是决定高岭土性质的关键因素。以上因素之间是互相制约的,它们对高岭土的物理特性和工艺性能均有影响。在高岭土的应用中,尤其是在煤系高岭岩的应用中,在目前阶段绝大多数是利用它的矿物成分和化学成分。高岭岩中的主要有用矿物成分是高岭石族矿物,其间也大多含有不同的杂质,是否要进行选矿,要视原矿质量和需要别除的矿物成分而定。高岭石的化学式为 $Al_2O_3 \cdot 2SiO_2 \cdot 2H_2O$,以质量分数表示为 SiO_2 46.54%,Al_2O_3 39.5%。SiO_2 与 Al_2O_3 的摩尔比值为 2。如摩尔比值 <2,说明矿石中存在铝矿物,如摩尔比值 >2,则说明可能有石英或其他硅酸盐矿物。

2)高岭土的生产工艺及关键工序

借鉴高岭土的生产工艺,生产煤系高岭岩制品的生产工艺有 3 种:全干法生产工艺、半干湿法生产工艺、全湿法生产工艺。上述 3 种工艺,以全湿法生产工艺最为先进,该工艺可以生产出造纸、涂布级高岭土——这种高岭土可以替代进口的“双 90”煅烧土,或用高岭土合成沸石以及军工用的高强特种陶瓷等。但这种工艺投资大,技术难度也大。在煤系高岭岩的生产工艺中,关键的工序是煅烧、磨粉、剥片。目前能够连续作业、准确控制炉温、粉尘小、处理量大、能耗低的煅烧窑炉已经问世。超细磨粉设备以及第三代化学剥片法也已问世,正从试验阶段向批量生产阶段转化,与发达国家的差距日益缩小。

3)高岭土生产的关键工序

高岭土加工中最重要的工艺是超细剥片粉磨和高温煅烧。但煅烧技术仍采用隧道窑,不仅生产规模小、投资大、产量低、能耗高,而且产品质量不易控制。因此,新的煅烧炉是工业化大生产的迫切需要。随后出现了流态化悬浮煅烧新工艺以及具有知识产权的 ASES 型悬浮系煅烧高岭上新工艺。该工艺具有一定的先进性、适应性和经济性,具有流化悬浮隔烟,低温煅烧(900 ℃)稳定的特点,并能生产出白度 90,细度 1 250 目的产品,赢得了市场,广泛应用于塑料、橡胶、电缆、涂料及 4A 分子筛等行业。煤矸石制工业用煅烧高岭土有两种工艺流程:一是先烧后磨,即将粉碎 325 目(小于 4.5 μm)的高岭土原料,先煅烧,然后超细磨至所需粒度,干燥后包装成产品;二是先磨后烧,即将 325 目的原料,先进行剥片粉磨,使之达到所需的粒度,然后煅烧成产品。

　　传统的外热式隧道窑煅烧工艺,因其高热阻的间接传热或因气固接触不充分的对流传热,难以高效快速地传热和有效地控制产品质量。而快速流态化悬浮煅烧技术就能很好地适应这一过程,由于气固直接接触,充分利用高强对流的辐射传热,加快了反应过程,可成倍提高生产能力,大幅度降低能量消耗,同时气固充分混合,消除了料层中的温差,避免"过烧"或"欠烧",改善了产品质量,因而可全面满足生产要求。

　　4)高岭土产品的质量标准

　　涂料作为煅烧高岭土的一个主要应用领域,其对煅烧高岭土各项指标的要求,可视为煅烧高岭土产品的质量标准。一是白度要求,至少应大于90,白度的稳定性非常重要,它会影响到涂料的性能;二是粒度,一般要求为 -2 μm 含量达 80% 左右;三是对遮盖力、分散性、325 目筛余物、吸油值等都有一定要求。

　　煤系高岭土通过煅烧和超细粉碎,大幅度地提高了其白度,并且拓宽了应用领域。在对煤经过除砂除铁后,可得到"双 90"产品,即白度大于 90,2 μm 含量大于 90%。选用 GSDM-400 型超细盘式搅拌磨为主要设备,并采用湿法工艺加工煤系高岭土微粉,经先超细后煅烧流程,可以达到上述标准。

　　精制高档陶瓷用高岭土产品,美、英等国均采用了重选、高梯度磁选,超细浮选等工艺流程。而中国高岭土公司采用一种新型选择性絮凝剂和高效除钛剂的化学选矿工艺,所得产品的许多指标优于国外同类的新西兰土。

3.3.4　煤矸石生产莫来石

　　1)莫来石简介

　　莫来石因最早发现于英格兰的莫尔岛(Isleof Mull)而命名,它是 Al_2O_3-SiO_2 系中唯一稳定的化合物,为非固定组成的计量型化合物,是 Al_2O_3/SiO_2(摩尔分数)比介于 2:1 和 1:1 之间的固溶体。莫来石的化学表达式为 $Al_xSi_{2-x}O_{5.5-0.5x}$。莫来石属于正交晶系其结构由 A1—O 八面体链和(Si,Al)四面体链按一定规律排列构成,其中 [AlO_6] 八面体链可以起到稳定骨架支撑的作用,随着 A1/Si 比变化,结构中将不同程度出现周期性的氧缺位。正是莫来石具有这种异乎寻常的链状排列结构和氧缺位特征,使莫来石具有诸多优良性能,如熔点高(1 850 ℃)、热传导系数低 [k=2.0 W/(m·K)]、热膨胀系数低(20~200 ℃, $4×10^{-K}$)、耐蚀性好、抗蠕变性好和抗震性优良等,进而莫来石在耐火材料、先进高温结构材料、结构陶瓷、微电子、过滤器、光学、热交换和工程材料等领域广泛应用。

　　2)合成莫来石

　　自然界中有价值的天然莫来石很少,目前工业用莫来石一般是人工合成。合成莫来石的方法很多,其中广为采用的是烧结法。烧结法合成莫来石料的是基于两种或两种以上矿物间的反应进行的。许多原料都可以用来烧结合成莫来石,包括采用天然原料(如硅线石、水铝石、蓝晶石、铝土矿等)和工业原料 [工业 Al_2O_3,$Al(OH)_3$] 等。采用工业原合成莫来石的成本较高,但是合成莫来石的纯度相对较高;采用天然原料则可大幅降低成本,但是合成莫来石料的性能会下降。这是由于天然原料一般含有较多的杂质,特别是碱金属氧化物的增加不仅会增加玻璃相含量,还会在高温下导致莫来石分解。因此,在合成莫来石时,为降低杂质带来的不利影响,使合成料获得较高的莫来石含量,应尽可能选用高纯原料,减少杂质量。而根据我国高铝矾土资源特点,70% 以上为中低品位矿,且存在杂质含量较高、矿物分布不均和难烧结等,致使利用率很低。

3)煤矸石生产莫来石

根据莫来石的化学组成,采用高铝矾土和煤矸石为基料,需要时加入适量活性 Al_2O_3 制备高纯度的单晶相莫来石微晶玻璃,原料的配比非常关键。二次莫来石的生成与高岭石、铝矾土的含量有关,当高岭石加热时析出的 SiO_2 正好全部与高铝矾土中分解出来的 Al_2O_3 反应时,二次莫来石的生成量也最大。当 $Al_2O_3/SiO_2=2.55$ (摩尔比)时,二次莫来石化程度最大,但也越难烧结。

晶体的成核与生长均需一定的温度和时间。选择适宜的热处理温度和保温时间有利于生成结构良好莫来石制品。液相烧结阶段大致出现在 1 400~1 500 ℃,此时,液相量逐渐增多,液相黏度降低,有助于材料的吸水率和气孔率降低、提高体积密度和抗折强度。但是,如果热处理温度过高,莫来石晶体迅速生长,产生的气体来不及排出便被封闭起来,会导致材料吸水率和显气孔率增大,同时降低体积密度和抗折强度。适量加大熔剂含量对降低液相黏度和莫来石的析晶有显著的促进作用,有利于形成互相交错的网络结构。原料中存在的杂质离子(Fe^{3+} 、Fe^{2+} 和 Ca^{2+} 等)则可以起到矿化剂的作用,同样有利于莫来石晶体的生长。

3.3.5　煤矸石提取镓

1)金属镓

镓是一种稀土金属,因为自然界中的镓非常分散,目前,世界上还未发现以镓为主要成分的矿藏。镓本身几乎不形成矿物,通常以类质同晶进入其他矿物。镓元素在地壳中的含量为 0.000 5%~0.001 5%,以很低的含量分布于铝矾土矿和某些硫化物矿中,其中,铝土矿中含镓 0.002%~0.02%:在硫化矿、闪锌矿中含镓 0.01%~0.02%;含量最高的锗石中也只含0.1%~0.8% 镓。另外,在煤和海水中也发现镓,还有一些低等植物中也有镓的富集。据估计,镓的世界储量约为 23 万 t。

2)镓的用途

镓作为一种稀土元素,以其特有的金属属性在各个领域中被广泛应用。利用镓的低熔点、高沸点的特性,可作为高温的温度计和防火信号装置;在光学仪器工业中,利用反光率特别大的优点,制成反光镜;在原子能工业中,用镓作为载热体,可以作为核反应堆中热交换介质等。作为有工业应用价值的镓的化合物如 Ga-As-Sn、Ga-Al-As 等,在半导体材料、光学器件和现代国防中被广泛应用。镓主要用于半导体工业,以镓化合物为基础的产品用于电子技术,较硅、锗具有很大的优点。镓化合物的抛光片较硅片运作更快,工作温度和发射区间更宽。镓及其化合物除应用于上述领域外,还广泛应用于宽带光纤通信、个人电脑、通信卫星、高速信号及图像处理、汽车防碰及定位和汽车无人操作系统等现代高科技领域。此外,镓还以硝酸镓、氯化镓等形式应用于医学及生物学领域,如用于抗癌,对恶性肿瘤、晚期高血钙及某些骨病的诊断和治疗等。氧化镓用于冶金的添加剂。随着电子产业、国防工业的发展,镓及其化合物的应用领域也在逐渐拓宽。

3）煤矸石提取镓

以煤矸石为原料,用盐酸浸出可提取金属镓。用浓度为 1~8 mol/L 的 HCl 溶液,以 5：1 的液固体积质量比,在室温下浸出 24 h,每克煤烟尘中可浸出镓 95 μg。浸出液经净化除硅、铁后,用开口乙醚基泡沫海绵 OCPUFS 固体提取剂吸附分离净化液中的镓,镓的相对吸附率达 95% 以上。然后用常温两段逆流水解析,得到富镓溶液。该溶液经电解等常规处理即可得到金属镓。

煤矸石是采煤及洗选加工过程中产生的固体废物。富镓煤矸石通常含镓 30 g/t 以上,对于含镓高的煤矸石,特别是镓品位达到 60 g/t 时,其综合利用应以回收镓为中心,同时兼顾煤矸石其他有用组分（主要是铝和硅）的利用。将煤矸石粉碎到一定粒径后,在 500~1 000 ℃温度下煅烧,然后用酸浸出煅烧渣得到含镓溶液,通过溶剂萃取、电解等可从这种溶液中得到金属镓。

4）金属镓的分离方法

由于镓在各种物质中的含量很低,因此镓的分离富集相对困难。从酸性母液中富集分离镓,国内外较多,主要有溶剂萃取法、萃淋树脂法、液膜法等。

（1）溶剂萃取法。

溶剂萃取法根据所用萃取剂的不同,又可分为中性萃取剂萃取法、酸性及螯合萃取剂萃取法、胺类萃取、剂萃取法等。中性萃取剂主要有醚类萃取剂、中性磷类萃取剂、酮类萃取剂以及亚砜类（二烷基亚砜）、酰胺类（N_{503}）萃取剂等。酮类萃取剂像甲基异丁酮等在萃取镓时首先在强酸性介质中质子化,然后与镓的化合物缔合进入有机相。醚类萃取剂像乙醚、二异丙醚、二异丁基醚等,其萃取镓的机理也是在强酸性介质中质子化,然后缔合成萃合物。由于醚类萃取剂沸点低、易燃,在工业应用相逐渐淘汰。中性磷类萃取剂主要有 TBP（磷酸三丁酯）、TOPO 等,其得到的萃合物组成随条件的不同而不同,酸性及螯合萃取剂是日前较为活跃的领域之一,有酸性酸类、脂肪酸类、经肪酸类及它们与一些非极性箱剂的组合等、其中酸性磷类是较为充分的一类草取剂,主要有 P204、P507、P5709、P5708 等。有机胺类萃取剂从盐酸介质中萃取 Ga^{3+} 时,其萃取能力依伯、仲、叔、季顺序依次增强。常见的胺类萃取有三辛基胺、季铵共盐及胺醇类等,金属镓萃取工艺流程见图 3-13。

（2）其他方法。

苏淋树脂法、液膜法等方法正处于阶段,它们是在溶剂萃取法的基础发展起来的。目前,较多的萃淋树脂有 N_{503} 萃淋树脂、CL-TBP 萃淋树脂等,CLTBP 萃淋树脂是以苯乙烯-二乙烯苯为骨架,共聚固化中性磷萃取剂 TBP 而成。该种树脂已用于多种元素分离,具有萃取速度快、容量大的特点。在酸性溶液中,镓能以水合离子或酸根配位离子稳定存在。TBP 在酸性介质中加质子生成阳离子,从而与镓配位离子发生离子缔合作用。

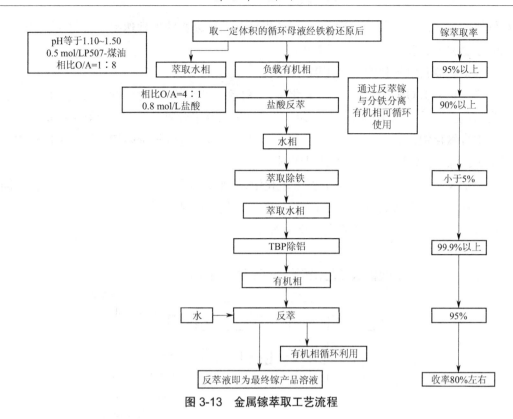

图 3-13　金属镓萃取工艺流程

3.4　煤矸石制取化工产品

根据煤矸石中不同的化学元素,煤矸石在生产化工产品方面有以下应用。

3.4.1　制备铝系化工产品

通过对煤矸石的成分分析可以看到,煤矸石中含有 15%~35% 的 Al_2O_3,如果能对这一部分铝加以利用,将产生巨大的社会效益和经济效益。利用煤矸石制取含铝产品一直是煤矸石化工利用的一个热点、常用工艺流程见图 3-14。

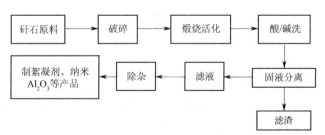

图 3-14　煤矸石制取含铝产品流程示意

当煤矸石中 Al_2O_3 的质量分数达到 35% 时,可以通过施以一定的能量,破坏其原有的结晶相,即可利用其中的铝元素、生产硫酸铝、结晶氧化铝、聚合氯化铝、氢氧化铝、铝铵矾、聚合氯化铝等 20 多种铝系产品。利用煤矸石生产硅系和铝系化工产品,成本低、能耗低、副产物价值高,无废渣、废水、废气产生,煤矸石的分解率高,并回收催化剂反复使用,为煤矸石的高价值利用开辟了一条新的途径,可以使煤矸石固体废物的处理达到无害化、减量化、资源化的综合利用要求。

1)煤矸石制备氢氧化铝及氧化铝

氢氧化铝 [Al(OH)$_3$],又称水合氧化铝,为白色单斜晶体,相对密度 2.42,不溶于水;氧化铝为白色晶体,熔点 2 050 ℃、沸点 980 ℃。氧化铝及水合氧化铝是冶金炼铝的重要基本原料。水合氧化铝加热至 260 ℃以上时脱水吸热,具有良好的消烟阻燃性能。可广泛用于环氧聚氯乙烯、合成橡胶制品的无烟阻燃剂。

由含铝硅酸盐矿物中提取氢氧化铝、氧化铝,工业上多采用拜耳法或联合法。为便于同成熟的工业生产工艺接轨,以煤矸石为原料制备氧化铝产品,采用了酸盐联合法工艺,分成两个阶段:制备铝盐;制备水合氧化铝及氧化铝。

(1)铝盐的制备。

采用硫酸法制备硫酸铝盐工艺,原则工艺过程见图 3-15。

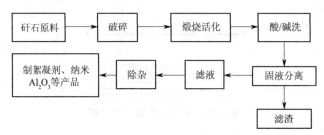

图 3-15　铝盐的制备原则工艺

原矿经破碎制粉(−150 目)后,放入反应釜,加入浓度为 55%~60% 定量的硫酸,进行硫酸反应浸出,反应压力为 0.3 MPa(表压),反应时间 6~8 h,反应式为:

$$Al_2O_3 \cdot 2SiO_2 \cdot 2H_2O + 3H_2SO_4 \rightarrow Al_2(SO_4)_3 + 2SiO_2 + 5H_2O$$

为避免过量的游离酸与矿粉中的铁、钛等金属氧化物反应生成硫酸盐,反应时矿粉应过量,使反应终期生成部分碱式硫酸铝。碱式硫酸铝分子结构为 Al(OH)SO$_4$,有缓冲和中和 H$_2$SO$_4$(反应体系)的作用。反应关系式为:

$$2\,Al(OH)SO_4 + H_2SO_4 \rightarrow Al_2(SO_4)_3 + 2H_2O$$

待酸反应完全后,将反应产物过滤除去 SiO$_2$ 残渣,滤液放入中和池,加酸将其中和至微碱性,待用。

(2)氢氧化铝及氧化铝的制备。

硫酸浸出制备的硫酸铝溶液含有不同程度的杂质,为确保 Al$_2$O$_3$、Al(OH)$_3$ 的纯度,采用盐析提纯法,其工艺过程见图 3-16。

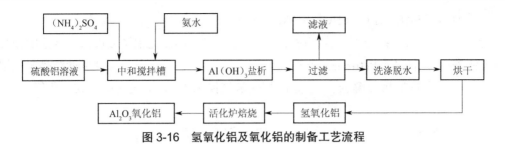

图 3-16 氢氧化铝及氧化铝的制备工艺流程

将制备的硫酸铝液用水配成 6% 的溶液,放入中和搅拌槽中,加入定量硫酸铵溶液。将液氨配成 15%~20% 的氨水,计算好用量将氨水快速加入中和槽,在强烈搅拌条件下,进行盐析反应。温度为室温、反应时间 40~60 min。pH 值为 4~6 时,有大量的白色氢氧化铝晶体析出,pH 值为 8~9 左右时,盐析反应基本完成。反应式为:

$$NH_3 + H_2O \rightarrow NH_4OH$$
$$Al_2(SO_4)_3 + (NH_4)_2SO_4 \rightarrow 2NH_4Al(SO_4)_2$$
$$2NH_4Al(SO_4)_2 + 3NH_4OH \rightarrow Al(OH)_3 + 2(NH_4)_2SO_4$$

盐析反应所得 Al(OH)₃ 沉淀物,经过滤、去离子水洗涤后,Al(OH)₃ 滤饼的纯度较高,烘干后可得氢氧化铝产品。去离子水洗涤主要除去氢氧化铝上吸附的杂质离子,洗涤水中加入氨水 pH 值为 8~9,防止洗涤过程中,氢氧化铝发生胶溶过程而流失。反应过程中生成氢氧化铝后产生的硫酸铵母液及洗涤等工序中的含硫酸铵及氨水等均可回收再用。如果要制备三氧化二铝,则将制备的氢氧化铝产物在活化焙烧炉中进行活化焙烧,温度为 550 ℃、焙烧时间为 1~2 h,脱水后即成三氧化二铝,反应式为:

$$2Al(OH)_3 \rightarrow Al_2O_3 + 3H_2O$$

2)煤矸石制备高纯超细 α-Al₂O₃

高纯超细 α 氧化铝具有特殊优良的物理、化学性能,在精细陶瓷、微电子集成电路、轻工纺织等行业亦有很高的应用价值。

用煤矸石制备高纯 α-Al₂O₃ 这里也分作两步进行:氯化铝盐的制备和 α-Al₂O₃ 制备。主要技术特点为酸法脱硅、盐析除杂质、煅烧转型。整个工艺过程见图 3-17。

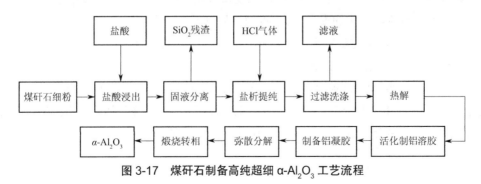

图 3-17 煤矸石制备高纯超细 α-Al₂O₃ 工艺流程

煤矸石细粉(−200 目),定量放入反应器中,加入定量浓度为 20% 的盐酸,反应 2 h,反应器夹套内通蒸汽,以保证反应温度在 100 ℃ 左右,反应式为:

$$Al_2O_3 \cdot 2SiO_2 \cdot 2H_2O + 6HCl \rightarrow 2AlCl_3 \cdot 6H_2O + 2SiO_2$$

待反应完全后，产物经固液分离脱除 SiO_2 残渣，将所得氯化铝滤液放入搅拌池中，通入 HCl 气体进行盐析反应，析出结晶氯化铝，再进行过滤洗涤，可制备出高纯度的结晶氯化铝。将氯化铝晶体进行加热分解、放出一定的氯化氢气体和水，而生成固体碱式氯化铝。反应式为：

$$nAlCl_3 \cdot 6H_2O \rightarrow Al_2(OH)_nCl_{6-n} + (12-n)H_2O + nHCl$$

该碱式氯化铝具有聚合性，可通过一定的水性添加剂活化制备高纯铝溶胶。即将氯化铝晶体加水配制 0.1 mol/L 的溶液，加入 0.1 mol/L 的定量氨水，在温度 70 ℃ 条件下反应活化，形成含铝微粒的溶胶体系。该溶胶体系在 80~100 ℃ 的温度条件下，同时加入高聚物聚乙烯醇，用量与 Al_2O_3 的质量比为 10~40；交联剂二乙烯三胺用量与高聚物摩尔比为 0.1~0.3；引发剂过氧硫酸铵用量与高聚物摩尔比为 0.05~0.1 进行高聚物缩合反应，生成铝凝胶。反应时间可视铝凝胶的聚合度而定（10~30 min），该凝胶在 100 ℃ 的温度下干燥后，放置煅烧炉内，煅烧 3~5 h，煅烧温度为 1 100~1 300 ℃。随炉温冷却后可获得由含铝微粉分解而形成的 α-Al_2O_3 颗粒，粒径为纳米级，在 10~50 nm 之间，纯度高达 99.9% 以上。

3）煤矸石生产聚合氯化铝

（1）聚合氯化铝的作用及特点。

聚合氯化铝是一种优质的高分子混凝剂，具有优良凝结性能。它广泛应用于造纸、制革、源水及废水处理等许多领域。其主要特点有：

①聚合 $AlCl_3$ 的混凝效果优于目前常用的无机混凝剂 $Al_2(SO_4)_3$、$FeSO_4$、$FeCl_3$ 等，在相同的混凝效果下，固体聚合 $AlCl_3$ 的投药量分别是上面三种混凝剂的 1/8~1/13、1/2~1/5、1/4.5。

②聚合 $AlCl_3$ 絮凝体形成快，絮凝团大，沉降速度高，过滤效果好，在相同条件下可提高处理能力 1.5~3 倍。

③在相同投加量下，聚合 $AlCl_3$ 混凝时消耗水中碱度小于其他无机混凝剂，因此，在处理水时，特别是处理高浊度水时，可不加或少加碱性助剂。

④聚合 $AlCl_3$ 的适宜投加范围宽，残留浊度及残余铝的上升为 $Al_2(SO_4)_3$ 的 1/4~1/3.5，因而对于源水水质剧烈变化的安全性大，投加过量也不会产生相反效果。

⑤聚合 $AlCl_3$ 的最优混凝效果的适宜 pH 值范围大，腐蚀性小。

（2）煤矸石生产聚合氯化铝的工艺。

煤矸石生产聚合 $AlCl_3$ 的方法很多，大致可分为热解法、酸溶法、电解法、电渗析法等。这里介绍酸溶法煤矸石生产聚合 $AlCl_3$，整个工艺流程可分为粉碎、焙烧、连续酸溶、浓缩结晶、沸腾分解、配水聚合五道工序。其工艺流程如图 3-18 所示。

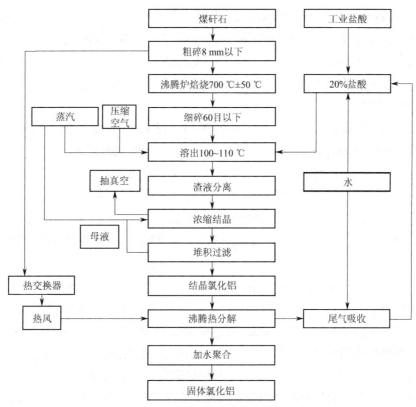

图 3-18 煤矸石酸溶法生产聚合氯化铝工艺流程

①粉碎焙烧粗碎后的煤矸石在焙烧过程中,随着温度的升高,高岭石成为非晶质或半晶质,进一步升温使高岭石逐渐转化为γ-Al₂O₃和SiO₂,在这一过程中温度不能过高,当温度超过850 ℃时,使煤矸石逐渐失去活性,煤矸石中Al₂O₃最高溶出率的焙烧温度一般在600~800 ℃范围内。

②连续酸溶焙烧后的煤矸石应细粉至60目左右(60目左右,氧化铝溶出率较高且最经济),然后连续酸溶。其工艺条件是:选用在恒沸点附近浓度为20%盐酸溶液为佳。

由于本工序不是直接生产聚合AlCl₃溶液,而是制备结晶AlCl₃的中间产物,因而可采用较高的加盐酸的当量比,加盐酸当量比在SN以上,这时溶出率的增长幅度不大,但成化度下降很快。酸溶设备采用四釜,用蒸汽直接加热,在常压温度为100~110 ℃的条件下连续酸溶并压风搅拌。溶出液采用混凝沉淀法进行分离。从反应釜连续流出的溶出液进入沉淀池,待沉淀池充满后加混凝剂聚丙烯酰胺或动物胶进行混合,静置4 h,清液转入存贮池,沉渣即可排出。

③浓缩结晶从连续酸溶工序中得来的酸溶母液进入搪瓷釜内并减压抽真空,然后用蒸汽加热以实现浓缩。真空度越大,蒸发越快,当蒸出液为母液体积的45%~50%时即停止加热浓缩,浓缩周期为10 h。然后出料经留滞槽冷却过滤后可得结晶AlCl₃。蒸发出的水蒸气和部分盐酸进入喷射泵水池,循环使用。

④沸腾热解浓缩结晶的AlCl₃用热风加热到170~180 ℃条件下进行热分解,使产品碱

化度控制在 70%~75%。热分解的 HCl 气体在吸收塔内循环吸收,用以配制稀盐酸,可在连续酸溶工序中重复利用。每分解 1 t 结晶 $AlCl_3$ 可得 300 kg HCl 气体,有明显的经济效益。

⑤配水聚合。从沸腾热解工序中得到的 $AlCl_3$,加水溶解混合并加以搅拌,产品由稀变稠,到一定浓度,从容器中倒出,经风干龟裂后即得固体聚合 $AlCl_3$ 混凝剂。

(3)煤矸石生产聚合氯化铝效益分析。

从煤矸石的化学成分可看出: Al_2O_3 含量在 15% 以上,有的可达 40%,提取其中的铝分在经济上是适宜的; Fe_2O_3 含量在 3%~5%,在酸溶时,可把铁同时溶去,使聚合 $AlCl_3$ 中的含铁量提高,这对混凝效果会有一定的帮助;碳含量一般在 10%~30%,发热量在 3.3~6.3 MJ/kg 之间,在沸腾焙烧过程中不需增加任何燃料就能满足工艺要求,可节省大量的煤炭。煤矸石焙烧后的矸石颗粒有微孔,不需用球磨机细粉即可酸溶,可节约大量电力,且溶出率高,可达 80% 以上。矸石酸溶后,渣中成分为 SiO_2,可作水泥填料,以提高水泥强度,但也可制水玻璃、炭黑等产品。

4)制约煤矸石制备铝盐制品产业化发展的主要因素

利用煤矸石制备铝盐,对其矿物质成分有着较为严格的技术要求,要求高岭石含量在 80% 以上, SiO_2 含量在 30%~50%, Al_2O_3 含量在 25% 以上,铝、硅比大于 0.68, Al_2O_3 浸出率大于 75%。但原料不稳定,氧化铝的含量偏低,导致氧化铝的提取率不高,能耗大、产品质量难控制、残渣易造成二次污染等问题。因此如何提高煤矸石的活性,提高铝元素的提取率成为目前制约煤矸石制备铝盐制品产业化发展的主要因素,如果能降低成本,拓宽以高铝矸石为原料制取多用途铝盐制品的产业化途径,就可以为铝业生产开拓丰富、廉价的矿物原料。提取铝后剩余滤渣可以制取水玻璃、白炭黑等化工原料和建筑材料,达到有用元素利用的最大化。

3.4.2　制备硅系化工产品

煤矸石中 SiO_2 质量分数可达 50% 上,有效利用其中的硅元素、开发硅系列化工产品,如水玻璃、白炭黑、陶瓷原料等。

1)煤矸石生产碳化硅

①碳化硅(SiC)。

碳化硅材料以优异的高温强度、高热导率、高耐磨性和耐腐蚀性在磨料、耐火材料、高温结构陶瓷、冶金和大功率电子学等工业领域广泛应用。工业上生产碳化硅以石英砂、石油焦炭或优质无烟煤为原料,在 Acheson 炉中经高温电热还原生成碳化硅,是一项高耗能、高污染工业。以大量高硅煤矸石与烟煤为原料,用 Acheson 工艺合成 SiC,与传统原料相比其反应速度快且反应温度低,代替了石英砂和大部分价格较贵的石油焦炭,并可降低能耗和生产成本。如西安交通大学以硅质煤矸石与烟煤混合为原料,实现合成 β-SiC;武汉工业大学材料工程系用硅质煤矸石和无烟煤为原料,经碳热还原合成了 β-SiC-Al_2O_3 复相材料,为煤矸石综合开发利用提供了新途径。

SiC 是一种强共价键化合物,具有优异的高温强度、耐磨性、耐腐蚀性,作为结构材料广泛应用于航空、航天、汽车、机械、石化等工业领域,利用其高热导、高绝缘性,在电子工业中作大规模集成电路的基片和封装材料,在冶金工业中作高温热交换材料和脱氧剂,其在磨料、耐火材料与炼钢脱氧剂方面用量巨大。此外,利用其一些特殊的性能,在结构陶瓷等一些新技术领域中也得到了应用。

（2）煤矸石合成碳化硅（SiC）。

工业生产 SiC 的主要方法是 Acheson 式固相法,产量超过总产量的 90%,液相法和气相法仍处于开发阶段。SiC 生产是一项高耗能、高污染工业,例如用 500 kV·A 的冶炼炉炼制 1 t 绿 SiC 约耗电 12 000 kW·h,1 t 黑 SiC 约耗电 10 000 kW·h。即使改进技术大幅度提高单炉生产规模,用 3 600 kV·A 冶炼炉炼制 1 t SiC 仍约耗电近万千瓦时,而每生产 1 t SiC 放出有害气体 1.6~1.7 t。此外还有大量的粉尘污染,并且需要大量的劳动力。因此,欧美的发达国家如美国、德国、意大利等,尽管用量不断加大,但除大力开发高性能 SiC 材料外,其普通 SiC 生产持续降低,代之以从国外进口。中国、巴西和委内瑞拉等发展中国家的初级 SiC 产量已占全世界的 65% 以上。SiC 是我国的传统工业产品,其产量和用量都很大。

煤矸石合成碳化硅（SiC）工艺经原料破碎→配重混合→装炉制炼→出炉分级→粉碎酸洗→磁选后筛分等工艺制成 SiC 成品。硅质煤矸石的矿物组成见表 3-8。

表 3-8　硅质煤矸石的矿物组成　　　　　　　　　　　　　　%

化学成分	SiO$_2$	Al$_2$O$_3$	TiO$_2$	Fe$_2$O$_3$	CaO	MgO	K$_2$O+Na$_2$O	烧失量
	64.74	0.36	0.15	0.81	0.24	0.23	0.09	33.38
矿物组成	石英	高岭石	方解石	硫铁矿				其他(以 C 质为主)
	64	<1	2.5	3.2				33.38

硅质煤矸石中硅、碳含量均很高，SiO$_2$/C 值约为 64.44/33,与合成反应（SiO$_2$+3 C=SiC+2CO）所需的反应物料 SiO$_2$/C 为 60.09/36 非常接近。矿物间交织组合、条带组合和镶嵌组合等三种组合关系均反映了合成 SiC 的主要元素 Si 和 C 已在地质作用下紧密结合,使固相反应中 SiO$_2$ 分子扩散到 C 表面的行程缩短,加之 Si 和 C 分布比较均匀和颗粒的微细化,这些天然条件为加快反应扩散速率和提高反应活性创造了优异的动力学条件。煤矸石中残留有机物热分解产生的焦渣,不但将石英颗粒紧密包裹,使 Si 和 C 结合更紧密,而且分解产生的气体排出后留下的气孔也为还原产物 CO 的排出提供了通道,有利于反应向生成 SiC 的方向进行。所有这些都说明硅质煤矸石的组成和结构为合成 SiC 提供了有利条件。结果表明硅质煤矸石在 1 300 ℃就有 SiC 生成,随温度升高产率明显提高,至 1 500 ℃产率达到最大值,比用常规原料低 150~300 ℃。用自制的 100 kW 中试炉制炼,表明吨耗能约为 5 000 kW/t,比通常高温 α-SiC 的吨耗能低 1000 kW/t 以上;在最佳动力学条件控制下合成的 SiC 产率达 85%,微粉呈淡绿色,经 700 ℃除 C 和用 HF 除去 SiO$_2$ 等杂质后纯度可达 99%,平均粒径为 6.29 μm,比表面积为 0.527 m/g, 6 μm 以下细颗粒约占 50%,粒度呈正态分布,是制造高级 SiC 制品的优质原料,也可用于炼钢脱氧剂等各种不同用途。由于采用的煤矸石来自洗煤废弃物,且硅、碳含量自然比例适当,冶炼过程中可以少加或不加石油焦、烟煤

等,大大减少了有害气体及挥发分的排放,使 SiC 生产废弃物综合利用和污染控制并行,具有优良的环保意义。通过深入地研究煤矸石生成 SiC 反应热力学与反应动力学及工艺条件,对防治环境污染、降低能耗、提高 SiC 材料性能提供了新思路。

2)煤矸石生产白炭黑

白炭黑,学名水合二氧化硅,分子式为 $SiO_2 \cdot nH_2O$,是一种化学合成的粉状无定形的硅酸产品之一,外观为白色粉末,主要成分为二氧化硅,其组成可用 $mSiO_2 \cdot nH_2O$ 表示,它们都不溶于水和酸,吸收水分后成为聚集的细粒。白炭黑在加热时能溶于氢氧化钠和氢氟酸,耐高温(熔点 1 750 ℃)、具有很好的电绝缘性。

对煤系高岭石在不同温度下进行煅烧,再采用盐酸酸溶法从煅烧后的煤系高岭石中提铝,再经过进一步聚合反应制得聚合氯化铝,残渣经过碱溶得到硅酸钠溶液,再采用共沉淀法,制得白炭黑。

3.4.3　制备硅铝铁化工产品

1)煤矸石生产硅铝铁合金

生产硅铝铁合金,一般对煤矸石化学成分的要求: Al_2O_3 为 35%~55%, SiO_2 为 20%~35%, Fe_2O_3 为 15%~30%。生产工艺如图 3-19 所示。

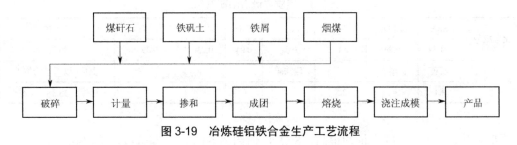

图 3-19　冶炼硅铝铁合金生产工艺流程

2)煤矸石生产絮凝剂

(1)絮凝剂介绍。

随着世界水危机问题的凸现,我国淡水资源的污染问题也日渐突出,尽管水处理的方法有多种,但絮凝沉淀法作为一种简便、高效、投资小的污水处理方法,得到越来越多的重视。随着科学技术的发展,絮凝剂的种类也日益增多,根据其化学成分的不同,其可以分为无机、有机和微生物絮凝剂。无机高分子絮凝剂是在传统铝盐、铁盐基础上发展起来的一种新型的水处理药剂,无机高分子絮凝剂在净化矿井水、处理选煤厂煤泥水方面比传统混凝剂有着更优良的性能,并且比有机高分子絮凝剂的价格低,其主要组成元素是硅、铝、铁,其生产原料可以是化学试剂,也可以是矿物质和工业废物等。目前我国主要以粉煤灰为原料制备无机高分子絮凝剂。煤矸石同样富含制备无机高分子絮凝剂的主要成分(含有质量分数不少于 55% 的 SiO_2、15% 的 Al_2O_3、8% 的 Fe_2O_3),是制备无机高分子絮凝剂的天然原料。

国内煤矸石制备絮凝剂的较成熟的工艺是用煤矸石制备聚合氯化铝(PAC)。近年来主要集中在充分利用煤矸石中的硅、铝、铁等元素,制备聚硅酸铝盐(PSA)、聚硅酸铁盐

（PSF）和聚硅酸铝铁（PSAF）等复合型无机高分子絮凝剂方面。在聚硅酸溶液中加入定量硫酸铝和硫酸铁，可制得复合型絮凝剂聚硅酸铝铁（PSAF），PSAF 对浊度和腐殖酸的去除率分别为 95% 和 75%，远远高于传统絮凝剂，而且用量少，反应快，稳定性也高于 PSA 和 PSF。无机高分子絮凝剂实际上都是铝盐和铁盐水解过程的中间产物与不同阴离子的络合物。根据絮凝剂的适用对象、最佳剂量、pH 值、水利等条件，利用各种现代分析技术，各种复合絮凝剂的分子结构，水解絮凝形态及絮凝剂性能表征，进而评价、探索和指导各种合成方法。

（2）聚硅酸铝铁絮凝剂的制备工艺。

目前在生产高分子聚硅酸铝铁絮凝剂时如果以纯化工产品为原料，生产成本高，而日移动性差，活性硅酸容易形成凝胶导致产品失败。如果采用工业废料为原料，除使用煤矸石外，还需另外加入铁和铝，工艺复杂，原料利用率低，形成的废渣需要再处理。用煤矸石制备絮凝剂工艺简单、操作方便、原材料消耗量少、成本低、产品质量易控制，生产出来的絮凝剂在处理焦化废水、印染废水、生活废水等方面都具有很广阔的前景。

根据煤矸石的组成和结构特点，可以研制复合絮凝剂聚硅酸铝铁（PAFSi）。将高温焙烧过的煤矸石经碾细后在酸碱作用下打开 Al-Si 和 Fe-Si 键，进而将其溶于酸生成活性硅酸。铝盐和铁盐复合物，陈化后即得聚硅酸铝铁絮凝剂。其反应如下：

$$[Al(H_2O)_6]^{3+} \rightarrow [Al(OH)(H_2O)_5]^{2+}+H^+$$
$$[Al(OH)(H_2O)_5]^{2+} \rightarrow [Al(OH)_2(H_2O)_4]^{+} + H^+$$
$$[Al(OH)_2(H_2O)_4]^{+} \rightarrow [Al(OH)_3(H_2O)_3]+ H^+$$
$$[Fe(H_2O)_6]^{3+} \rightarrow [Fe(OH)(H_2O)_5]^{2+}+ H^+$$
$$[Fe(OH)(H_2O)_5]^{2+} \rightarrow [Fe(OH)_2(H_2O)_4]^{+}+ H^+$$
$$[Fe(OH)_2(H_2O)_4]^{+} \rightarrow [Fe(OH)_3(H_2O)_3]+ H^+$$

水解过程中，原料矿粉中的氧化铝、铁进一步溶出，继而使 H^+ 的浓度降低，OH^- 浓度不断上升，配位水发生水解及水解产物的缩聚反应，两个相邻的 OH^- 之间发生架桥聚合反应，生成聚合多核配位化合物 - 聚合体。整个过程交叉进行，即溶出、水解和聚合的过程互相促进、交叉进行，煤矸石中的铝和铁不断溶出，生成的 $[Al(H_2O)_6]^{3+}$ 和 $[Fe(H_2O)_6]^{3+}$ 逐步缩聚为二聚体、三聚体，最后成为多聚体；矿粉在溶解后经过滤，去除不溶物滤渣，即可制得聚硅酸铝铁（PAFSi）。聚合氯硅酸铝（PASi）是在聚合氯化铝基础上进一步发展的复合型产品，具有聚合氯化铝的优点，并能增大矾花，加快沉降，进一步降低残铝量，是一种稳定性良好的新型净水剂。经过浸取法提铝后的煤矸石废渣的主要成分为二氧化硅，经过处理可制得硅酸钠，然后经盐酸酸化，再经聚合得聚硅酸，而后和三氯化铝进行复和得聚氯硅酸铝产品。其工艺路线如图 3-20 所示。

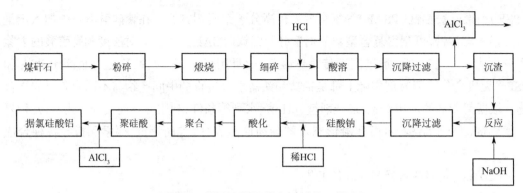

图 3-20　煤矸石侧取聚氯硅酸铝工艺流程

（3）煤矸石制取聚合硫酸铝。

硫酸铝是重要的化工产品，可大量用于城市集中给水的混凝剂。以煤矸石为原料，经过硫酸酸浸后的废渣，经过技术处理，可制备硅铝白炭黑和稀土肥料，其工艺路线如图 3-21 所示。

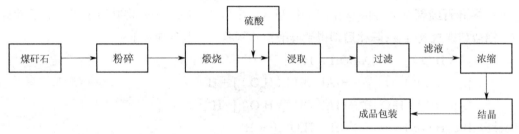

图 3-21　煤矸石制取聚合硫酸铝工艺流程

（4）用煤矸石制备 PFASS（聚硅酸硫酸铁铝）。

①用煤矸石制备 PFASS 的工艺煤矸石经粉碎焙烧后进行工业稀硫酸酸浸，浸出过后的滤液以浓碱溶液调节 pH 值，常温下以空气为氧化剂、亚硝酸钠为催化剂进行催化氧化反应，制得聚合硫酸铁铝；用工业水玻璃制备活性聚硅酸；再把聚合硫酸铁铝与活性聚硅酸在一定条件下复合即得 PFASS。其工艺流程如图 3-22 所示。

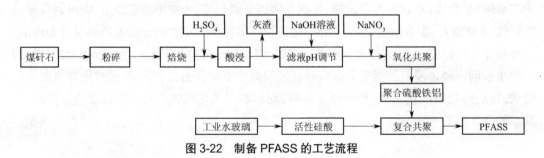

图 3-22　制备 PFASS 的工艺流程

制备 PFASS 的工艺条件如下。

（a）最佳酸浸时间为 1.5 h，最佳工艺条件为在沸点温度搅拌回流，浸出率可达 35%~40%。

（b）硫酸亚铁催化氧化反应；常压下，一定温度的水浴中，将硫酸亚铁注入反应瓶，调节亚铁浓度、pH 值，连续鼓入空气并对溶液进行强烈搅拌，以分液漏斗加入一定浓度的亚硝酸钠溶液。此时，硫酸亚铁溶液立即变成深黑色，溶液上方有棕黄色气体，用氢氧化钠吸收。连续反应，一定时间间隔逐时取样测定 Fe^{2+} 和总铁浓度。

（c）用水玻璃制备活性聚合硅酸，取一定量的工业水玻璃，用蒸馏水稀释到 SiO_2 含量为3% 左右，然后用 20% 的稀硫酸酸化水玻璃，调节其 pH 值到一定值，控制反应时间进行聚合。聚合硅酸的制备过程中，由于聚合硅酸稳定性差，容易生成凝胶，因此控制其聚合时间是活性聚合硅酸制备工艺的关键因素。在实际操作中，当聚合硅酸呈现淡蓝色时聚合程度适宜，因此控制聚合硅酸呈淡蓝色与硅酸凝胶的时间差，就能够准确把握聚合过程中的时间因素。

（d）聚硅酸硫酸铁铝的合成试验，铁铝硅的摩尔比选取不当会使产品稳定性下降，混凝性能降低，控制参数 $n(Fe+Al)/n(Si)$ 摩尔比是制备硅酸盐高分子混凝剂的重要参数。

③用煤矸石制备 PFASS 应用及发展前景高效新型复合聚合聚硅酸硫酸铁铝（PFASS）絮凝剂兼有聚铁、聚铝和聚硅的优越性能，一剂多能，并能进一步协同增效，满足各类水质絮凝处理要求。它可以广泛应用于原水、饮用水、自来水、工业废水及生活污水的处理。如用煤矸石制备的絮凝剂处理油田污水既可以减轻煤矸石堆放对环境造成的压力，又可为石油企业解决水污染这一重大难题。此外，工艺中用到的铁等也可由硫铁矿烧渣代替。这样就可以达到同时利用多种固体废物的目的；这种变废为宝，以废治废，经济有效的技术，是环境治理及废物再资源化最为科学的发展方向之一。随着各种高分子絮凝剂在水处理领域的广应用，利用工业废弃物制高分子絮凝剂将会越来越受到人们的重视，其发展前景极好。

3.4.4　煤矸石生产沸石分子筛

1）4A 分子筛生产概述

4A 分子筛是一种人工合成沸石。在矿物学上，它属于含水架状铝硅酸盐类，其内部结构为呈三维排列的硅（铝）氧四面体。这些四面体彼此连接形成规则的孔道。这些孔道具有筛选分子的效应，故称分子筛。通道孔径为 4.12 A（1 A=0.1 nm）的分子筛常简称 4A 分子筛。近年来，4A 分子筛在我国石油、化工、冶金、电子技术、医疗卫生等部门有着广泛的应用。尤其在合成洗涤剂领域，随着人们环保意识的逐渐增强，易导致水体产生富营养化污染的传统洗涤助剂三聚磷酸钠（$Na_5P_3O_{10}$）正逐步被限用或禁用。4A 分子筛作为传统洗涤助剂三聚磷酸

钠的替代品日益受到人们重视，需求量不断增加。然而，工业上利用化工原料合成 4A分子筛因成本太高而给它的推广使用带来一定困难。近年来，利用优质高岭土合成 4A 分子筛将 4A 分子筛的应用推进了一大步，但优质高岭土目前在我国同样是供不应求。因此，选择廉价的 4A 分子筛合成原料成为目前推广 4A 分子筛应用的重要制约因素，

煤矸石是煤矿开采过程中采出的废矿，目前大量堆弃未能得到利用。这些煤矸石的排放堆积，既占去大量耕地、污染环境，又对农作物、人类造成危害，成为煤炭工业部门亟待解决的一个问题。煤矸石的矿物成分主要是高岭石，是一种较为纯净的高岭石泥岩。经过适

当处理,能够满足合成4A分子筛的需要,有望开发成为一种廉价的合成4A分子筛原料。

根据煤矸石的主要成分为SiO_2和Al_2O_3:这一特点,高铝煤矸石作原料,酸浸除铁、合成4A沸石,白度可达95%以上。

2)4A分子筛合成原料选择与处理

煤矸石:高岭土含量在90%以上,其余为有机碳及少量副矿物等。

NaOH:工业用固态或液态烧碱。

我国煤矿资源分布时代较广,从古生代的石炭系、二叠系到中生代的三叠系、侏罗系都有煤层分布。各煤层中煤矸石的种类也不都相同,并不是所有煤层中的煤矸石以及所有种类的煤矸石都可以用来合成4A分子筛。能够用来合成4A分子筛的煤矸石应具备以下两个特征:

其一,在矿物组成上,以高岭石为主,含量在90%以上,其他有害杂质较低;

其二,在形成时代上,以石炭系、二叠系煤层中的煤矸石合成效果达到最佳。

因为形成时代早,在煤层的成岩过程中,煤矸石都经过重结晶作用,形成的煤矸石具有质地致密、成分较纯等优点。因此,合成4A分子筛宜选用石炭系、二叠系煤层中的硬质黏土煤矸石。

在采用煤矸石合成4A分子筛之前,应预先对煤石进行煅烧,通过煅烧可以清除煤矸石中的碳和有机质,提高合成原料的白度。要使煅烧产物能够满足合成4A分子筛的要求,在煅烧时应严格控制煅烧温度、气氛、易熔组分含量、碱浓度、液/固比等因素。

3)4A分子韩合成工艺流程

将煤矸石先经过煅烧,成为活性高岭土,然后加入NaOH溶液与之反应,晶化,最后过滤、洗涤、干燥即得4A分子筛成品。具体工艺流程可以表述为:煤矸石煅烧;加入碱液混合,条件211 L/s(mL/g):成胶,条件50℃处理2~3 h:品化、条件85~90℃,处理10 h;过滤;洗涤;干燥;成品。合成4A沸石分子筛工艺流程如图3-23所示。

4)4A分子筛合成注意点

(1)煅烧温度的确定。

煅烧温度主要取决于高岭石的失水温度以及碳和有机质的分解温度。根据高岭石的差热分析曲线特征、550℃开始矿物结构破坏溢出羟基水,在970℃左右形成新的矿物相。因此,要使煤矸石中的高岭石充分转化,煅烧温度必须控制在550~970℃之间。煤矸石中的碳以有机碳、无机碳和石墨三种形式出现,各自对应的分解温度分别为 460~490℃、620~700℃以及800~840℃。因此,要使煤矸石中的碳完全分解,煅烧温度应控制在840℃以上。结合高岭石、碳两方面的因素确定:

煤矸石的煅烧温度在850~950℃范围内最为适宜,恒温时间一般为6~8 h。

(2)煅烧气氛的控制。

煤矸石在煅烧时,只有保持氧化气氛才能使其中的碳分解,即煅烧体系应始终是一开放体系,有充足的氧气供给,这一点在工业窑炉中常难以控制。目前,煅烧煤矸石的方法主要有煤煅烧、煤气煅烧和天然气煅烧等几种方式,其中以煤气煅烧、天然气煅烧最有利于气氛的控制。

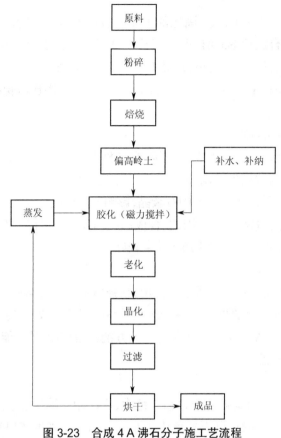

图 3-23　合成 4 Ａ 沸石分子施工艺流程

（3）煤矸石中易熔组分（K_2O+Na_2O）的控制。

（K_2O+Na_2O）是易熔组分,在煅烧时容易导致产物产生固结,造成工业生产上的"结窑"因此,煤矸石中的易熔组分（K_2O+Na_2O）含量应注意控制,一般说来不宜高于 5%,越低越好。

（4）煅烧煤矸石白度的改进。

对于合成的 4 Ａ 分子筛,其应用领域常对白度有一定要求,如作洗涤助剂的 4 Ａ 分子筛对白度要求就相当高。这就要求合成的原料应具备相当高的白度,对于沉积成因的煤矸石由于其中影响白度的杂质主要是 Fe_2O_3、TiO_2,在煅烧过程中导致产物发黄、发灰,如不对其进行预处理,煅烧产物的白度,常达不到要求。采用石盐与腐殖酸混合作增白剂,增白效果显著,可达 5 度左右。

（5）碱浓度的选择。

碱浓度决定反应的速率和产物的质量。一般说来,碱浓度越大,反应速率越快。但产物中无效组分羟基方钠石（$4Na_2O \cdot 3Al_2O_3 \cdot 6SiO_2 \cdot H_2O$）含量增大,4 Ａ 分子筛有效组分减少,产品的性能越差。因此,在实际确定 NaOH 的反应浓度时应综合考虑,在实验室试验中,

NaOH 浓度取 4 mol/L 左右效果较好。

（6）液/固比的确定。

在合成 4A 分子筛过程中,液/固比的大小对合成的速率、产品的性质也有较大的影响。液/固比过大,则合成后 NaOH 过量,导致合成的 4A 分子筛向羟基方钠石转化,降低产物的有效性能;反之,液/固比太小,则又不能保证煅烧完全反应。因此应采取合适的液/固比。试验表明:若 NaOH 溶液采用 4 mol/L,则最佳的液/固比应保持在 2∶1(mL/g)左右,此时合成效果达到最佳。

（7）合成温度、时间的确定。

合成 4A 分子一比较大的适宜温度范围,在各种温度条件下存在一与温度相匹配的最佳时间值。一般说来,合成温度越高,固相在碱液中反应越快,成核速率也越快,因而产物较细。但是温度越高也越易产生羟基方钠石杂晶,影响产品性能。反之,温度太低导致完成合成所需时间较长,不利于工业生产。因此,合成温度、时间的选择应综合考虑。笔者在试验中采用 85~90 ℃合成温度、恒温时间 10 h 效果较好。

（8）合成产物的分离。

4A 分子筛在中性或弱碱性介质中较稳定,在强酸或强碱性溶液中则不稳定,结构易遭到破坏。在合成 4A 分子筛的母液中,一般碱度较高,因此合成的 4A 分子筛应及时分离,否则,随着时间的增长,4A 分子筛会转化为羟基方钠石,影响产品性能和合成效果。

3.4.5　制备钛系化工产品

1）制备钛白粉

钛白粉(二氧化钛),因其强遮盖力和着色力,广泛用于油漆、造纸、塑料等行业。二氧化钛含量达 7.18%~8.05% 的煤矸石便可用于制取钛白粉。将生产白炭黑或水玻璃的残渣(含二氧化钛 32%~39%)加入盛有硫酸的反应釜中,用压缩空气鼓泡搅拌,加热后冷却,抽滤洗涤后,将滤液浓缩,放入水解反应器内,搅拌条件下加入总钛量 10% 的晶中,以蒸气加热至沸,进行水解生成偏钛酸,然后冷却过滤,滤饼用 10% 硫酸和热水洗至检不出 Fe^{2+} 为止,再进行漂白过滤,洗涤得纯净偏钛酸,送入回转炉进行脱水转化煅烧,经粉碎即得钛白粉。用煤矸石制取钛白粉是一种切实可行的方法,由于煤矸石中二氧化钛的含量因产地不同而不同,所以用其制钛白粉要因地制宜。

2）生产硅铝钛合金

生产硅铝钛合金,要求所用的煤矸石含有一定量的 TiO_2,其化学成分大致如表 3-9 所列。利用煤矸石生产硅铝钛合金,先要制得硅钛氧化铝,然后补充加入氧化铝进行冶炼。

表 3-9　煤矸石的化学成分

成分	SiO_2	Al_2O_3	Fe_2O_3	TiO_2	MgO	Na_2O	烧失量
含量/%	50.0~60.0	20.0~30.0	1.0-5.0	0.5~1.5	0.5	0.5~5.0	10.0~15.0

3.5 煤矸石生产建筑材料及制品

3.5.1 煤矸石制砖

我国煤炭资源丰富,储量居世界第三,自 1995 年煤炭产量突破 12 万亿 t,成为世界第一后地位至今无人撼动。我国经济的发展离不开煤炭,煤炭为千家万户带去了温暖,同时,煤炭开采也带来了空气、水源、土壤、地表、地质等的破坏,煤炭生产中产生的固体废弃物煤矸石,作为一种主要污染源,给人们的健康和环境也带来巨大危害(图 3-24),且每年以 1.5 亿 t 的速度增长,占工业固体废弃物的总量的 40% 以上。目前,我国煤矸石利用率低,只能达到 30% 左右,每年的处理量远远小于排放量。我国矸石产量占原煤总产量为 15%~20%,目前累计堆存已达到 70 亿 t,占地面积超过 200 万 ha。

煤矸石制砖既利用了其中的黏土矿物,又利用了热量,是大量利用煤矸石的途径之一。煤矸石制砖工艺技术成熟,已经能够做到用 100% 煤矸石做原料,不外投加任何燃料制取空心砖。采用消化吸收先进制砖技术和设备,生产煤矸石承重多孔砖、非承重空心砖及外承重装饰砖、广场砖、道路砖等,是利用煤矸石的重要途径。利用煤矸石生产烧结空心砖产品是目前消耗工业废渣一个比较好的途径。利用煤矸石生产烧结空心砖,其生产工艺已趋成熟,全国已有大量的生产厂在运行。一个年产 1 000 万块普通砖的煤矸石烧结砖厂,每年可吃掉煤矸石 3 万 t 左右,按煤矸石平均堆高 5 m 计算,可节约用地 4 400 m²,另外,因其有一定的发热量,每年可节约标煤 1 500 t,价值 20 万元。2008 年 8 月 29 日河南永煤集团 1 亿块石砖项目顺利投产,年可消耗煤矸石和电厂灰渣 30 万 t。

图 3-24 煤矸石对环境造成的危害

利用煤矸石制作免烧砖,是解决煤矸石资源化利用的一种有效途径。煤矸石制作免烧砖的最佳配比为水泥 20%,煤矸石 50%,砂子 30%,另外加水量为前三者总质量的 12%,设计外加剂量占煤矸石、泥、砂子质量总和的 4%,达到免烧砖优等品的标准。我国煤矸石制砖的设备和技术已经成熟,并在行业内得到应用推广。煤矸石制砖设备生产线如图 3-25 所示。

利用煤矸石制造市场上所需的各类砖制品,能生产出具有更高附加值和更高品质的人造仿石等石材制品,其产品品质已得到市场的检验和认可,完全符合建筑力学功能和装饰性功能效果,达到类天然石材的功效。

通过更换模具,就可生产空心砖、透水砖、多孔砖等各类建筑及市政用砖。如图 3-26 所示。通过煤矸石制作的砖类产品,除了被市政园林广泛使用外,还被一些别墅和景区用作艺术墙材,在市场上广受欢迎。

图 3-25　煤矸石制砖设备生产线

图 3-26　砖机设备生产免烧空心砖

生产人造仿石(图 3-27)。可以做到制砖不用土,烧砖不用煤,不仅节约原煤和黏土,而且减少煤矸石堆场占地,治理环境污染。一座年产 6 000 万块的煤矸石的空心砖厂,每年可利用 15 万 t 煤矸石,减少煤矸石堆场占地 25 亩,节约制砖黏土量折合少毁田 24 亩(按平均挖深 6.2 m),节约烧砖用原煤 4 600 t,具有可观的社会、环境和经济效益。

图 3-27　砖机设备生产人造仿石

1）原料选择

（1）物理性质。

煤矸石由泥质页岩、碳质页岩、砂质页岩、砂岩和煤炭等组成，泥质和碳质页岩呈层状结构，灰黑色，易风化，易破碎和粉磨，是制砖的最好原料。砂岩砂质页岩呈粒状结构，灰白色，松散坚硬，难以粉碎和成型。煤矸石中若含有大量石灰岩，在高温煅烧中会产生大量二氧化碳气体，导致砖坯膨胀、开裂和变形，即使能烧成制品，出窑后由于受潮或吸水，制品也会产生开裂现象，因此含有大量石灰岩的煤矸石亦不宜用来制砖。

（2）化学性质。

煤矸石化学组成以 SiO_2 为主，其次是 Al_2O_3、Fe_2O_3、CaO、MgO、Na_2O、K_2O、SO_2 等。SiO_2 含量高，制出的砖强度高，但原料的可塑性差，砖坯干燥收缩大，所以要求 SiO_2 含量不宜超过 70%。Al_2O_3 含量越高，其原料的塑性指数越高、耐火程度及砖的强度也越高，一般控制在 15%~40%。Fe_2O_3 影响制品的颜色，烧成后制品呈砖红色，含量高红色深，含量低红色浅，含量过高，则起助燃作用，同时降低坯体的耐火度，燃烧时若氧气不足则砖呈灰褐色，通常 Fe_2O_3 含量为 1%~5%。CaO、MgO 是助熔剂，但它们吸收空气中的水分后，生成氢氧化钙和氢氧化镁，体积将膨胀 1~2 倍，导致制品破裂或崩解，其合计含量一般应控制在 2%~5%。Na_2O、K_2O 可降低烧成温度，含量过高将出现泛碱现象，使制品质量不稳定，故含量应控制在 2%~5%。SO_2 在煤矸石中多以硫化铁形式存在，在燃烧过程中易产生大量 SO_2 气体，造成体积膨胀，使制品膨胀，通常煤矸石中的 SO_2 应控制在 1%~3%。

（3）热值。

煤矸石中含有一定量的碳可燃烧物质，据此特点，可采用内燃焙烧方法，从而降低生产成本。内燃焙烧适宜的热值为 400~600 kcal/kg，热值过大将影响产品质量。我国 61 个地区的煤矸石平均热值为 1 115.6 kcal/kg，其中 75.41% 是超热值的，因此，生产应根据煤矸石的热值量和窑炉的性能合理添加黏土、页岩等低热值的物料，使原料中的发热量控制在最佳范围。低热值的煤矸石，如采用全内燃焙烧，则应掺入煤粉等较高热值的物料，使之达到最佳热值，否则，应以外投燃料方式来补充。

2）煤矸石烧结砖

（1）煤矸石烧结砖生产工艺。

利用与黏土成分相近的煤矸石烧制砖瓦，技术比较成熟，应用也很广泛，是综合利用煤矸石的主要途径之一。煤矸石代替黏土生产砖，可以做到烧砖不用土或少用土，不用煤或少用煤。

煤矸石烧结空心砖生产线工艺流程：

给料→粗碎→细碎→筛选→加水搅拌→陈化→搅拌→对辊→成型→切码坯→干燥→焙烧→卸砖。煤矸石烧结空心砖的生产工艺见图 3-28。

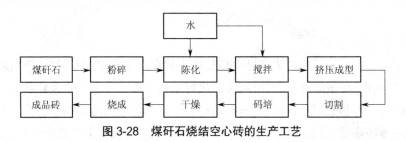

图3-28　煤矸石烧结空心砖的生产工艺

（2）生产线节能具有的主要特点。

节省黏土,节省燃料。生产线以煤矿固体废物,即煤矸石自身含有的发热量来焙烧制品,实现了烧矸石为制砖原料,无须加入任何燃料,利用煤矸石自身发热量来焙烧制品,实现了制砖不用煤。原料制备系统采用了多级破碎和筛选的工艺流程,对原料进行细碎、混合处理,然后给原料加水进入陈化库,得到均化,提高原料的成型性能,提高了产品的成品率。新型的破碎设备产量大、能耗少、不易磨损、使用寿命长。

采用硬塑挤出成型。挤出机挤出压力大于2 MPa,其真空度 −0.92 MPa,成型含水率16%~18%。自动切码坯设备,节能型一次码烧隧道窑,简化了工艺环节,降低了干燥过程中的热耗,增加了产量。干燥介质为隧道窑冷却带换取的高温空气和预热带尾部的高温烟气。

生产线原料制备、成型工序采用节能电动机,隧道窑排烟风机、送热风机配置变频调速器,在保证质量的前提下,大幅度降低电耗。焙烧窑及干燥室采用温度、压力测控系统,可使焙烧热效率明显提高。

采用国内自行设计的新型节能型大断面隧道窑。隧道窑设有燃烧系统、排烟系统、余热利用系统、冷却系统和车底冷却压力平衡系统、温度压力测试系统和窑车系统。由于窑体的断面大、温差小,与采用中小断面窑相比,散热面积小,热利用率高,因而节约了热能,提高了能量的利用效率。窑体顶部设置空腔,采用空气交换冷却顶部,窑底也采用流动空气来保证窑车的正常运行,窑顶部、底部散失热量皆抽入干燥窑内,既保证窑体结构的安全性,又可补充干燥室所需热量;同时,窑体采用密封措施减少窑体漏气,砖坯入窑采用两道门密封出口设置密封门,从而保证窑体密封性能良好,减少了热量散失。隧道窑各段采用不同的耐火保温材料,以增加窑墙热阻,减少热损失。本窑体顶部及两侧均采用硅酸铝纤维(陶棉)和岩棉等保温隔热材料,使窑体顶部及两侧外墙热损耗降为最小。最大限度地采取各种措施降低隧道窑热能损失,提高隧道窑热效率,与国内老式隧道窑相比节能20%以上。一次码烧干燥窑采用大断面逆流、隧道干燥窑。干燥热源利用焙烧隧道窑余热,干燥室设有供热系统、排潮系统及检测系统。采用轻型保温隔热窑车,可以降低车下温度,减少热量损失,提高窑车寿命。

3）煤矸石非烧结砖

由于煤矸石的成分差别很大,在煤矸石烧结砖的应用过程中受到一些限制。如高铝、高钙、高铁、高硫以及自燃煤矸石就不宜于烧结砖。为此,我国科学工作者又研制出了煤矸石非烧结砖。煤矸石非烧结砖以自燃煤矸石为主要原料,自燃煤矸石先经粉碎加工,然后掺入适量水泥、石膏及少量化学添加剂再搅拌半小时,最后压制成型自然养护形成,其产品强度可达 10~27 MPa,性能达到 JC422-91 标准。此项目生产工艺简单,能耗低,且煤矸石消耗量大,有较好的社会效益、经济效益。

4)生产工艺影响因素

(1)原料粒级分配原料粒度是质量保证的基础,合理的粒度级配也是成型的主要指标之一。粒径较小、粒度较大的煤矸石须进行破碎或粉磨。煤矸石的粒度细化、有利塑性越高,成型越容易:同时粒度细,粒子间的空隙就小,有助于提高容重。因此,煤矸石粉料粒度越细,致密性越好,砖的抗冻性能和抗压强度也越高。煤矸石中某些物质含量超标,如 CaO、MgO 含量超过 2.5%、3% 时,是有害的。即便它们的含量不超标,若锐度大于 3 mm,也会使成品砖发生爆裂。粒度越细,砖中的 CaO、MgO 吸收水分后,生成的 $Ca(OH)_3$、$Mg(OH)_2$ 因体积膨胀面产生的应力就会越小,且应力不足以达到爆裂的程度。因此,控制适宜的物料粒度对有害杂质将起分散作用,通常煤矸石实心砖一般要求原料最大粒度应小于 3 mm,0.5 mm 以下的颗粒应占 60% 以上;空心砖原料的最大粒度小于 2 mm,0.5 mm 以下的颗粒应占 65% 以上。

(2)搅拌及搅拌水分煤矸石泥料浸水性较差,为提高泥料塑性,必须加水搅拌。可采用 2~3 级搅拌方式,第一级采用双轴搅拌机,第二级采用轮碾搅拌机(第三级采用双轴搅拌机)搅拌水分是决定码烧湿坯高度的主要因素,也是决定砖窑产量的重要条件。当煤矸石泥料含水率大于 16%~17% 时,湿坯的强度难以达到码坯的要求,并加大了坯体的干燥收缩,故不宜采用一次码烧。搅拌水分还与成型方法有关,半硬塑挤出成型时,成型水分以 15%~17% 为宜;硬塑挤出成型时,成型水分以 13%~15% 为宜。

(3)可塑性与成型要求原料的塑性指数是制砖时挤出成型的重要指标,是能否生产高质量砖的先决条件。一般最佳塑性指数为 10~12,塑性指数低于 6 就很难成型,塑性指数大于 13,物料粒度过细,成型时需要较高含水率,不仅坯体强度过低,而且干燥收缩过大,不宜一次码烧。我国多数煤矸石的塑性指数在 7~12(占 80% 以上),符合一次码烧要求生产时,煤矸石实心烧结砖可采用半硬塑挤出成型法,挤出压力一般为 1.5~2.0 MPa;煤矸石烧结多孔砖及烧结空心砖可采用硬塑挤出成型法,挤出压力一般为 2.0~3.0 MPa,当挤出压力大于 3.0 MPa 时,耗电量增大,产量降低,经济上不合算。

(4)码坯煤矸石含有一定量的可燃物,点燃后坯体在自燃状态下进行焙烧。煤矸石烧结砖的合理码坯,实际上就是燃料在窑内的合理分布。砖坯的疏密程度和码窑方式不仅影响窑内的气流阻力,而且决定了窑内热量的数值和分布的均匀性。另外,成品砖的质量和产量,也与码坯有密切关系。码坯应遵循以下几条基本原则,即边密中疏、上密底疏、横平竖直、头对头、缝对缝、火道通畅、码垛稳固,对于多孔砖和空心砖一定要平码防止出现侧面压花、黑印等缺陷。煤矸石烧结砖一般应采用一次码烧工艺,常用的码坯方法有“三压三”法和“四压四”法,砖坯通常码高 10~14 层。

(5)干燥的影响,干燥与否有时决定了产品是否有裂纹、声哑、断裂等质量问题。砖坯制作完成后,应进行人工干燥或者自然干燥。自然干燥效果较好,干燥过程易控制,但干燥坯场占地面积较大,同时受天气影响较大。目前,采用较多的是逆流式正压送风、负压排潮的人工干燥方式。干燥周期通常在 22 h 以上,若时间过短,砖坯未干透,烧成时会出现爆裂现象。干燥介质温度不能太高如果温度太高容易引起砖坯表面产生细微裂纹,进入焙烧窑烧成时,裂纹将继续扩大,造成制品裂纹;如果温度过低,坯体脱水太慢会影响产量。通常干燥窑前段温度应控制在 100 ℃以下,干燥窑内截面水平温差应控制在 13~18 ℃。干燥介质湿度不能过大,应使高温水气及时排出、防止砖坯吸潮垮塌,通常排潮湿度在 90%~100%;干燥介质应当由多个风道进入,避免由于进风口处风速过大,使得砖坯急速干燥,产生裂纹缺陷,经过干的砖坯,其含水率应小于 6%

（6）烧成。烧成是将干燥好的坯体,通过高温焙烧,在窑内通过气体和物料之间逆向流动产生热交换,从而实现坯体生料变为熟料的热处理过程,使其成为成品的操作,它是煤矸石结砖整个生产工艺的最后一个重要环节,由于煤矸石原料本身的特点,其烧成温度比黏土砖的烧成温度高,烧成温度往往在 1 050 ℃以上,烧成周期在 4 h 以上焙烧窑结构分为预热带、焙烧带、保温带和冷却带。预热带温度一般在 300~600 ℃、焙烧带温度一般在 600~1 080 ℃;保温带应控制在 1 030 ℃ ±150 ℃,在预热带,温度应该有一个渐变过程,升温太急,会产生爆裂现象;在焙烧带和保温带、坯体达到烧成温度,坯体内部进行着激烈的物理、化学、物理化学及矿物化学反应,这时所供空气量一定要充足,让砖坯充分燃烧,避免出现黑心砖;在冷却带,坯体冷却不能太急,否则也会影响产品质量。整个烧成曲线呈现马鞍形,在原料成分稳定的情况下。操作一定要控制好风量,严格按照烧成曲线来控温,这样才能保证焙烧的成品率烧成煤矸石砖,最好采用隧道焙烧窑,该窑易实现一次码烧,保证烧成温度和实现自动控制,从而保证焙烧质量。

5）煤矸石制砖企业的发展趋势——余热发电

煤矸石制砖项目在超热焙烧过程中,产生大量余热,早些时候被直接排放,既浪费能源、污染环境,又不符合国家的相关产业政策。近些年,有部分砖厂回收部分焙烧余热,主要是通过余热锅炉产出热水,用于采暖或提供洗浴用水,但是余热利用率很低。在国家节能减排的政策下,煤矸石制砖企业已经尝试利用余热发电,提高能效、减少能效浪费。余热发电的经济效益显著, 6 000 万块 /a~10 000 万块 /a 烧结煤矸石砖生产线,装机容量 1 300~2 500 kW,发电量均能自给自足,按 0.5 元 / 度计,年可节约成本 150 万 ~300 万元。

对于煤矸石制砖余热发电技术,我国尚处于研发和示范阶段。2008 年 8 月 25 日,国内首台“隧道窑煤矸石烧砖余热发电机组”在枣庄新中兴公司试运,并于 9 月并网发电,该项技术为国际首创,同时也填补了国内空白。装机容量为 1 500 kW,每年可发电 790 余万度,可为企业节支 400 余万元。在 2008 年 10 月启动的“中国 - 联合国气候变化伙伴框架项目”中,煤矸石制砖余热发电示范项目作为重点支持项目之一,项目针对煤矸石制砖企业开发出一套余热发电技术方案,并进行技术方案示范和推广,以提高能源效率,减少空气污染。

3.5.2　煤矸石生产水泥

1）煤矸石生产水泥概述

煤矸石是煤矿生产时的废渣,它在采煤和选矿过程中分离出来。其中含有矿物岩石、碳的成分和其他可燃物。矿物岩石的化学成分主要是 SiO_2,其次是 Al_2O_3、Fe_2O_3、CaO、MgO、

Na_2O、K_2O、SO_2,组在成和黏土相似,可以代替黏土,提供水泥生料成分中的硅、铝成分。煤矸石中以 Al_2O_3 含量,分为低铝煤矸石(Al_2O_3 20% ± 5%),中铝煤矸石(Al_2O_3 30% ± 5%),高铝煤矸石(Al_2O_3 40% ± 5%)。低铝煤矸石生产普通水泥和采用黏土配料没有什么区别,可以很容易地生产出普通水泥不需要对工艺和配方做大的调整,煤矸石制水泥流程图(图 3-29)。中高铝煤矸石生产普通水泥需要调整配料、采用高饱和(KH)和高铁方案,可以生产出合格的普通水泥。此外采用中高铝煤矸石代替黏土和部分矾土可以提供足够的氧化铝,制成系列不同凝结时间、快硬性能的特种水泥,以及生产硅酸盐膨胀水泥等。这些以煤矸石为原料生产的特种水泥可用于地铁、隧道工程地面地喷筑材料,冻结井筒井壁的混凝土、地下设施、防御工程、机场、跑道、公路、桥梁等工程、将煤矸石中所含的可燃物全部烧掉的风化矸石,又称熟矸威红矸。利用煤矸石进行燃烧发电,煤矸石中的可燃物已经烧尽。煤矸石烧后具有一定的活性,可用来做水泥的混合材料,水泥熟料加石膏,加煤矸石(实矸)共同研磨成细粉,其质量标准等同于普通硅酸盐水泥或火山灰水泥。

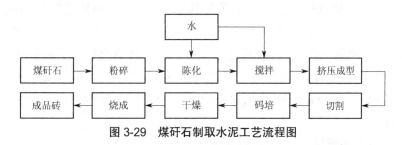

图 3-29 煤矸石制取水泥工艺流程图

煤矸石在水泥工业上的应用,其主要困难是化学成分和发热量波动很大,给水泥生产造成很大影响,如管理制度不好,会影响生产工艺和产品质量。解决这些问题的方法,一是对煤矸石进行均化,使入窑的煤矸石成分和热值波动减少,便于调整,二是对煤矸石进行分拣煤矸石按质分类、堆放,实现煤矸石的资源化,以保证水泥厂使用煤矸石的成分和热含量稳定。煤矸石自燃或燃烧后具有一定活性,可以掺入水泥中制成混合材料,混合材料与熟料和石膏按比例配合磨细生产硅酸盐水泥、普通硅酸盐水泥等。利用煤矸石中的黏土矿物部分或全部代替黏土配置水泥生料,烧制硅酸盐水泥熟料是煤矸石的又一利用途径,煤矸石既成了原料又代替了部分燃料。

2)作为原燃料

因煤矸石的化学成分与黏土相似,故可代替黏土,与石灰石、铁粉及硅质胶等原料一起配料,生产 425 号、525 号水泥。用煤矸石作原料生产水泥的工艺过程与生产普通水泥基本相同,即将原料按一定比例配合,磨制成生料,在窑炉内煅烧成熟料,再加入适量石灰和混合料,磨制成水泥。采用低位热值在 10.5 kJ/kg 左右的洗选煤矸石代替全部黏土煅烧成水泥熟料的产量、质量不低于原有的水泥熟料。生料中煤矸石的热值为 1.89 kJ/kg 时,在窑内燃烧完全,热工制度稳定,整个窑系统设备安全运转,总热耗降低,可节约大量燃料。

3)作为混合材料

自燃煤矸石在燃烧过程中,由于各种矿物在一定温度下组成和原子排列发生变化,使其具有一定的活性,故可作为活性火山灰质混合材使用。煤矸石可作低热值燃料用于水泥生产中。煤矸石中所含可燃物在水泥煅烧中燃烧可放出热量,从而可以代替优质煤炭,减少煅烧能源消耗。在国外有的烧油、烧天然气、烧优质煤的水泥厂在水泥回转窑窑头,喷入煤矸石粉,送入回转窑内,以减少优质高价燃料的使用量,节约能源。干法窑或分解窑,煤矸石粉喷入分解炉中,代替优质燃料对原料进行分解,也是一种很好利用煤矸石的方法。

当煤矸石作为燃料与洗中煤在沸腾炉中燃烧后,排出的残渣称为沸腾炉渣,其含碳量一般小于 3%,颜色多呈白色或灰白色,外形为松散无定形颗粒,具有较好的活性。有资料介绍,用它作混合材料生产低热微膨胀水泥,其 7 天水化热与 325 号矿渣大坝水泥的指标还较低,在干燥气候中微收缩,在湿空气中微膨胀,28 天膨胀值仅为 0.3% 左右。

3.5.3　煤矸石生产陶粒

1)煤矸石焙烧陶粒简况

含碳量不高(质量分数低于 13%)的碳质页岩和选煤矸石适宜烧制陶粒。陶粒是一种轻质和具有良好保温性能的新型建筑材料,发展情景非常广阔。陶粒是为了减少混凝土的相对密度而产生的一种多空骨料,它比一般卵石、碎石的密度小得多。煤矸石的矿物组成以黏土矿物为主,与陶粒黏土质岩,一般其化学成分含量也在适合烧成陶粒的化学组成范围(SiO_2 53%~79%, Al_2O_3 12%~16%,熔剂氧化物 8%~24% 的范围)内,是焙烧陶粒的理想废渣,但因多数煤矸石的 Al_2O_3 含量略高,焙烧陶粒比一般黏土、页岩的焙烧温度略高。

2)煤矸石陶粒生产工艺

共有三道工序,即原料加工、制粒和热加工。

国外用煤矸石生产陶粒的工艺分为两种,一种是用烧结机生产烧结型的煤矸石多空烧结料;另一种是用回收窑生产膨胀型煤矸石陶粒。

目前,我国生产煤矸石陶粒尚处初级阶段,用煤矸石烧制陶粒有成球法和非成球法。成球法是将煤矸石破碎、粉磨后制成球状颗粒,入窑焙烧;非成球法是将煤矸石破碎到一定粒度直接焙烧。我国主要用回转窑烧制煤矸石陶粒其工艺流程主要包括破碎、磨细、加水搅拌、造粒成球、干燥、焙烧、冷却等工序。

3)配料对陶粒膨化作用的影响分析

陶粒在高温下的热膨胀是固相、液相、气相三相动态平衡的结果。陶粒经焙烧引起膨胀需同时具备 2 个条件,一是在高温下形成具有一定黏度的熔融物;二是当物料达到一定黏稠状态时,产生足够的气体。只有同时具备上述两个条件,才可能获得膨胀良好的均质多孔性陶粒。陶粒原料中 SiO_2 、 Al_2O_3 含量越高,要达到一定黏度,需要的温度也越高,而 CaO、MgO、FeO、 Fe_2O_3 、 K_2O 、 Na_2O 等是助熔剂。在煤矸石中掺加一定量的页岩,可以有效降低原料的 SiO_2 、 Al_2O_3 含量,提高 CaO、MgO 和 Na_2O 含量,有利于降低原料的熔点根据煤矸石的综合热分析,该煤矸石的熔点在 1 030~1 150 ℃之间加入页岩和少量氯化铁后,原料的熔点也会相应降低,在 1 040 ℃焙烧温度下即可达到最佳焙烧效果。

国内外在陶粒的烧制过程中,含碳量过高不利于陶粒的膨胀,容易造成陶粒表面黏度较小、内部黏度过大,只在熔化好的表面薄层中产生少量气孔,面内部密实、黑心、无气孔但在陶粒膨化过程中,碳又不能完全除尽,还需要在陶粒熔融达到一定黏度时,产生足够的气体。掺加一定量的页岩能有效降低原料的含碳量,有利于陶粒在焙烧阶段的膨胀。在高温条件下,由于陶粒内部残碳作用,其表面是氧化气氛,内部形成一定的还原气氛。因而导致陶粒表面 Fe_2O_3 多,内部 FeO 多,造成了表面黏度稍大,内部黏度稍小,有利于陶粒的膨化,降低了陶粒的焙烧温度,同时增加了膨胀性能。

4)应用工业废弃物制备陶粒的举例

（1）原料。

利用工业固体废物赤泥为主要原料,粉煤灰、煤矸石、成孔剂和黏结剂为配料,经过合理的配比,通过制备工艺的选择和烧成温度的控制,制备出了气孔丰富、表面性状良好、强度高且满足废水处理应用要求的多孔陶粒

赤泥是氧化铝工业的废渣,因产出量大、利用率低,导致了大量的赤泥堆积。随着铝工业的发展,生产氧化铝排出的赤泥量日益增多。目前,国内外氧化铝厂大都将赤泥输送堆场,筑坝堆存。赤泥的堆存不但要占用大量的土地,造成对环境的污染,还使赤泥中的许多有用成分得不到合理利用,从而造成资源浪费。

粉煤灰是煤燃烧后产生的废弃物,主要由火力发电厂通过烟气过滤、电分离等方法收集后排放而得到。全球每年产生的粉煤灰约 5 亿 ~6 亿 t,由于目前缺乏有效的综合治理手段,对粉煤灰的处理主要是堆积在沉积场中或直接排入农田和江河中。这不仅占用了大量的土地,而且在出渣、装运及其堆存过程中,易对大气环境造成扬尘污染;若将其排入河流湖泊中,将造成极其严重的水资源污染。

煤矸石是与煤层伴生的矿物质,在煤矿生产过程中开采和洗选时被分离出来,煤矿上常称之为"夹矸"。它是夹在煤层间的一种含碳量低、质地坚硬的黑色岩石,是目前我国排放量最大的工业固体废物之一。堆放煤矸石不仅占用大量土地和农田,而且污染大气和地下水质,对环境造成严重危害。

（2）步骤。

取赤泥、粉煤灰、成孔剂和黏结剂为原料,并以煤矸石为烧成助剂,分别进行球磨和筛分处理,筛分处理后的粒度为 60~300 目。

将球磨和筛分处理后的物料按质量百分比计取 50%~65% 的赤泥、20%~30% 的粉煤灰 10%~20% 的煤矸石, 4%~10% 的成孔剂和 1%~5% 的黏结剂混合均匀。并加入占混合均匀物料总质量比为 15%~20% 的水后进行陈腐处理,陈腐处理时间为 8~12 h。

将陈腐后的物料再次加入水混合均匀后进行球团处理形成球状物料,直径为 0.8~1.0 cm。将球状物料放入干燥装置中进行干燥处理。将干燥后的球状物料放入加热装置进行加热后,自然冷却即可得到陶粒。

3.5.4 煤矸石生产粉体材料

高纯超细氧化铝粉体的用途广泛,它是制造荧光粉、高压钠灯管、集成电路基片、人造宝石、功能陶瓷及生物陶瓷等材料的原料。目前生产超细氧化铝,原料上有氢氧化铝、铵矾、有机醇盐等,方法有热解法、溶胶凝胶法、火花放电法等。微乳液法是近年来发展起来的一种

制备纳米微粒的有效方法,以 W/O 型微乳液中的纳米水核作为"微型反应器"制备纳米粒子,由于操作简单、反应条件温和、粒子的尺寸和形状可控、易于得到小尺寸且单分散的产物粒子,因而被广泛用于制备各种纳米微粒。

高性能超细硅铝炭黑是新型橡胶补强改性填充材料。用煤矸石生产高性能超细硅铝炭黑,综合技术性能好,加工成本低,具有较强的市场竞争力。

3.6　煤矸石改善生态、环境保护及农业

3.6.1　煤矸石污染的生态治理

在生态治理方面,主要是在煤矸石污染上恢复植被平衡。植物群落具有明显减小煤矸石山渗透速率、提高煤矸石对保水和持水能力的作用。在煤矸石风化物上种植绿肥牧草,有助于提高煤矸石中氮、磷、钾等养分含量,降低表层含盐量,增加微生物类群数量,改善煤矸石山的水、气、热状况,加速煤矸石的风化,从而使煤矸石山生态环境得到进一步改善。因此,在矸石山上进行植被恢复是治理煤矸石山生态环境危害较为理想的途径。但由于煤矸石山的强酸性、贫瘠性及不良的理化性状和持水性质,在煤矸石山上快速定植植物群落难度较大。目前生态治理煤矸石山主要集中在两个方面,即植被生长所需土壤基础特性及构建技术和植被恢复理论与技术。

1)煤矸石山生态复垦的土壤基础构建

生态治理煤矸石山,必须首先对其进行改良,使其具备作物生长所需的各种条件,即构建"土壤"条件。煤矸石山的植被恢复由立地条件分析与评价、煤矸石山基质改良技术、树种选择和规划、抗旱造林栽植技术、植被抚育管理技术和植被恢复的监测与评价"六阶段"组成。胡振琪等从土壤学的角度出发,提出了复垦土壤重构的概念,并认为土壤重构是土地复垦的核心内容,而土壤剖面重构是土壤重构的关键。根据旱地农业土壤剖面的层次结构及煤矸石的土壤特性,提出了新排矸石或尚未风化矸石农业填充复垦的合理剖面结构。重构土壤进而改良煤矸石山基质条件是生态治理煤矸石山的关键所在。因此,系统完善、科学实用的煤矸石山土壤重构技术理论的,对于生态治理我国大量的煤矸石山将起到很大的促进作用。

按煤矿区土地破坏的成因和形式,把土壤重构主要分为以下 3 类。

采煤沉陷地土壤重构、露天煤矿扰动区土壤重构和矿区固体污染废弃物堆弃地土壤重构。煤矸石山上的土壤重构应属矿区固体污染废弃物堆弃地土壤重构。按土壤重构过程的阶段性,可分为土壤剖面工程重构以及进一步的土壤培肥改良。而土壤剖面工程重构是在地貌景观重塑和地质面重构基础之上的表层土壤的层次与组分构造。土壤培肥改良措施一般是耕作措施和先锋作物与乔灌草种植措施。对应这两个阶段,土壤重构措施即为工程措施和生物措施。

为客观反映重构后土壤的质量及环境影响。需要对复垦重构土壤进行评价,评价理论主要基于地质统计学方法与环境评价方法。地质统计学方法较好地评价复垦质量的空间变异规律,环境评价方法可较好地评价复垦土壤潜在的环境污染问题、复垦增垂直剖面的特性

则利用等面积二次样条函数(EQS)和Tikhonov规则(TR)两种方法两种数学方法既可用作指导复垦土壤剖面重构又可用作复垦土壤立面的理论,重构土壤评价的内容主要围绕土壤生产力和土壤环境质量两方面进行综合评价,复垦土壤质量评价指数中的土壤生产力评价因素主要采用了土壤的物理特性和土壤的养分状况,土壤环境质量评价指标评价因素主要采用了土壤的酸碱性和土壤有毒物质、复垦土壤质量评指数是指复垦土地的土壤质量评价总分值与当地正常农田的主壤质量评价总分值之比。它反映复垦土壤质量达到当地正常农田土壤质量的水平。

2)煤矸石山生态复垦中植被恢复理论与技术

煤矸石山土壤构建的目的是为植被的生长奠定基础。由于区域条件的差异和植物对环境的选择性,对特定条件下的煤矸石山进行植被恢复一般需要解决以下问题,即选择适宜植物和栽植技术。合理优良的植物物种选择是提高煤矸石山生态复垦质量的关键。由于煤矸石山废弃地一般的地理条件差、高温、高地热而且环境污染比较严重,根据这些特点,在栽培植物时应该选择抗污染、耐干旱贫瘠、抗性强的乡土植物种和经过多年适应培训的栽培植物种。经过一些地区长期的调查及试验,找到并选育出对生长基质具有耐性的品种。然而需要注意的是,不论矿区选择哪种树种,都不能单独种植。因为在任一环境内,任何生物的生存都离不开群落,这是由生物的多样性所决定的。因此,树种选好后只能作为优先树种来种植,要达到长期治理的目的,必须进行多种树种合理配置。不同植物在煤矸石山废弃地的成活率在15%~85%。其中,白榆和沙打旺的成活率最高,分别为81%和85%;紫花苜蓿、小叶杨、刺槐、栾树的成活率次之,分别为76%、71%、70%和67%;然而日本落叶松和长白落叶松的成活率最低,分别为15%和21%。但是考虑到造林成活率、植被四季的交替规律以及未来的生态效益,小叶杨、白榆、刺槐和栾树为主的混合组合较为理想。在栽植技术方面,目前主要有覆土栽植技术、无覆土栽植技术、抗旱栽培技术、植被的抚育管理技术及植被恢复的监测与评价等。

3.6.2　煤矸石浆液作燃煤烟道气的脱硫剂

SO_2是燃煤烟道气中的主要污染物之一。在酸性环境下,煤矸石浆液是一种高效燃煤烟气脱硫剂,最高脱硫率可达75%左右。煤矸石中含量最大的是硅元素,它主要以SiO_2和硅酸盐形式存在,在酸性环境中,硅酸盐是一种良好的脱硫剂。经过处理的煤矸石浆液含有一定量的CaO和MgO等碱性的氧化物,能与SO_2发生反应;煤矸石浆液中含有少量的Fe_2O_3和V_2O_5对脱硫反应起催化作用,提高脱硫反应的速率。煤矸石本身含有硫组分,其主要以硫铁矿形式存在,但是并不影响脱硫效果,反而有利于SO_2的反应。总之,煤矸石浆液吸收SO_2的过程是众多元素联合发生协同效应的结果。

3.6.3　利用煤矸石中硫铁矿处理含Cr(Ⅵ)废水

工业生产中产生的含铬废水,排放渗入地下后不能分解,严重污染地下水源,同时还产生毒害气体,破坏生态环境,危害人的身心健康,尤其是Cr(Ⅵ)会引发肺癌、肠道疾病和贫血等疾病。对于含Cr(Ⅵ)废水的处理,我国普遍使用化学还原法,但成本较高,而用煤矸石中硫铁矿来处理,成本可降低80%,而且工艺简单、操作方便。从工业应用出发,含铬废水的

pH 值一般为 5~6,可以直接用煤矸石中硫铁矿进行处理。需要注意的是煤矸石中硫铁矿的加入量和粒度对六价铬的去除率影响较大,实验结果表明:煤矸石中硫铁矿与六价铬的比值为 60:1,粒度为 180~200 目时,去除 Cr(Ⅵ)的效果最好。

3.6.4　活化煤矸石处理废水

1)煤矸石的煅烧

把不同颗粒大小的煤矸石放入电炉中加热 3 h(500 ℃),保留煤矸石中的碳并使之活化为活性炭,改变煤矸石的内部结构,使其具备良好的显微结构。

2)活化煤矸石

取煅烧过后的煤矸石各 50 g,分别放入干燥的锥形瓶中,加入 40% 的硫酸各 150 mL,水浴加热 1 h(水沸腾后记时)。酸活化后冷却,水洗。将活化后的煤矸石放入 300 mL 烧杯中水洗,洗到其上清液的 pH 值为 5~6,倒掉清洗煤矸石的上清液,剩余的煤矸石进行烘干(200~300 ℃)2 h。

煤矸石作为原料,经活化工艺后制成性能接近活性炭的吸附材料。煤矸石约为 15 元 /t,经过活化后成本不超过 1000 元 /t,属于高附加值的高新技术产品,具有很好的经济效益。再者活性炭的价格在市场上为 0.5~2 万元 /t,按照最低价 5 000 元 /t 计算,每吨可以节约 3 000 元。更为重要的是这种产品吸附能力与活性炭相差不大,而价格大为下降,可以为污水和废水处理企业节约大量的资金,从而创造可观的经济效益。

我国对环境保护投资力度逐渐加大,在建、拟建项目逐渐增多。活化煤矸石还可以用于化工与石油工业、食品工业、改良水质等方面。活化后的煤矸石对废水中 COD 的去除效果明显,故煤矸石作为吸附剂去除废水中的杂质是可行的。煤矸石的化学组成、活化剂的种类是影响其吸附性能的主要因素。与活性炭和沸石分子筛相比,煤矸石用作处理废水中 COD 有着明显的经济优势,且其吸附性较强。故煤矸石在废水处理中有着广阔的发展前景。

3.6.5　煤矸石在农业方面的应用

煤矸石在农业方面的利用主要原因是由于其化学组成特征。化学成分是评价煤矸石性质决定利用途径的重要指标、煤矸石的化学成分随其地层岩石的种类、矿物组成及开采方式的不同而变化。其主要化学成分有 SiO_2、Al_2O_3、CaO、MgO、K_2O、C,另外还含有少量的微量元素,如钼、锗、铜、硒、锌等。一般 SiO_2、Al_2O_3 的含量较高,对黏土岩类来说,SiO_2 在 40%~60%,Al_2O_3 在 15%~30%;砂岩类 SiO_2 可达 70%;铝质岩 Al_2O_3 可达 40%。在碳酸岩煤矸石中 CaO 含量略高,达 30% 左右。对各个地区煤矸石化学成分进行比较归纳,发现其主要成分如表 3-10 所列。

表 3-10　煤矸石化学成分

化学成分	SiO_2	Al_2O_3	Fe_2O_3	CaO	MgO	Na_2O	K_2O	C
质量分数 /%	30~60	15~40	2~10	1~4	1~3	1~2	1~2	20~30

1 ）煤矸石生物肥田

煤矸石和风化煤中含有大量有机物,是携带固氮、解磷、解钾等微生物最理想的基质和载体,因而可以作为微生物肥料,又称菌肥。以煤矸石和廉价的磷矿粉为原料基质,外加添加剂等,可制成煤矸石生物肥料,主要以固氮菌肥、磷肥、钾细菌肥为主。与其他肥料相比,它是一种广谱性的生物肥料,施用后对农作物有奇特效用。制作简单,耗能低,投资少,生产过程不排渣。

2002 年选择煤矸石制微生物科研项目进行攻关,筛选出两种适合以煤矸石为基质生产生物肥料的菌种,研制出煤矸石复合微生物肥料生产工艺,据研制出青椒、谷子专用肥配方、经农业部谷物品质监督检验测试中心检测,施用煤矸石复合微生物肥料的青椒、玉米、谷子分别比施用普通化肥的同类农作物增产 93%、104% 和 103%。

同时较为成功的应用案例有:南票矿务局与中国农科院合作开发的"金丰牌"微生物料,山东龙口矿务局与北京田力宝科技所开发生产的田力宝微生物肥料,均取得了很好的社会效益和经济效益。

2 ）煤矸石用作无土栽培基质

贵州大学农学院何俊瑜通过设计实验探讨了脱硫煤矸石基质对小白菜的生长、产量和品质的影响。结果表明:煤矸石的容重小、孔隙度大、气水比适中,无重金属污染,当加入复合脱硫剂处理时,其对全硫和有效硫的脱除率分别为 86.12% 和 89.16%;脱硫煤矸石基质栽培小白菜产量、维生素 C 和可溶性糖含量分别为 4.31 kg/m²、45.76 mg/100 g、60.2 mg/kg 均高于土壤栽培,分别为土壤栽培的 1.11 倍、1.24 倍、1.23 倍。

目前,我国对复配基质的研究较多。陈贵林等认为单一物质作为无土栽培基质存在某些不足。对于煤矸石与其他基质的配比方面还需进一步研究,在此方面国内尚未见到相关工程实例报道。

3 ）沸腾炉烧渣直接作肥料使用

长期施用氮、磷、钾的农田、土壤中缺乏硼、硅酸和氧化镁等,用煤矸石烧渣制成的基肥正好可以补充这些成分,是很好的土壤调节剂。煤矸石作矿肥的价值在:①在土壤微生物的作用下,煤矸石能提高有机质、氮化物和磷化物的活性;②煤矸石能吸收大量的铵盐和磷的氧化物,使其在土壤孔隙中而阻止其向大气中的挥发;其三,提供农作物生长所需的营养元素(锌、铜等),使粮食更富有营养。

4 ）有机 - 无机复合肥

煤矸石中有大量碳质页岩或碳质粉砂岩,其有机质含量在 15%~20%,并含有丰富的植物生长所必需的 B、Zn、Cu、Co、Mo、Mn 等微量元素,一般比土壤中的含量高出 2~10 倍。这类煤矸石经粉碎并磨细后,按一定比例与过磷酸钙混合,同时加入适量的活化漆剂,充分搅匀,并加入适量水,经充分反应活化并堆沤后,即成为一种新型实用肥料。

煤科院西安分院最近研制试验成功的全养分矸石肥料以煤矸石为主要原料经粉碎后、加入改性物质,陈化后掺入适量氮磷钾和微量元素研制而成的全养分煤矸石肥料。田间试验表明,西瓜、苹果等经济作物施用专用矸石肥料,一般可增产 15%~20%,最高可达 25% 以上。这种肥料还可在活化后，掺入氮、磷、钾元素、制成全营养煤矸石肥料。煤矸石有机复合肥中的有机质和微量元素，有明显的增产效果，属于长效肥，随着颗粒风化，其中养分陆续析出，在2~3年内均有肥效。这种肥料生产加工简单原料易选易得，投资省回收周期短，产品多样化，成本低廉。

5）增效多元矿物肥

原配料为含稀土多金属煤矸石、沸石、氮肥、磷肥等，其基本原理是沸石为载体，将氮、磷、钾和微量元素载起，然后再根据农作物的需要缓慢释放，田间试验提高氮的利用率25%以上，增产14.41%~35.54%，比推广的涂层氮肥效果要好（氨的利用率提高10%~20%）。同时，提高小麦等高秆作物的抗灾能力，因秆内含稀土可以抗倒伏。

此外，煤矸石还可用于研制硅肥料、硫肥料等。用煤矸石制肥，消耗量大，有较好的经济效益，是煤矸石综合利用的发展方向之一。

第 4 章　镁渣

1　镁渣的特性

随着全球经济的发展,如何有效地回收和利用工业废渣已经成为全球范围的一个活跃的研究领域,经过研究人员多年的不懈努力,粉煤灰、矿粉等工业废渣的循环再利用方法已经日渐成熟,然而对于镁渣的利用人们虽然提出了不少方法,但却仍然没有找到一种能够工业化的利用方法。随着镁量的需求日益加大,目前,我国镁渣年排放量多达数百万吨,并且随着镁工业的发展呈逐年增加的趋势。金属镁产业在我国高速发展的同时,也带来了一系列的环境问题。在我国,大多数金属镁工厂采用皮江法冶炼金属镁。但是该方法不仅能耗高,且会排放大量的镁渣,这将对环境造成严重的污染。研究统计结果表明,每生产 1 t 金属镁排放 6 ~ 10 t 的镁渣。近年来人们用相对清洁的能源——焦炉煤气(或半焦煤气、发生炉 煤气)等气体燃料替代原来的煤块,同时采用蓄热式高温空气燃烧技术和余热利用技术。这项技术大幅提高烟气余热回收的效率,使助燃空气预热到了与炉膛温度接近的高温(1 150 ~ 1 200 ℃),而排烟温度则降至 100 ℃以下。这些新技术相比传统还原炉节能 40%左右,使 1 t 镁的标准煤耗能降到 6 t 以下。虽然工艺改进使皮江法炼镁的单耗指标不断降低,但镁产量增加较快,不仅导致 CO_2 和 SO_2 直接排放量连年增长,还导致镁还原渣量的不断增加。很多镁厂将这些排出的工业废渣当作废物丢掉,尤其是一些规模较小的生产企业。大量排放堆积的镁渣,不仅占用了大量的土地资源,而且随着雨水的冲淋汇入江河湖泊对农作物和周围环境的造成了极大的影响,严重危及人类的身体健康及农作物的生长。镁渣是固体废物中的一员,其出厂温度高,与硅酸盐水泥熟料的化学组成相似。镁渣本身具有较大的活性、胶凝特性和膨胀特性等,国内众多学者多年的研究发现,镁渣可以进行资源循环利用。但是由于我国金属镁厂分布不均匀,规模较小,因此镁渣的排放相对较散,数量无法与矿渣、粉煤灰等固体废物相比。另外,镁渣的膨胀滞后性等,使得镁渣在水泥、建材、陶瓷等材料中的应用严重受限。

有效、合理地利用镁渣具有显著的社会效益和环境效益。镁渣可以代替部分原料配料煅烧熟料,镁渣还可以用来生产墙体材料,以及作为胶凝材料。镁渣的成分波动范围:CaO:40% ~ 50%;SiO_2:20% ~ 30% ;Al_2O_3:2% ~ 5% ;MgO:6% ~ 10%;Fe_2O_3 约 9% 。生产实践证明,采用镁渣配料可以显著改善生料的易烧性,降低熟料的热耗,提高机立窑的生产质量。

1.1　镁渣的组成

镁渣是工业上采用硅热还原法生产金属镁时产生的固体废渣。其生产方法是将煅烧后的白云石加工到一定粒度,再与达到一定粒度要求的萤石和硅铁混合压制成球,然后在大约1 200 ℃的还原炉中真空还原得到金属镁。镁渣根据出炉后处理方式不同分为自冷渣、风冷渣和水淬渣。不同处理方式对镁渣的化学线组成无明显影响。镁渣的主要组成为(质量分数大于 1%)为 CaO、SiO₂、MgO、Fe₂O₃、Al₂O₃,其中 CaO 和 SiO₂ 的总量约占镁渣总质量的80%。水淬渣的烧失量明显高于风冷渣和自冷渣,这是因为在水淬处理过程中的 CaO、MgO 与水作用转变成 Ca(OH)₂、Mg(OH)₂,使其烧失量较高。主要成分如表 4-1 所示。不同处理方式的镁渣其粒度分布、孔分布、矿物组成、微观形态均有明显的差异。因此,镁渣综合治理已成为镁工业清洁型发展的主要课题之一,如何有效、合理地利用镁渣,将其变废为宝,具有显著的社会效益和环境效益。

表 4-1　镁渣主要元素成分

项目	成分					
	Ca	Si	Fe	Mg	Al	O
质量分数 /%	44.20	15.45	4.51	1.87	0.35	33.62

1.2　镁渣的性质

镁渣是皮江法金属镁冶炼过程中产生的固体废弃物。当还原罐中反应结束时球团仍呈球状,镁渣均在炽热状态下,排出还原罐。由于机械作用,球团部分破碎。排出还原罐后,经自然冷却,渣球温度降低,块状及球团状镁渣很快粉化成细末状,如图 4-1 所示。

图 4-1　块状及球团状的镁渣

1.2.1　镁渣的物理性质

自然冷却的镁渣几乎完全为粉末状,经 65 目、120 目、250 目、325 目、400 目和 500 目的分析筛筛分后,得到镁渣的粒径分布如表 4-2 所示。

表 4-2　镁渣粒径分布

项目	粒径范围 /μm						
	<30	30~39	39~44	44-62	62~125	125~210	>210
质量分数 /%	21.22	13.04	26.77	8.96	16.29	6.92	6.80

表 4-2 的筛分结果表明,镁渣的均匀性较差,粉化后,粒径小于 30 μm 的镁渣占 21.22%,而粒径小于 125 μm 的镁渣占 86.28%。因此,镁渣颗粒粒径以小于 125 μm 的为主, 这种细度的镁渣极易成为可吸入颗粒物(即 PM_{10})和总悬浮颗粒物(即 PM_{100})的来源。

1.2.2　镁渣的化学性质

X 射线衍射(X-ray diffraction, XRD)是通过对材料进行 X 射线衍射,分析其衍射图谱, 获得材料的成分、材料内部原子或分子的结构或形态等信息的研究手段。

镁渣的 XRD 分析结果如图 4-2 所示。由图谱可以看出,镁渣中 Ca 元素的存在形式主要为在硅酸二钙(Ca_2SiO_4, 即 C_2S),以 $\beta\text{-}Ca_2SiO_4$ 和 $\gamma\text{-}Ca_2SiO_4$ 两种物相形式存在。Si 元素的主要存在形式为 Ca_2SiO_4 和 Mg_2SiO_4,并不是以往以为的 SiO_2。Mg 元素主要以 Mg 和 Mg_2SiO_4 两种物相形式存在,根据镁冶炼的工艺流程可以断定, Mg 为还原反应后留在球团内的镁。Fe、Al 等元素含量较少。通过金属镁冶炼方程式以及对镁渣元素的分析,推断其存在形式为 Fe_2O_3 和 Al_2O_3。

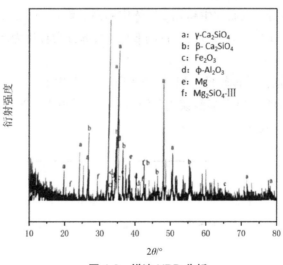

图 4-2　镁渣 XRD 分析

根据上述对镁渣的 XRD 分析及其元素的定量分析,计算得用的镁渣物质销分见表 4-3。 从表中结果可以看出,在镁渣的物质组成中,除了含有 $\beta\text{-}Ca_2SiO_4$ 和 $\gamma\text{-}Ca_2SiO_4$ 等,同时还有 Fe_2O_3、少量的方镁石(MgO)、Mg_2SiO_4 和 Al_2O_3。镁渣的主要成分为 Ca_2SiO_4,质量分数达到 90.16%;其次是 Fe_2O_3 和 Al_2O_3,分别占到了 6.20% 和 0.63%。镁渣中的 Mg, Mg_2SiO_4 含量较少,说明试验用批次金属镁冶炼过程中的还原程度比较高。

表 4-3　镁渣物质组分

项目	成分				
	Ca_2SiO_4	Fe_2O_3	Al_2O_3	Mg	Mg_2SiO_4
质量分数 /%	90.16	6.20	0.63	1.35	1.66

　　镁渣的主要成分为 Ca_2SiO_4,其质量分数占到 90% 以上。然而,C_2S 在不同温度下存在着五种晶体类型,分别是 α 型、$α'_H$ 型、$α'_L$ 型、β 型和 γ 型,如图 4-3 所示。针对本研究的温度范围,镁渣主要存在两种晶体类型。高温时以 $β$-C_2S 为主,低温下以 $γ$-C_2S 为主。因此,自然冷却的镁渣中主要是 $γ$-C_2S。

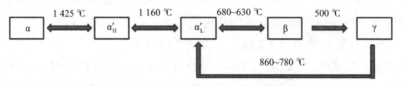

图 4-3　不同温度下 C_2S 晶型转变

　　镁渣的出炉温度在 1 100~1 200 ℃,该温度下以 $α'_L$-C_2S 晶型居多。随着出炉镁渣温度的降低,$α'_L$-C_2S 逐渐转变为介稳态的 $β$-C_2S,在温度降低至 600 ℃ 以下后,$β$-C_2S 开始向 $γ$-C_2S 转变。由于密度相差较大,因此,晶型转变时,会引起较大的体积效应,由 $β$-C_2S 转变为 $γ$-C_2S 时,体积发生膨胀,从而发生粉化。镁渣中的钙主要以 $β$-C_2S 和 $γ$-C_2S 形式存在,游离的 CaO 很少。随着温度的降低,较高活性的 $β$-C_2S 大部分会转化为低活性(更为稳定)的 $γ$-C_2S。

　　因此,镁渣的反应活性整体较低。但是,镁渣遇水后,其中的部分物质会溶,图 4-4 为不同水合温度下镁渣浆液的 pH 值,显然镁渣浆液呈现较强的碱性。当镁露天堆放时,伴随降雨将会对环境产生一系列影响。

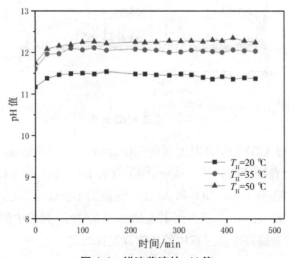

图 4-4　镁渣浆液的 pH 值

1.3 镁渣的产生

中国是原镁生产最大国,从 1998 年起就一直是全球原镁出口第一大国,随着全球对镁金属需求的进一步扩大,近年来所占比例逐年增加。给中国经济的发展带来了无限的生机。镁及镁合金材料以其质地轻盈、机械强度大、化学稳定性好、高温强固性好以及耐腐蚀等优点,现被广泛应用在航空航天、汽车制造工业、结构材料工业等领域。镁工业的发展带来极大经济效益和社会效益的同时,由于在粗放型经济结构的大环境下金属镁冶炼的工艺、技术与设备等相对落后,导致了极大的环境和社会问题,而随着现在人们对生活质量要求的不断提高,这些问题也慢慢凸显出来。

镁渣是生产金属镁时排出的工业废渣。镁渣的产生过程:生产金属镁的方法分为电解法、硅热还原法、碳热还原法、碳化物还原法。硅热还原法又分为意大利的皮江法和法国的半连续硅热法。在我国,主要采用的方法是硅热还原法中的皮江法,还原后生成的废渣即为镁渣,呈灰色粗细颗粒状和粉状。

镁渣是金属镁厂在炼镁过程中排放的固体废弃物,也是在原镁生产中主要面对的问题。镁渣还没有行之有效的处理方式,主要采用类似填埋在山洼和倾倒在荒地堆放、掩埋办法来进行处理,利用率非常低。无论是镁渣排放量基数还是镁渣排放总量都是非常大的,这也意味着镁渣的危害越来越大。镁渣污染治理已经到了刻不容缓的地步。

生产金属镁的工艺大致如下:将白云石($MgCO_3 \cdot CaCO_3$)在回转窑中煅烧(煅烧温度为 1 150~1 250 ℃),然后将其研磨成粉后与硅铁粉(含硅 75%)和萤石粉(含氟化钙 95%)混合、制球(制球压力 9.8~29.4 MPa,送入耐热钢还原罐内,在还原炉中以 1 190~1 210 ℃的温度及 1.33~10 Pa 真空条件下还原制取粗镁,再经过熔剂精炼、铸锭、表面处理,即得到金属镁锭,剩余的残渣即为镁渣。主要反应方程式为:

$$MgCO_3 \cdot CaCO_3 \rightarrow MgO+CaO+CO_2 \uparrow$$

$$MgO+CaO+Si(Fe) \rightarrow CaO \cdot SiO_2+Mg$$

从上面反应方程式可以看出,镁渣的主要成分是 CaO,SiO_2,此外还有未还原的 MgO 等。由于各镁厂生产条件及工艺差别,镁渣的成分并不是固定的,而是有一个波动范围。镁渣成分波动的范围: CaO 为 40%~50%;SiO_2 为 20%~30%;Al_2O_3 为 2%~5%: MgO 为 6%~10%;Fe_2O_3 约 9%。而硅酸盐水泥熟料组成的范围:CaO 为 62%~68%;SiO_2 为 20%~24%;Al_2O_3 为 4%~7%;MgO<5%;Fe_2O_3 为 2.5%~6.5%。

我国开展热法炼镁的工程试验与研究工作,早在中华人民共和国成立后不久就已经开始。改革开放后,我国皮江法热法炼镁技术得到了蓬勃发展,我国一跃成为世界产镁的大国。我国白云石的储量超过亿吨,经过几十年的发展,中国镁的资源优势已经转变为产业优势。从 1992 年以来,我国已经由镁的进口国变为世界上重要的镁出口国保持高速发展的态势。年原镁产量 22 万 t,出口量 17 万 t。

由于皮江法炼镁具有直接以分布广泛,储量丰富的白云石资源为原料,能利用天然气、煤气、重油和交流电等为热源,工艺流程和设备较简单,建厂投资少,生产规模灵活,成品镁的纯度高,其炉体小,建造容易,技术难度小等特点,再加上我国以前对环境与资源的限制小,因此,皮江法"遍地开花"。应该说,这是我国镁冶金工业在特定的环境和条件下发展起来的,具有一定的特色。

1.3.1　皮江法炼镁工艺

1)原材料

在工业生产实践中,完整了以各种镁矿为原料菱镁矿、海水、盐湖卤水、蛇纹岩、光卤石的脱水、氯化及电解制镁的理论与实践以白云山为原料的内热法、外热法与半连续熔渣导电的硅热法炼镁的理论和实践。20世纪80年代至21世纪初,在各种镁冶炼的方法上电解法和硅热法出现了许多高新技术,世界镁业发生了巨大变化,尤其是在镁合金材料工业的迅速发展下,进一步推动了镁工业的发展。在加世纪年代至世纪,金属镁作为"时代金属"成为有色金属中的佼佼者。由于金属镁在民用市场汽车工业,精密机械工业,结构材料工业,电化学工业和空间技术的应用具有很大的优越性和独特性,因而推动了镁的平稳增长。近年来,全世界镁的生产及消费朝着有利的方向发展,尽管市场竞争激烈,但镁的消费在逐年上升,世界镁业不断发展,世界镁工业显示出镁的消费增长迅速,镁的市场非常活跃,呈现出消费与生产上升的好势头。

皮江法炼镁工艺是加拿大人皮江博士发明的一种硅热还原炼镁工艺,但现在国外用皮江法的镁厂不是很多,主要是美国,加拿大的几个厂家,目前国际上比皮江法先进的硅热法炼镁技术有玛格尼法(Magnethem)和巴尔札诺法(Bolzano),这两种方法存在原料成本高,因使用成本较高的还原剂、大量的炉渣、较高的操作温度、产品必须重熔铸锭和劳动密集的趋势。但也有如下的优点。

(1)有较高的热效率,能耗低。

(2)反应温度高,对物料活性的要求低,镁的还原效率和硅利用率高,生产稳定,反应速度快。

(3)反应炉容积大,生产率高。

(4)反应炉体的寿命很长,因此大大降低了炉体的成本。

但是也不能不看到,我国镁冶金的发展是以牺牲环境和燃料资源为代价的,这表现在如下几点。

(1)我国皮江法外加热的热源基本上是液体燃料、气体燃料和固体燃料,而其中绝大多数热法镁厂使用固体燃料煤,每生产1 t金属镁需要8~12 t优质煤。如果按2.5(kW·h)/kg煤发电煤耗计算,这8~12 t优质煤相当于20 000~30 000 kW·h。根据文献资料表4-4,如果采用电加热的皮江法电耗仅为12 000(kW·h)/(t·Mg)。而电厂发出12 000(kW·h)只需要4.8 t煤。由此可见,使用煤为燃料,其热效率是非常低的。使用固体煤包括液体和气体燃料为燃料之所以热效率如此之低,是因为燃料燃烧产生的大部分热量被烟气带走了。如果采用法,则生产1 t镁的电耗仅为8 000(kW·h)/(t·Mg),如果采用意大利的内热式Bolgano热法炼镁技术,则生产1 t镁的电耗仅为7 500 kW·h,相当于3.0 t用煤发的电。由此可以看出,采用固体、液体和气体燃料的皮江法炼镁实在是对能源的一种极大的浪费。

表 4-4　几种不同热法炼镁还原反应的电能消耗（度电／吨镁）

煤炭燃烧外加热皮江法（中国）	电加热皮江法	Magnethem 法	Bolgano 法
25 000 kW·h 电（合 10 t 煤）	12 000 kW·h 电（合 4.8 t 煤）	8 000 kW·h 电（合 3.2 t 煤）	7 500 kW·h 电（合 3 t 煤）

（2）皮江法以固体、液体和气体为燃料，对热法炼镁来说，不仅热效率低，造成燃料资源和能源的极大浪费，而且排放过多的燃烧气体，造成更大的环境污染。

（3）对于皮江法炼镁而言，高温钢合金还原炉的消耗所占成本很大。

（4）还原过程不容易自动化控制，机械化程度不高，劳动强度大，生产率低。

（5）因为采用外部加热，内部真空，这对还原罐的要求很高，制约还原反应的温度。

（6）由于皮江法还原炉外加热，受传热和炉体内部真空在高温条件下变形的限制，反应炉体的直径受到限制，因此单炉产量受到限制。为了达到一定的生产规模，不得不制造更多的反应炉，大大增加了炉体和附属设备制造费用和投资。

我国大部分炼镁厂是小镁厂，其建厂条件简单，生产灵活，但设计不够合理，配套条件差。其是企业调整产业结构、转产分流人员或发展多种经营而投资兴建的转产项目。建厂选址基本原则是在白云石原料或燃煤燃料附近建厂，充分利用现有的供水、供电、闲置厂房及生活福利设施。这种在技术上可行，但并不先进的工艺方法，易掌握，在我国工业基础薄弱的特殊环境下具有一定的生命力。我国这些炼镁厂长期缺乏统一协调，其涉足金属镁行业的冶金、有色、国防等部门和各个地区条块分割，受利益驱动，常常自行规划，低水平重复建设，市场预测不准确，超速盲目投资，而且设计普遍有缺陷，生产设备质量差，投产后无法进行正常的生产，使得我国炼镁厂点多，产量少，形成不了经济规模，炼镁厂的布局情况十分不合理。非但如此，小镁厂的生产环境很恶劣，并且使得镁厂周围的环境污染严重。

我国炼镁厂大部分是盲目上马的，其普遍生产规模偏小，产品质量难以保证，不便接受国外的成批订货，在激烈的市场竞争中，有很多炼镁厂被淘汰。1995 年以来，我国镁产品在国际上连续出现质量问题，使中国镁在国际上声誉受到影响，售价比俄罗斯同类产品低，使国家蒙受重大经济损失。目前我国镁生产企业绝大多数只生产初级冶炼产品，对国际市场的依赖程度很高。

以后的镁厂将会加强技术管理，降低产品成本，实现机械化、自动化作业，提高劳动生产率。其具体的就是如改用大还原罐，提高还原炉产能严格控制原料质量，缩短扒渣时间，使炉温波动的幅度在很小的范围内，其可以有效提高还原罐的利用率改进还原炉结构以减少热损失，改进换热装置，提高余热利用等以降低能耗，进一步提高压球机成球率，提高球团的强度和密度以有益于真空系统，改善粗镁的质量在还原工序的加料、出镁、扒渣实践自动化作业以减轻工人的劳动强度利用还原炉的烟气的余热加热余热锅炉带动射流泵来达到还原工序所要求的真空度以满足能量的分级使用改进精炼熔剂，不再使用电解法炼镁的精练熔剂 2 号熔剂，开发适合硅热法炼镁的精炼熔剂等。这些都将会提高企业的综合经济效益。

随着国家对环保越来越重视，炼镁厂将加强环保的治理。如把外加热的热源由燃煤改为水煤浆，这样不但升温快、提高了能耗电使用率，还基本解决了废气的环境污染问题（水煤浆燃烧后烟气黑度基本为零,基本不生成 SO_2;在还原工序时,加热还原罐后的余热可以用来发电,其可以基本满足炼镁厂的电力的要求,使得炼镁厂的电能能够自给自足炼镁厂产生的废水可以用来生产水煤浆炼镁厂产生的废渣可以用来制砖或作硅肥用等。

　　将以重点镁生产企业为核心,建立镁生产企业集团,建立起镁行业信息网,构筑起连通国内外、企业间的生产、经营、技术信息网络,以避免生产经营和建设的盲目性。将产、学、研结合起来,大大的加大了我国镁冶金的科技攻关力度。不只搞冶炼,还搞加工,拓宽镁的应用领域。以一个品种镁锭为主,多品种经营,开展镁的深加工,提高产品附加值,提高产品的质量,增加企业的经济效益,开始讲究品牌和经营策略所以我国热法炼镁的发展趋势为开发具有自主知识产权的内热法或半连续还原法炼镁提高机械化和自动化程度,改善环保、稳定质量降低能耗,提高热利用率提高出镁率和反应效率,降低成本向高端产品转化,走冶炼 - 加工一体化道路,形成热法炼镁基地,使我国早日由产镁大国成为技术先进的产镁强国。

　　2)皮江法炼镁工艺流程

　　1941 年加拿大多伦多大学教授皮江在渥太华建立了一个以硅铁还原白云石炼镁的实验工厂,并取得成功。为了纪念这位科学家的卓越成就,其炼镁方法被命名为"皮江法",又由于该方法用硅铁作还原剂,故又被称为"硅热法"。皮江法炼镁过程可分为白云石煅烧、制球、还原和精炼四个阶段。其工艺流程如图 4-5 所示。

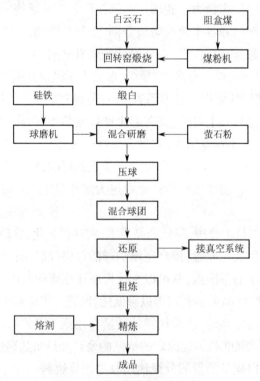

图 4-5　皮江法炼镁工艺流程图

　　即先将白云石($MgCO_3 \cdot CaCO_3$)在回转窑中煅烧(煅烧温度为 1 150~1 250 ℃)反应式是:

$$MgCO_3 \cdot CaCO_3 = MgO \cdot CaO + 2CO_2 \uparrow$$

然后经研磨成粉后与硅铁粉（含硅 75%）和萤石粉（含氟化钙 95%）混合制球（制球压力 9.8~29.1 MPa），送入耐热钢还原罐，在还原炉中以 1 190~1 210 ℃的温度及 1.33~10 Pa 真空条件下还原制取粗镁，反应过程是：

$$MgO \cdot CaO + Si \cdot xFe(\text{s}) = 2Mg(\text{g}) + 2CaO \cdot SiO_2(\text{s 或 l}) + xFe$$

经过熔剂精炼、铸锭、表面处理，即得到金属镁锭。

3）影响镁还原过程因素

（1）还原温度对还原效率的影响。

对 $MgO \cdot CaO + Si = 2Mg + 2CaO \cdot SiO_2$ 反应来说，反应的深度与传热速度有关，只有还原反应吸热量与传热量相等，反应过程在反应区内达到能量的动态平衡，还原反应才沿着反应深度不断进行下去，当真空度为的情况下，反应在 ℃可进行，只是反应速度较慢。为了获得足够的反应速度，还原过程应在较高温度下进行，提高传热速度。图 4-6 为镁还原效率与还原温度的关系曲线。

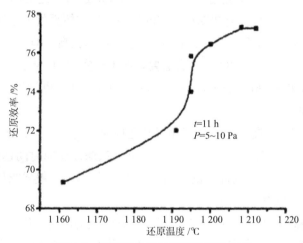

图 4-6　镁还原效率与还原温度的关系

从图中可以看出，还原温度越高，还原效率越高。也就是说，在同一还原时间、真空度下，还原效率随反应温度的增高而增高，在低温区域内，镁的还原效率增加较为明显，曲线的斜率较大，当温度超过 1 160 ℃以后，还原效率增加较少，曲线趋于平缓。因此，为了达到较高的还原效率，再考虑到受还原罐材质的影响，最适合的还原反应温度只能控制在 1 200~1 210 ℃。

（2）还原时间对还原效率的影响。

还原反应是从球团的外表逐渐向内部推进的，在一定的还原温度和真空度下，延长还原时间，由于热传递的深度大，还原反应彻底，还原效率高。图 4-7 是在不同的温度下，镁还原效率与还原时间的关系曲线。

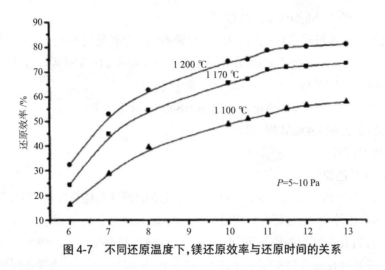

图 4-7　不同还原温度下，镁还原效率与还原时间的关系

从图 4-7 可以看出，随着反应时间的延长，镁的还原效率随之增加。还原反应开始时反应速度很快曲线斜率大，后来反应速度急剧减少，当反应进行一定时间后，反应速度几乎为零曲线斜率几乎不变。因此，反应初期在一定的还原温度与体系的剩余压力下，增加还原时间，由于热量传递深入，还原反应彻底，因而镁的还原效率就高。但还原反应进行一段时间后，反应速度变慢，再延长反应时间就没有必要。在生产实践中，对于每罐装 160 kg 左右的球团来说，还原时间（T=1 190~1 210 ℃，P=3~10 Pa）为 8~12 h。也就是说，再延长时间，镁的还原效率基本不增加。

从图 4-7 还可以看出，提高还原温度比延长还原时间更能提高镁还原效率。但是在生产上出于还原罐材质的原因，不能用提高还原温度方法缩短还原时间达到提高镁的还原效率为目的。这样做势必会缩短还原罐的寿命。因此，还原温度一般要求低于 1 210 ℃。

（3）真空度对还原效率的影响

还原反应是从球团的外表逐渐向内部推进的，其反应的深度与传热速度有关，也与镁蒸气从球团内部向外扩散的速度有关。镁蒸气向外扩散的速度与还原体系中的剩余压力（真空度）有关，在相同的还原温度下，还原体系的剩余压力越小，还原反应的速度越大，其还原时间可以缩短，镁还原效率越高。在工业生产实践中，同时考虑真空系统抽取真空的能力，还原体系的剩余压力（$P_{剩余}$）应控制在 3~10 Pa 之间。图 4-8 是还原效率与真空度的关系曲线。

（4）其他因素对还原效率的影响。

白云石的矿物结构、白云石中的杂质、煅白灼减的和水化活性度、球团存放的时间、空气湿度、炉料的细度、硅铁的品位、硅铁的含量、制球压力、矿化剂种类和含量以及料镁比都对会影响还原效率。由于在某一段工业生产时期内，这些影响因素可以认为对还原效率的影响一样，而且本书的侧重点不在这方面，因此，就忽略这些因素的影响，本书就不多加讨论有关这方面的内容。

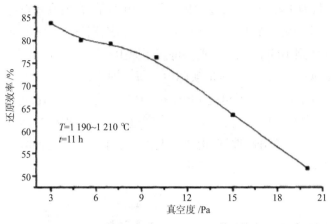

图 4-8　还原效率与真空度的关系

1.3.2　皮江法炼镁主要设备

皮江法炼镁还原工艺是皮江法炼镁的一套生产工艺中的最重要的工艺,还原工艺把镁从化合态还原成金属镁。皮江法炼镁还原过程既是一个还原反应也是一个置换反应,而且在不同的条件下反应的方式也不同。

皮江法还原工艺是把料球送入耐热钢还原罐内,在高温、真空的条件下进行还原反应。图 4-9 为皮江法还原工艺流程图。

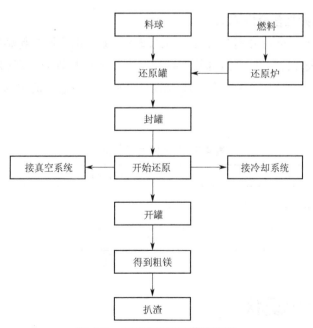

图 4-9　皮江法还原工艺流程图

其中料球是由 15.9%~15.6% 的硅铁(含硅 75% 左右)、81.1%~81.4% 的煅白和 3% 的石粉(含 $CaF_2$95% 左右)组成的,其分别磨成粉,混合后被压制成桃胡状(制球压力 9.8~29.4 MPa);装球时要求每根还原罐装球量不少于 136 kg,上留间隙 2~3 cm,实际生产一般每根还原罐装球量为 160 kg 左右,还原罐如图 4-10 所示;在抽取真空时,其中抽取真空分为两级,首先开始预抽,从 1 个大气压降到 15 MPa 左右,时间约为 30 min,然后关闭预抽,开始主抽,从 15 Pa 降到 10 Pa 以下,一直保持到还原生产完成,一般认为在开始主抽时还原反应才开始;还原时间要求不少于 10 h,实际生产每一周期为 13 h,其中在出罐后进行扒渣,每组扒渣时间约为 30 min(要求不超过 1 h),每一还原炉分三组扒渣,再加上 30 min 的真空预抽,实际生产还原时间为 11 h。皮江法炼镁车间进行生产是连续的,但是炼镁还原是间断的,在前一周期还原完,要求开罐取镁,但要马上接着装下一周期的料球,装完料球开始下一周期的还原生产。

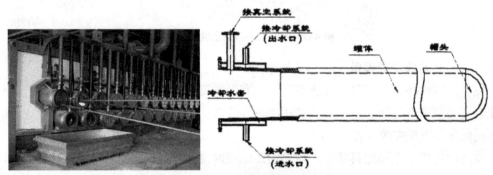

图 4-10　还原罐示意图

1.3.3　镁渣中的放射性含量

用低本底多道 γ 能谱仪分别对山西两种镁渣和太原二电厂原状粉煤灰样品进行放射性检测得表 4-5。从表 4-5 可见,镁渣的放射性核素含量低于粉煤灰。据《建筑材料产品及建材用工业废渣放射性物质控制要求》(GB 6763—2000)中的规定,渣中的放射性含量完全在限量范围之内。

表 4-5　镁渣的放射性含量

比活度	Cra/370+CTh/260+CK/4 200	Cra
1# 镁渣	0.23	100.8
2# 镁渣	0.21	99.8
粉煤灰	0.76	370.7

2　镁渣资源化现状

2.1　镁渣的排放情况

2014—2021 年我国原镁生产量与日俱增,如图 4-11 所示。仅 2019 年,我国原镁产量 96.9 万 t,同比增长 12.2%;镁消费量 48.5 万 t,同比增长 8.6%,增幅同比提升 1.6 个百分点。全年累计出口各类镁产品共 45.2 万 t,同比增长 10.2%。如表 4-6 所示,2020 年中国原镁建成产能为 133.5 万 t,而 2020 年中国原镁年度产能为 90.7 万 t,同比下跌 6.4%,产量减少主要在于价格过低致部分工厂停产,其中陕西及山西地区产量占比位居前二,总计占比约 85%,其他地区产量占比约 15%。

在产生金属镁,必然会还原后生成的废渣即为镁渣,呈灰色粗细颗粒状和粉状,每生产 1 t 金属镁约排出 9 t 左右的镁渣。在我国,很多镁厂排出的镁渣都是作为废物丢掉,随着镁渣的大量排放堆积,占用了大量的土地资源,对农作物和周围环境造成了极大的影响,镁渣随雨水的冲淋汇入江河湖泊会对水体造成极大影响,严重危机到人类的身体健康及农作物的生长。因此,有效、合理地利用镁渣具有显著的社会效益和环境效益。

表 4-6　2020 年中国原镁年度产量　　　　　　　　万 t

省份	建成产能	原镁年度产能	占比
陕西	85.0	59.4	65.18%
山西	24.0	16.7	18.40%
内蒙古	10.5	5.5	6.04%
新疆	6.0	4.1	4.51%
安徽	5.0	3.1	3.30%
宁夏	3.0	2.3	2.50%
总计	133.5	90.7	100%

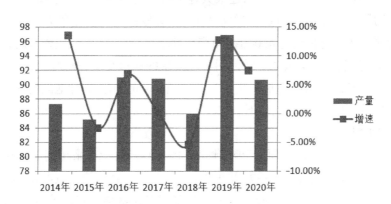

图 4-11　2014—2020 年中国原镁产量

2.2　镁渣的危害

最近十二年我国生产了 953.58 万 t 原镁,由此产生了 5 714.15 万 t 的镁渣。由于目前尚无大量消耗的方法,所以多数情况下只能堆放。在运输和堆放过程中,根据镁渣的物理化学性质,其对环境将造成以下危害。

(1)自然冷却的镁渣完全变成粉状,粒径小于 125 μm 的镁渣占 86.28%,容易在运输和堆放过程中形成粉尘污染,对人体和动物的呼吸道构成严重危害。

（2）由于镁渣尚未得到合理和广泛的利用,目前大多数镁厂排出的镁渣都是作为废弃物堆放,占用了大量宝贵的土地资源。

（3）镁渣的主要成分硅酸钙以及其他钙、镁基化合物等,遇水后表现出强碱性。容易使土壤盐碱化和板结,严重破坏周围农作物赖以生存的土壤环境,使附近农业生产受到巨大损失;镁渣还会随雨水的冲淋汇入江河,使水体的 pH 值增大,地下水体的安全性会遭到严峻挑战,威胁到人类的健康及生态系统的平衡。

因此,有效合理地利用镁渣具有显著的社会效益和环境效益。

2.3　榆林地区镁渣概况

我国镁资源总储量占全球的 50% 以上,目前已探明可开采白云石镁矿超过 200 亿 t,菱镁矿超过 30 亿 t,占全球镁矿资源的 70% 以上,是全球最大的原镁生产国和出口国。目前陕西省是全国原生镁锭第一大省,全部集中在榆林地区,榆林可以说是全国最大的金属镁生产基地和全球原生镁锭的主要产区,有"世界镁业在中国,中国镁业看榆林"的美誉。

榆林镁业有着得天独厚的发展优势,本地区煤炭资源丰富,接壤的晋、内蒙古地区白云石资源丰富,运煤回程空车从邻省山西、内蒙古拉回低成本采购的白云石,运输成本较低。原镁生产需要高温煅烧,其他省份大多是用煤做燃料或使用煤气发生炉,而神府地区则用生产兰炭后的尾气煅烧金属镁,不仅实现了废气回收,极大地节省了燃料成本,还建立起了煤—兰炭—电—硅铁—镁的产业链。这种循环经济产业链模式奠定了神府地区镁产业在业界的领先地位,不仅实现了废气回收,还极大地节省了燃料成本。据金属镁行业协会调查,榆林镁的生产成本比同行每吨低 3 000 元左右,具有较强的市场竞争力。巨大的生产效益背后,榆林地区镁渣年总量约为 400 万 t,虽产生地较为集中,但缺乏成熟可用大规模利用技术,使之无法大规模利用,造成了严重的污染。大量的镁渣给生态环境造成了极大的破坏,急需化废为宝。经过研究者、企业家以及行业人士的共同努力,榆林地区的镁渣主要围绕这些方面,力求有效利用,基本情况如下。

1)制备耐火材料

以镁渣、高岭土、氧化铝为原料,聚乙烯醇(PVA)为塑化剂,采用高温固相无压烧结法制备 CA6/C2AS 复相耐火材料。一方面可以实现固体废弃物镁渣的资源化,节约矿产资源,减小环境污染。另一方面可以降低 CA6/C2AS 复相耐火材料的制备成本,充分利用镁渣的高活性,可以在较低温度下制备。CA6 具有高熔点、高温体积稳定性、优良抗热震性及抗渣性等优良性能, C2AS 具有力学性能、抗水化性能好等特点,可制备在工作面上直接使用的高强度、耐高温、抗侵蚀的耐火材料。这样不仅可以解决大量固体废弃物镁渣的处理问题,而且可以达到保护环境目的,实现固体废弃物的资源化利用。

2)利用镁渣研制新型墙体材料

具体思路为选取一定量的镁渣将其磨细,而后与适当比例的磨细矿渣进行混合,再与复合激发剂作用,将会得到新型墙体材料。基于此工艺方法所得到的墙体材料密度较小具有良好的强度特性,经检测后各项性能指标均符合行业内的技术标准。总体来说,这种对镁渣的利用方法具有成本低、效率高、质量好的特性,其市场前景广阔。

3)制备陶瓷滤球

以镁渣为原材料,将其制作成陶粒滤球,由此作为吸附材料。在此基础上,将 TiO_2 以负载的方式置于陶瓷滤球上,将水中的砷去除,从而对其展开研究。当溶液的质量浓度达到 2 mg/L 时,溶液的 pH 值应等于 2,吸附时间应为 240 min,所使用的滤球量以 20 g/L 为宜,在满足上述条件后砷的去除效率最高,达到了 95.96%。将镁渣作为原材料,在此基础上填入适量的成孔剂以及天然矿物质,由此发挥出烧结助剂的作用,所得到的多孔陶瓷滤球可以用于工业废水处理工作中。此外,低温成孔剂煤粉以及白云石这两大材料均可以对气孔率进行合理的调控,镁渣多孔陶瓷滤球中的各个气孔分布具有良好的均匀性,经显微观察可知其为三维连通状结构,所带来的过滤性能良好。

(4)改性镁渣井下回填工艺及可行性

麻黄梁煤矿地处榆阳区麻黄梁镇北大村,井田面积 7.777 2 km²,核定产能 240 万 t/a,开采煤层为侏罗系 3 号煤层。其中建(构)筑物压煤占麻黄梁煤矿总可采储量 1/3,地面建(构)筑为麻黄梁镇和工业广场,难以搬迁。为了解放建筑物压煤,充分回收煤炭资源,延长矿井服务年限,麻黄梁煤矿利用当地矸石、风积砂和黄土等原材料,采用建筑物压煤条带膏体。

麻黄梁煤矿工作面内采用条带一次采全高膏体充填开采。工作面采用长壁法布置,工作面内平行于切眼,32 m 划分为一组,每组分 4 轮开采并充填。工作面内使用综合掘进机于回采巷道掘进窄条带,窄条带掘通后进行二次收底开采,完成一个窄条带的开采。一个窄条带采完以后,掘进机移动到间隔 24 m 的下一条带继续开采,采空条带及时利用移动式隔离支架封堵隔离两个端头,用膏体充填采空条带全部空间。充填体凝固 28 d 以后进行第二轮充填开采,采出其侧边 24 m 煤柱中间 8 m 宽窄条带并完全充填,剩余煤柱再分两轮采出并充填,每轮开采间隔时间不小于 28 d。

镁渣改性工艺简单,在不改变原有生产工艺的基础上稍作优化即可,不需要复杂设备和操作。并且,改性使用的稳定剂来源广泛,微量使用即可改性镁渣。稳定剂还可替代部分萤石作为还原镁的催化剂,在一定程度上可以抵销稳定剂的成本。此外,改性后的镁渣不粉化,扬尘小,方便运输,且环境管理成本更低。因此,镁渣改性不仅未增加生产成本,还大幅提高了镁渣的利用价值。

在矿山充填领域,以水泥作为黏结剂时,水泥的成本可达总充填成本的 70% 以上。而使用镁渣开发的镁渣改性材料可完全替代水泥,且生产工艺简单,成本远低于水泥,改性镁渣的应用可使充填成本大幅降低。尽管镁渣改性的粉磨工序会带来一定成本,但镁渣改性材料的开发和应用,可实现镁渣大规模资源化利用。以陕北为例,超过 300 万 t 镁渣至少可联合处置其他固废(粉煤灰或煤矸石等)逾 1 000 万 t,该地区每年减少镁渣排放,提高煤矿回采。大幅降低充填成本,创造可观的经济效益,还将镁渣、粉煤灰等固废进行大规模产业化处理,减小环境风险,这符合我国提出的"绿色发展"理念,推进我国固体

废物安全处理、资源全面节约和循环利用、矿产资源集约化清洁利用等国家环境战略
发展。

3　镁渣的综合利用

　　镁渣的综合治理已成为镁冶炼工业清洁型发展的主要课题之一,很多学者对其进行了
研究,以期高附加值、资源化地利用镁渣,将其变害为利,同时获得良好的环境效益和经济效
益。镁渣应用的探索研究主要包括以下几个方面。

　　(1)镁渣作为水泥熟料的替代材料。将镁渣作为水泥添加材料进行了实验研究。研究
发现,镁渣具有高于现有水泥原料(矿渣和熟料)的水泥活性,镁渣的易磨性优于熟料和矿
渣,将镁渣代替部分熟料和矿渣用于水泥的生产过程,可以大幅降低水泥单位产品的综合能
耗和成本,对于水泥生产企业具有定的经济效益。

　　(2)镁渣作为硅酸盐水泥煅烧配料。将镁渣作为硅酸盐水泥熟料的配料,降低了熟料
形成的反应表观活化能,加速了熟料矿物的形成,提高了熟料的强度。黄从运等从机理上解
释了镁渣作为硅酸盐水泥煅烧配料的添加剂可降低能耗的原因。研究指出,镁渣中的
β-C_2S、CF 等初级矿物降低了生料煅烧为熟料的晶体成核势能,起到了促进结晶的作用。因
此,镁渣可以明显改善生料的易烧性。

　　(3)镁渣作为新型墙体材料配料。将镁渣磨细并与一定比例的细矿渣混合,加入复合
激发剂后配制胶结料烧制具有强度高、密度小、耐久性好等特点的新型墙体材料。

　　关于镁渣作为水泥的掺和料生产镁渣硅酸盐水泥的尝试表明,镁渣冷却过程中, β-C_2S
会转变成 γ-C_2S,而 γ-C_2S 几乎没有水硬性。即便是 β-C_2S 在水泥中的活性也比较低,而且
方镁石还会影响水泥的安定性。因此,2000 年国家曾禁止使用镁渣作为掺和料生产 GB175
和 GB1344 规定的水泥。当生产复合硅酸盐水泥时,对掺和料有严格的规定,需要确保水泥
的安定性合格。所以,镁渣用于建材的消耗量也十分有限。

　　(4)镁渣作为脱硫剂。镁渣排出还原罐自然冷却后,在温度为 900 ℃相当于循环流化
床锅炉脱硫)的条件下进行脱硫反应,表现出一定的脱硫活性,但是,其活性很低,尚不能直
接用于工程实际作为实用脱硫剂。

　　镁渣作为湿法烟气脱硫剂的研究也指出,镁渣中的 Ca 和 Mg 在溶于水后会结合为钙-
镁离子,与 SO_2 反应活性强,吸收速度快,脱硫塔对于 SO_2 的吸收效率可达 95% 以上,并且
此工艺设备简单,与常规湿法脱硫相比,投资可节省一半以上。

　　以上的探索研究表明,目前镁渣资源化的研究仍很不成熟,还需要进一步进行深入研
究。

3.1　镁渣制取脱硫剂

3.1.1　镁渣水合制备脱硫剂

　　研究表明,干法脱硫条件下,镁渣确实可以起到一定的固硫作用,但是直接作为脱硫剂

活性并不高。在实验条件下镁渣直接用于脱硫钙转化率很低，800 ℃的条件下，脱硫 90 min 仅有 265%；而在 900 ℃的条件下也仅为 285%。在 900 ℃的脱硫温度下，反应 75 min 后石灰石的钙转化率为 234%；而在 1 000 ℃下，脱硫反应 75 min 后未做任何处理的镁渣钙转化率只有 97%；另外由脱硫效率对比中发现，在相近钙硫比的情况下，反应 75 min 后，石灰石脱硫效率为 90.3%，而未做处理的镁渣脱硫效率仅为 34.6%；两项比较说明以镁渣直接用作脱硫剂，其脱硫性能与石灰石相差比较大。由上述文献可知，原始镁渣不能直接用于干法脱硫，需要采取一些前处理手段以提高其活性，使其成为低成本且具有实用价值的脱硫剂。因此，只有较高活性的脱硫剂，才可以获得较高的脱硫物质转化率，进一步开发出实用的脱硫工艺。

提高固体脱硫剂活性的措施主要有：

（1）通过水合活化和蒸汽活化；

（2）与其他物质混合制备高活性脱硫剂；

（3）使用添加剂。典型的钙剂脱硫剂干法烟气脱硫过程属于气固传递反应，在反应过程中，除了在脱硫剂的表面发生反应外，反应气体还会向脱硫剂内部扩散并与之发生反应。脱硫反应产物会导致脱硫剂颗粒内部的孔隙随着反应产物的不断增多而逐渐堵塞，从而增加产物层内的扩散阻力，使反应逐渐减慢直到停止。所以，脱硫反应的最终转化率受制于气相组分在脱硫剂颗粒孔隙内部和产物层中的扩散阻力。改善脱硫剂的孔隙特性，减小扩散阻力是提高脱硫剂钙转化率的有效手段。

研究表明，水合和蒸汽活化可以提高镁渣的脱硫性能。800 ℃条件下脱硫 90 min，水处理镁渣的钙转化率为 30.65%，比未处理镁渣的 26.5% 提高了 157%。处理后的镁渣钙转化率均有不同程度的提高，反复蒸汽活化效果最好，直接蒸汽活化次之，水合活化最差，并且反复蒸汽活化获得的累积脱硫效率最高。经过水合活化、蒸汽活化后试样的钙转化率均比未处理镁渣有不同程度提高；水合活化试样的利用率为 34.59%，较未处理镁渣的利用率提高了 4.04%；蒸汽活化效果稍差，利用率为 32.68%，仅比未处理镁渣的提高 2.49%。

经过脱硫性能测试，图 4-12 为镁渣和镁渣水合脱硫剂（水合温度为 90 ℃、水合时间为 8 h、液固比为 5）的钙转化率结果对比，脱硫反应温度为 950 ℃。显然，自然冷却的镁渣经过 60 min 的反应时间，最终的钙转化率仅为 9.3%。而镁渣水合脱硫剂在相同的脱硫反应条件下的最终的钙转化率略有提高，为 9.42%。当然，最终的钙转化率的绝对值仍比较小。

在循环流化床锅炉炉内脱硫的反应条件下，炉膛温度会随着锅炉负荷在一定范围变化。图 4-13 为镁渣水合脱硫剂基于循环流化床锅炉炉膛温度变化范围的钙转化率结果（水合温度为 90 ℃、水合时间为 8 h、液固比为 5）。结果发现，镁渣经过水合制备的脱硫剂，在不同的脱硫反应温度条件下，脱硫剂的钙转化率也有差异。850 ℃的条件下，镁渣水合脱硫剂经过 60 min 脱硫反应，钙转化率为 7.16%；900 ℃条件下，钙转化率为 8.47%；950 ℃条件下，钙转化率为 9.42%；1 000 ℃条件下，钙转化率下降为 9.31%。这是因为随着温度的提高，脱硫反应的化学平衡会向逆反应移动。综合热力学和动力学的结果,对于自然冷却水合镁渣,适宜的脱硫温度为 950 ℃。

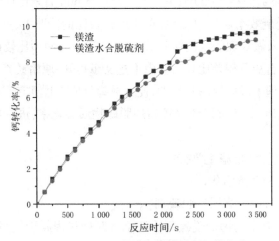

图 4-12　镁渣和镁渣水合脱硫剂钙转化率

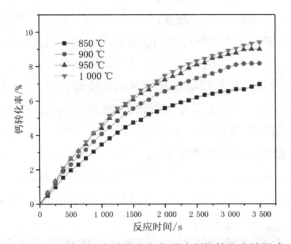

图 4-13　脱硫温度对镁渣水合脱硫剂钙转化率的影响

　　结果表明,镁渣经过水合处理后,脱硫性能有一定的提高。但是,镁渣水合脱硫剂脱硫性能的提高仍极其有限,无法与前文提及的石灰 / 粉煤灰水合制备脱硫剂的性能相比,仍需要进一步探索提高镁渣脱硫活性的方法。

3.1.2　镁渣激冷水合制备脱硫剂

　　研究表明,镁渣(自然冷却)的脱硫活性很低,经过自身的水合过程所制备的脱硫剂,活性略有提高;将镁渣与粉煤灰共同进行水合反应所得到的脱硫剂活性显著提高;通过添加剂的作用,活性得到进一步提升。但在此条件下,最佳脱硫剂制备参数中,对应的粉煤灰的配比(灰钙比)仍较高,水合时间仍然较长。所以,需要进一步探索新的镁渣水合方式。

有很多学者对镍熔炼渣、钢渣、矿渣等进行激冷处理。对镍熔炼渣激冷处理后,会形成玻璃态和结晶态物质,其中玻璃态含量为21%。研究认为,与结晶态相比,玻璃态的活性相对较高。在碱激发的作用下进行镍熔炼渣的激冷水合反应,碱金属会破坏镍渣的 $[SiO_4]$、$[AlO_4]$ 四面体网络结构,从而使得 Ca^{2+}、Mg^{2+}、Al^{3+} 等多种离子在溶液中参与水合反应;同时, SEM 结果显示,镍渣中的玻璃相和结晶相均发生水合反应,其生成的水合脱硫剂大致相同,随着水合时间的延长,生成的水合脱硫剂的玻璃态含量增加。

对高炉矿渣采用激冷处理会改变渣的物质组分及结构。缓冷条件下,炽热渣的主要物质成分为 $\beta\text{-}C_2S$,激冷处理后,部分 $\beta\text{-}C_2S$ 转化为硅酸三钙,同时,样品中出现了少量的游离态 CaO。采用水激冷可以越过晶型转变温度,使 $\beta\text{-}C_2S$ 来不及转变成 $\gamma\text{-}C_2S$ 而以介稳态保持下来。从结构上来说,激冷后晶粒变小,硅酸钙呈细小的薄片颗粒,晶体纯度降低,同时颗粒疏松多孔,呈现相互连接的类似于海绵的结构,透射电子显微镜(TEM)结果显示,冷却过程中出现了物质的偏析现象,从而形成富硅区和富钙区。Mostafa 等的研究结果也表明,激冷后渣的水合活性显著提高,早期水合反应速率迅速提高,后期生成的水合脱硫剂覆盖在颗粒表面,降低了水合反应速率。

此外,在常温条件下的灰渣与饱和 $Ca(OH)_2$ 溶液的反应中,高温灰渣与水直接接触产生的高温水蒸气会破坏玻璃体表面致密的硅氧铝氧网络,使其内部的活性 SiO_2 和 Al_2O_3 得以释放,加速 $Ca(OH)_2$ 与其内部活性 SiO_2 和 Al_2O_3 的反应,生成水合硅酸钙和水合铝酸钙胶凝状物质。灰渣的冷却速度越快,形成的高活性玻璃体越多。

镁渣自然冷却过程晶体的演化过程表明,排出还原罐高温状态镁渣中的硅酸二钙,一部分以活性较高的 β 型晶体存在,随着自然冷却过程温度降低,活性较高的 β 型晶体将转向活性较低的 γ 型晶体,使得在水合的同时,保留镁渣较多活性的晶体类型,改变玻璃体含量,形成表面缺陷,从而使得水合产物活性提高。

同时经过脱硫性能测试,在镁渣激冷水合过程中,水合时间于水合程度影响较大,所以,针对不同水合时间制备脱硫剂的钙转化率如图 4-14 所示。对于镁渣激冷水合脱硫剂,由于水合条件(镁渣的温度)发生了较大的变化,水合产物的脱硫性能也发生了较大的变化。结果指出,在其他水合参数均相同的情况下(950 ℃镁渣,液固比为 5,水合温度为 80 ℃),当水合反应时间由 4 h 增至 11 h 时,所制备的脱硫剂的钙转化率并不随时间的增加而单调增长,而是呈现先增大后减小的特征。水合时间为 6 h 时,脱硫剂的脱硫性能最好,其钙转化率为 29.43%。与自然冷却镁渣水合制备的脱硫剂相比较,其钙转化率增加了 18.79%。水合时间为 11 h 时,脱硫剂的脱硫性能最差,钙转化率为 20.10%。结果表明,即使在激冷条件下,水合样品的脱硫性能也不会随着水合时间的延长而单调增加。采用激冷水合的方法,可以保留较多高活性的 $\beta\text{-}C_2S$,使得钙转化率较高。同时,与自然冷却镁渣水合时间相比,缩短了水合的时间。

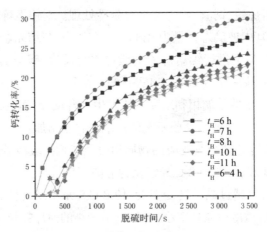

图 4-14　水合时间对镁渣激冷水合脱硫剂钙转化率的影响

3.2　镁渣生产建筑材料及制品

镁渣堆放不仅占用大量耕地,且堆放的镁渣在雨水淋洗下,氟的溶出造成氟对环境的污染。因此开发利用镁渣,特别是探索较高利用价值的途径,不仅可减少镁渣的占地面积,减少镁渣对环境的污染,而且可以将镁渣变为一种价值含量较高的潜在再利用资源,为国家和社会增加财富。

目前,镁渣在水泥生产中的应用研究主要集中在如下方面

（1）在镁渣能够代替部分石灰石和黏土提供水泥熟料中的 CaO 和 SiO_2。

（2）利用镁渣中含有的氟等微量组分。用作水泥熟料煅烧时的矿化剂。

（3）利用镁渣所具有的潜在活性作为水泥混合材,生产复合硅酸盐水泥等。

（4）利用镁渣生产新型墙体材料等。

3.2.1　镁渣制造水泥

1）镁渣作为水泥的混合材

镁渣作为水泥混合材尚未纳入国家标准,生产镁渣复合硅酸盐水泥,其掺量范围应为满足水泥中方镁石含量限制要求,不致引起安定性不良。镁渣作为水泥混合材主要是替代部分矿渣,生产的水泥质量较稳定,掺入镁渣后,水泥性能得到改善,安定性合格水泥早期强度提高,凝结时间正常,但随掺加量增加早期强度有降低的趋势,凝结时间延长。当镁渣用作水泥生产的混合材时,应满足国家标准所规定的相应技术要求,镁渣水泥早期强度较低,凝结时间稍长,而强度与其他品种水泥基本一致。改善镁渣水泥早期强度低、凝结硬化慢的缺陷主要有如下技术措施。

（1）优化熟料矿物组成。

为了克服镁渣水泥早期强度低的缺陷,可掺加高标号水泥熟料进行粉磨,重点是提高熟料矿物中和的含量,特别是的含量,以提高镁渣水泥的早期水化活性及强度。

（2）掺加锻烧石膏。

石膏中的参与水泥的水化和水化产物的形成,并影响水泥强度的发挥。生产中所用的

石膏,因产地不同,其结晶形态、结晶度等各不相同,具体表现为加水后,其在水中的溶解速度和溶解度不相同。因此,它对熟料矿物水化的影响也不相同,特别对于熟料含铝相的最终水化产物影响很大。

（3）优化水泥的颗粒级配。

由于镁渣与水泥熟料具有不同的易磨性,如采用共同粉磨,往往镁渣难以粉磨至要求的细度,而不利于镁渣水化活性的发挥。改进的方法有两种。

①分别粉磨,将水泥熟料与镁渣分别在不同球磨机内粉磨到要求的细度,再混合。该工艺能很好地控制水泥粉体的颗粒组成,利于发挥镁渣的潜在水化活性。

②应用串级粉磨工艺。具体为熟料、镁渣、石膏配料进入Ⅰ级磨,经Ⅰ级磨粉磨及选粉机分离后,可根据各级磨的能力,粗粉全部或部分进入Ⅱ级磨,经Ⅱ级粉磨后物料与一前面选粉机所选出的细粉混合进入成品库。经Ⅰ级粉磨及选粉机分离后粗颗粒的镁渣被送入Ⅱ级磨,得到级配更合理、粒径更小的钢球或钢段的充分粉磨,水泥成品的总体颗粒级配更为合理。同时,部分水泥组成的粉磨时间延长,水泥的比表面积亦提高。更为重要的是,随粉磨时间的延长,优化水泥颗粒级配和颗粒的球形度,并因此提高水泥的物理性能。

2）镁渣作为矿化剂使用

生料中加入 10% 左右的镁渣,煅烧时可以起到良好的矿化作用,不仅可以降低熟料中f-CaO 含量,提高熟料强度,而且可以降低熟料的热耗,提高窑的台时产量,促成熟料矿物的良好结晶。

3）镁渣作为原料配制生料

镁渣可作为水泥原料使用,镁渣中含有大量 $2CaO \cdot SiO_2$ 矿物,这些矿物对熟料矿物形成具有良好的结晶诱导作用,能降低 C_3S 形成的活化能,加速 C_3S 的形成,促进水泥熟料的烧成。镁渣的高钙、高硅物质,其引入的 CaO 和 SiO_2 使生料配料中石灰石和黏土用量降低,既减少了水泥生产的开山取材、挖地取土对自然生态的破坏,又减少了水泥熟料煅烧过程中黏土脱水、$CaCO_3$ 分解等过程的热耗。同时镁渣中的微量氟具有良好的矿化作用,有利于改善熟料的易烧性和提高水泥熟料强度。掺有镁渣的生料煅烧时,镁渣中的氟化物在高温下与水蒸气作用生成 HF,而 HF 气体与 $CaCO_3$ 反应重新生成 CaF_2,在高温蒸汽作用下,生成高活性的 CaO,从而加速了 $CaCO_3$ 的分解和固相反应的进行。同时,HF 还破坏了 SiO_2 的晶格,提高反应活性,改变了 SiO_2 的反应能力,促进了 SiO_2 的反应。在熟料形成过程中,镁渣中的氟参与固溶和形成过渡相,改变熟料矿物组成和结晶形态,使晶体变形,活性提高,反应能力增强,液相提前出现,液相量提前增加,因而使扩散作用和烧结速度增大,降低了烧成温度,镁渣引入生料中的 F 起降低液相黏度和表面张力的作用,有利于加速钙离子的扩散,促进 C_2S 吸收 CaO 形成 C_3S 的反应进行。

3.2.2　镁渣制备胶凝材料

含有活性的阳离子和高水化活性的镁渣,水化后转化为硅酸钙凝胶,但产物内部 $[SiO_4]^{4-}$ 链易丢失形成杂化物结构,为改善凝胶耐久性,添加一定细粒度的硅酸盐水泥或其熟料、细矿渣,水泥基胶凝材料具有自收缩性缺点,需添加粉化膨胀性镁渣进行控制。

　　采用镁渣、石膏以及水泥、粉煤灰、碱性激发剂制得新型胶凝材料,镁渣与粉煤灰比影响产品性能,5∶5时胶凝材料的强度和力学性能最优,10%石膏、15%水泥,所得产品性能较好。

　　选用"先混合后磨"方法,且细矿渣与镁渣含量相等时,产品强度最高,若再加入辅助3种碱激发剂($CaSO_4$、水玻璃、$NaSO_4$),强度性能均满足32.5强度复合水泥要求。此方法所得胶凝材料可用于制备低密度、高强度、高耐久性的新型墙体材料,成本低廉,工艺简单,产品性能优,为胶凝材料后续处理提供新的思路。将自主镁渣胶凝材料、其他外加剂及EPS超轻集料制成质轻、耐久性好、高强度的墙体材料,28 d抗压强度6.5 MPa,−25~25 ℃温度25次冻融循环下墙体材料强度损失为10%,质量损失不到1%。当胶凝材料主料(镁渣、粉煤灰、铁粉、硅灰、水渣、钢渣、河砂):纤维:树脂 =(70~90):(1~8):(1~10)时可生产镁渣纤维增强板,物料球磨至细度100目以上,搅拌1 min,然后加水制坯并多级碾压一次成型,入釜蒸压养护10 h,成本低,超低消耗,工业效率高,具有极大应用市场。目前已有轻烧氧化镁所得改性硫氧镁水泥胶凝体系固化含氰废渣,部分含氰废渣参与胶结水化过程阻碍CN^-,还提供骨架作用增大强度,后续可研究镁固废胶凝材料固化含氰废渣工艺和机理,实现科学处置危险废弃物。

　　以镁渣与粉煤灰复掺替代部分水泥熟料配制复合水泥。试验表明:镁渣活性系数低,粉煤灰碱性系数小。镁渣与粉煤灰复合,若比例合适,复合料的活性系数和碱性系数可处在较为合理的水平上。镁渣和粉煤灰相互促进、互为补充,镁渣水解产生的$Ca(OH)_2$是粉煤灰水化反应的活化剂和物质来源;$Ca(OH)_2$增加了浆液中OH^-和Ca^{2+}离子的浓度,粉煤灰颗粒受浆液中的OH^-离子的作用,表面电离出SiO_4^{4-}和AlO_2^-,SiO_4^{4-}和AlO_2^-进一步与浆液中的Ca^{2+}反应,生成水化硅酸钙和水化铝酸钙,粉煤灰消耗了浆液中的Ca^{2+},反过来加速和诱导了镁渣的水解反应及水泥石的强度提高。

　　对碱激发镁渣胶凝材料的研究表明,加入一定的激发剂能显著提高镁渣的活性,也提高了镁渣胶凝材料的性能。这种胶凝材料的凝结时间随着碱掺量增加而变短,水玻璃的激发效果优于KOH和NaOH,模数为1.2水玻璃在掺量为10%的激发作用最好,胶凝材料力学性能也最强。

3.2.3　镁渣制备炉条砖

　　镁还原废渣作为一种固体废料造成严重的生态破坏和环境污染,随着世界各国对环境保护的重视,绿色材料的研究与开发已经提上议事日程。以镁渣为原料制备绿色耐火材料,开发出一种以镁渣为主要原料烧结耐材的工艺,第一为镁渣的循环利用开辟一条新的途径,实现固体废弃物镁渣的资源化;第二实现提高固体废弃物的利用量,以节约更多的自然资源;第三提高利用固体废弃物的附加值并有利于实现环保。将废弃物镁渣作为再生资源循环利用,符合"环境保护、节能减排,发展循环经济"的思想,具有显著的经济和社会效益。

　　以镁渣为主要原料制备出性能优良的C_2AS-M_2S复相耐火材料。材料的耐火度为1 470 ℃烧结试样晶化程度高,主晶相为C_2AS,次晶相为M_2S。C_2AS-M_2S复相耐火材料为多孔材料。在低倍下,试样表面粗糙不平整,但完好无明显大裂纹;在高倍下,试样表面发现试样晶化程度高，C_2AS 块状体晶粒周边总是伴生着体稍较小的 M_2S 锥体状晶粒。试样断面为多孔形貌，以大量组织致密厚实且坚硬的基体集中分布为主。同时粉体颗粒在高温下发生固相反应生成性能稳定的固溶体镁渣为主要原料的耐材制备新工艺，所制备的新型耐材与传统耐材相比，具有以下几个优点：

（1）以工业固体废弃物镁渣为主要原料制备耐材，节约了资源；

（2）所制备的镁渣耐材水化性能实现沸水浴 72 h 无粉化，避免传统高钙砖抗水化性能差的致命缺陷；

（3）所制备的耐材镁渣利用量大（质量分数大于 50%，全国最大镁渣水泥生产线镁渣利用质量分数为 35%）。

3.3 镁渣生产复合肥料

3.3.1 硅肥

目前硅肥的生产按其原料以及有效硅的含量可分为两大类。

一种是人工合成的，以水玻璃为主要原料，利用高速喷雾的离心和干燥装置，将脱水后的水玻璃送入离心机脱水，然后通过喷雾热风干燥，得到粉状硅肥。这种生产工艺所制的硅肥纯度高，即其中 SiO_2 的含量大，节约了使用面积，同样也减少了运输的费用，这种高效硅肥其实是偏硅酸钠与硅酸钠的混合物（$NaO \cdot nSiO_2 \cdot nH_2O$），呈白色粉状结晶，有效成分很高，水溶性好，但推广难度大，生产成本较高价格昂贵，而且也不能发挥硅肥的增产作用。

另一种则是利用工业废渣加工制硅肥（也称熔渣硅肥），即将高炉矿渣、钢渣、粉煤灰等含硅成分球磨，过筛，干燥粒化后作为硅肥；或是依据土壤情况，在含硅物质中加入一定比例的助熔剂煅烧制成。这样既保护了环境，减少了生产硅肥的成本，又改善了土壤使资源达到了充分的利用，也更好地发挥了其社会效益与经济效益，也可以有效的利用硅肥中所含的许多植物所需的微量元素；同时使硅素的营养得到补充，又给植物供应所要的微量元素。基于建立资源节约型与环境友好型社会，熔渣硅肥是更顺应我国国情的生产工艺。

利用高炉镁渣加助熔剂与改进颗粒的硅肥工艺的方法，联合创制新型硅镁肥，同时在水稻、小麦、西瓜、果树、蔬菜等作物的田间试验、示范和推广应用中均取得显著的增产抗病效果。

河南省黄泛区对小麦施用硅钙镁肥试验发现：与传统施肥相比，施硅钙镁肥磷肥会对小麦起到促蘖、壮苗和增穗的作用，能够有效促进小麦上叶的生长，同时显著提高小麦产量在黄泛区花生试验结果显示硅钙镁肥与常规施肥配合可以显著增加花生株高、总分枝数、饱果数等指标，同时可显著提高花生产量；在黄泛区大豆试验结果表明，增施硅钙镁肥能显著增加百粒重，株粒重，从而提高大豆产量。

国内硅肥目前的制备主要以粒化的高炉矿渣为主料，掺入一定的添加剂混合粉磨而制得，但由于广大边远地区的这些资源乏，不管使用哪种方法生产硅肥，并且运到边远的农村市场，通常价格飙升运费昂贵，农民几乎难以承受；另外，我国磷渣的量较少，而高炉炉渣也是混凝土与水泥等建筑工业制品的重要来源，全国每年 8 000 万 t 的矿渣还不够达到这些产业的需求，所以用高炉矿渣，磷酸所产的废渣作为生产硅肥的原料受到限制。就现有的工艺而言，不管使用哪种其工艺流程都大致相同，只不过在煅烧时中所掺加的助熔剂与添加剂，或者催化剂种类以及是否加入催化剂有所差异，其生产工艺大体如图4-15所示。

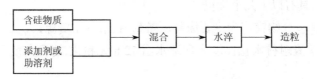

图4-15　含硅的物质生产硅肥的工艺流程示意图

3.3.2　钙肥

钙肥是一种有 Ca 标明量的肥料，在土壤上施用能给作物提供所需要的钙，并且能调节土壤的酸度。

石灰是钙肥主要的品种，包括生石灰，石灰石粉，石膏、熟石灰，以及磷肥等，部分的氮肥如石灰氮，$Ca(NO_3)_2$ 等以及过磷酸钙，钙镁磷肥等也都含有一定数量的钙。

（1）石灰类，是含钙镁或者钙的氢氧化物、碳酸盐、氧化物的总称，包括白云石，石灰石及其煅烧产物如 CaO 和 $CaCO_3$。合理施用农用石灰能调节土壤酸度，将酸性土壤（PH 小于5.5）调节到弱酸性（pH6~7）土壤，调节微量元素的供应，减少土壤对的固定，提高土壤的透水通气性，改良土壤微生物的生长条件，进而增强土壤的保肥能力。

（2）炉渣类钙肥，是来自一些工业副产品或者炼钢所得的碱性炉渣，含枸溶性 $CaSiO_3$，改善土壤的通气透水性。

（3）石膏不仅能够提高作物的 N、P、K 的营养条件，也能够给作物提供所需的 S 与 Ca，改良盐渍土。

3.3.3　镁肥

镁肥是一种具有（Mg）标明量的肥料，在土壤上施用能给作物提供所需要的镁元素。镁是作物体叶绿素的重要成分之一；镁离子能够激发磷酸葡萄糖变位酶，葡萄糖激酶以及果糖激酶的活性；它 DNA 是聚合酶和二磷酸核酮糖羧化酶的活化剂，能促进 DNA 的合成，同时能促进作物对 CO_2 的同化作用。

3.3.4　硅钾复合肥

我国严重缺钾，探明的可溶性钾只占全球的 2%，钾长石的开发煅烧能耗高、排放高、烟气需脱硫脱硝，高成本低售价，企业经济效益差。钾长石制得钾肥中重金属等杂质含量难控制，使用安全性低，肥料煅烧时氧化硅与碳酸钙形成水硬性的 $\beta\text{-}2CaO \cdot SiO_2$，极易造成土壤板结。镁还原渣中含有对土壤有益元素 Ca、Mg、Si、Fe，有害金属含量低，Cr 以毒性较小的 Cr^{3+} 存在，铬铜镍浸出质量浓度均低于危险废物标准限值，污染风险低。传统工艺使用磷酸、硫酸或盐酸对镁渣改性处理后制备肥料，工艺复杂且存在废液回收和析出有害元素，李咏玲采用碳酸钾高温分解得到氧化钾，再与镁渣反应得到 $K_2O \cdot CaO \cdot SiO_2$ 和 $K_2O \cdot MgO \cdot SiO_2$ 渣系，加热温度、冷却方式、镁渣粒度、K_2O 添加量等影响肥料结晶性能。

此外，添加 3%MgO 利于 Mg_2SiO_4 结晶相生成，可改善肥料中钾缓释性与硅溶出性。

Xia 等针对 NPK 肥（nitrogen-phosphorus-potassium）中 Ca、Mg、Si 等次级元素不足导致农作物抗虫、抗病能力较低的问题,利用镁渣制备得到 Ca-Mg-Si 复合肥应用效果优于市场上同类化肥,抗虫性更高,作物生长周期缩短且产量提高。若在皮江法炼镁工艺原料中加入难溶性含钾矿石,炼镁的同时附产含钾复合肥料,实现镁渣的合理回收,炼镁时镁渣中的 CaO 与含钾原料反应生成硅钙酸盐,钾实现可溶性转变;同时,真空条件的使用减少重金属挥发逸出,镁渣内重金属量明显降低,提高镁渣对作物的安全利用性;此外,由于炼镁还原工艺时间长,可减小镁渣冷却速度和自粉化,$\beta\text{-}2CaO \cdot SiO_2$ 转变成 $\gamma\text{-}2CaO \cdot SiO_2$,改善硅酸钙水硬性引起的土壤板结。镁渣利用价值高,克服难溶钾肥原料煅烧时重金属含量高且能耗高的缺点,工艺简单,提高企业社会和经济效益。

3.3.5　硅钙镁肥

硅钙镁肥是一类新型的肥料,也是配备平衡施肥的理想肥料。目前钙、硅、镁肥的施用都受到普遍的重视,另外其生产及应用技术已成为全国推广的重点项目,N、P、K 与 Si、Ca、Mg 肥配制成平衡肥,已成为现代农业科技绿色施肥的发展趋势。

（1）硅钙镁肥能够使土壤中的活化并且促进植物体内的运行,进而提高结实率。

（2）Si、Ca、Mg 是一种保健肥料,它能调节土壤的酸碱度,改良土壤,从而增强土壤盐基代换作用,抑制病菌入侵土壤,有利于有基肥的分解,如在作物温室大棚下连续的种植两年以上,就会出现霉菌病菌的现象,硅镁肥就能够预防霉菌的存活和繁殖。

（3）此肥的功能独特,应用范围广;它也能促进作物得光合作用,促进土壤养分的有效利用,有利于根系生长,增强作物抗倒伏,预防根系的腐烂和早衰,抗病虫害,抗重茬及抗干热风的能力,比一般的单质肥料的使用效果要好很多。

硅钙镁肥通过诸多省市县推广实验研究表明如下两点。

（1）降低了使用农药带来的污染,同时也增强了作物抗病虫害的能力,如小麦锈病、稻瘟病、稻飞虱二化螟、白叶枯病;

（2）增产幅度:水稻、小麦、花生、玉米等增产 10%~35%;葡萄、香蕉、桃等增产 15%~38%。通过肥料从氮磷钾肥到硅肥的发展历程,现有的肥料的生产技术以及镁渣的物理、化学特性,提出了将镁渣用于制硅钙镁肥的可行性,这不仅可以有效地控制工业固体废弃物的排放,具有一定的经济,社会和环境效益而且也为镁渣的综合利用开辟了新的方式。

第 5 章　煤气化渣

　　我国是一个"富煤、贫油、少气"的国家,煤炭在我国能源利用中具有举足轻重的地位。截至 2018 年底,我国已探明煤炭储量约 1 388 亿 t, 2018 年煤炭消耗量约 39 亿 t,在我国能源消费总量中占比为 58%。随着环境问题越来越多地受到人类的重视,中国是《联合国气候变化框架公约》的签署国之一,政府鼓励发展清洁煤炭技术以控制二氧化碳排放和空气污染。正是由于煤炭在我国能源利用方面不可动摇的地位,因此节能、环保、高效的煤炭清洁利用技术——煤气化技术,对我国煤化工行业调节能源结构具有重大战略意义。

　　2018 年,现代煤化工共转化煤炭 9 560 万 t, 2019 年,转化煤炭约 1 亿 t。煤气化技术的大规模推广会导致煤气化渣的大量产生,年生产煤气化渣超过 3 300 万 t。所谓的煤气化渣是煤与氧气或富氧空气发生不完全燃烧生成 CO 与 H_2 的过程中,煤中无机矿物质经过不同的物理化学转变伴随着煤中残留的碳颗粒形成的固态残渣。国家明确指出,煤气化工程将作为煤化工产业的关键领域得到支持和推动,因此,煤气化渣的资源化利用迫在眉睫。

　　煤气化渣为普通工业固体废弃物,由硅酸盐玻璃体和不定型炭两部分组成,含碳量高,其中碳物质所占重量百分比为 20%~30%,没有重金属等有害元素,大多作为掺混原料用于建筑与道路等工程领域。其中硅酸盐玻璃体包括大块玻璃体和微米级玻璃球形颗粒,不定型炭包括非晶态多孔碳,具有孔隙大、比表面积大等特点。一个百万吨级煤间接制油工艺每年可产生近 90 万 t 煤气化渣,仅仅将这大量的煤气化渣用于建筑材料领域远远不足以解决它的处理。据统计,榆林地区煤气化渣利用率不到 30%,剩余 70% 的煤渣只能进行填埋或临时堆放储存,因此煤气化渣的大规模有效利用急需解决。

1　煤气化渣的特性

1.1　煤气化渣的组成

　　德士古、四喷嘴对置式、GSP 三种煤气化炉,所产生的煤气化渣细渣,化学组成主要由 SiO_2、Al_2O_3、Fe_2O_3、CaO、MgO 五种氧化物构成,其中显著不同的是 SiO_2 含量和烧失量,其烧失量分别为 31.28%、20.61% 和 21.44%,矿相主要以非晶态玻璃体为主,其晶相组成为石英、莫来石、方铁矿和方解石等。

　　航天炉、渭河德士古、咸阳德士古、神木德士古、多喷嘴对置式气化炉粗渣的主要化学成分为 SiO_2、Al_2O_3、CaO、Fe_2O_3 和残余碳,还含有少量的 Na_2O、MgO、P_2O_5、K_2O、TiO_2 和 S 等,其中航天炉渣残碳量最高,达 27.99%,多喷嘴对置式炉渣残碳量最少,为 15.32%。5 种气化渣的矿相均以非晶相铝硅酸盐和无定形碳为主,其晶相为石英和方解石。此外,气化渣主要由大量的非晶态物质以及少量的结晶矿物质组成,细渣在气化炉内的停留时间较粗渣短,故细渣的可燃物含量较粗渣高。

1.1.1　煤气化渣的矿物学性质

气化炉渣的矿物学组成包括玻璃体、残碳和矿物晶体,其中玻璃体和残碳含量远高于矿物晶体。矿物晶体主要为各类石英、莫来石、钙长石、FeS、石膏等。部分气流床炉渣主要矿物组成见表 5-1。气流床气化炉因其煤种适应性宽、碳转化率、有效体积分数和冷煤气效率高而备受关注,是煤气化的首选技术。

表 5-1　部分气流床炉渣主要矿物组成

炉型	炉渣类型	矿物组成
神木化学工业德士古	粗、细渣按比例混合	玻璃相 + 无定形物 >90%,石英 + 方解石 + 斜长石 <10%
宁煤集团德士古	粗渣	呈玻璃态,部分含石英、少量镁铝柱石,含有机质
	细渣	呈玻璃态,部分含石英、少量 Fe_2O_3,含有机质
煤粉气流床	细渣	晶体主要为莫来石、各相态石英
	粗渣	晶体主要为 FeS、硬石膏和石英
山东瑞星集团航天炉	粗渣	含大量的玻璃相和部分残碳

1.1.2　化学组成

煤气化炉渣化学组成的差异主要与煤灰成分、助溶剂类型和添加量等有关。各地区气化渣成分有所不同,其化学成分通常为 SiO_2、Al_2O_3、Fe_2O_3、CaO、MgO、TiO_2、Na_2O、K_2O 等,其中以 SiO_2、Al_2O_3、Fe_2O_3、CaO 为主。部分气流床炉渣的化学组成见表 5-2。

表 5-2　部分气流床炉渣的化学组成

炉型	炉渣类型	相对质量分数							
		Si_2O	CaO	Fe_2O_3	Al_2O_3	MgO	TiO_2	Na_2O	K_2O
陕西未来能源四喷嘴气化炉	粗渣	41.44	17.73	17.37	13.91	2.26	0.65	1.40	1.46
	细渣	35.93	17.19	18.13	15.48	2.11	0.88	2.31	1.39
宁煤集团德士古	粗渣	31.83	19.80	18.40	15.83	4.68	1.33	2.13	1.46
陕西神木化学工业公司德士古	粗渣	41.12	12.88	4.98	12.72	1.23	0.61	1.49	1.94
	细渣	32.20	4.33	2.49	8.87	0.69	0.52	0.54	1.23
宁煤集团 GSP	粗渣	50.59	8.77	12.06	18.44	3.27	1.18	1.20	2.13

1.1.3　粒径分布

四种典型气化细渣的粒径分布曲线如图 5-1 所示,曲线大致为单峰分布,受炉型、操作等因素的影响,四种气化细渣粒径分布曲线的峰值有较小波动,但颗粒粒径主要集中在 10-180 μm 附近。

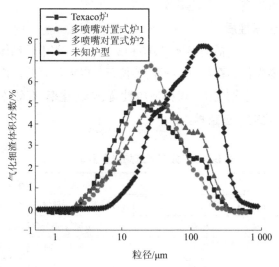

图 5-1　气化细渣粒径分布图

1.1.4　形态特征

气化细渣中含有较多的残余碳,肉眼观察呈黑灰色粉末状。3 种不同气化细渣样品的微观形貌如表 5-3 所示。在气化细渣的放大电镜图片中可以观察到 2 种不同形态的颗粒物,分别是多孔不规则形状颗粒和不同大小的球形微颗粒。不规则多孔颗粒主要是气化过程中煤焦发生膨胀和破碎形成的焦炭颗粒;球形微颗粒则是由于气化过程中的高温环境使得煤中的矿物质熔融,表面发生收缩,由于表面能的存在,激冷后呈现球状。对球形微颗粒进行能谱分析,发现小球的矿物质组成主要为硅和铝元素。

由表 5-3 中微观形貌可以清楚地看到气化细渣表面具有大量密集分布的微小孔隙,能初步反映出气化细渣具有发达的孔隙结构。汇总不同种类气化细渣的孔隙结构参见表 5-4,因煤种和炉型等因素影响,气化细渣比表面积存在一定变化,但均大于 100 m²/g,比表面积较大;同时孔容积均达到了 0.14 cm³/g 以上,证实气化细渣具有发达的孔隙结构。

表 5-3　气化细渣样品的微观形貌

项目	序号		
	1	2	3
微观形貌			

表 5-4　不同种类气化细渣的孔隙结构参数

序号	炉型	比表面积 /(m²/g)	孔容 /(cm³/g)
1	Texaco 炉	258.29	0.235 4
2	Texaco 炉	202.98	0.162 1
3	多喷嘴对置式炉	104.88	0.141 8
4	多喷嘴对置式炉	111.07	0.149 5

1.2　煤气化渣的物理特点

气流床煤气化炉渣资源化利用受限的物理特点主要包括以下 3 种。

1.2.1　含水率高

除部分干粉气流床飞灰采用陶瓷过滤、旋风除尘干法排放外,煤气化炉粗渣、细渣多采用湿法排放。细渣采用真空过滤机脱水,粗渣采用捞渣机在提升过程靠水自重脱水。湿排粗渣、细渣含水率为 40%~60%,且大部分水分存于渣粒高度发达的孔隙结构中,干燥难度大、成本高,是资源化利用的制约因素。

1.2.2　残碳含量高

原料煤在气化炉内转化率非 100%,使得气化渣中含有未燃尽的残碳颗粒。部分气流床炉渣的残碳质量分数见表 5-5,由于炉型和工艺条件不同,炉渣中残碳质量分数差异较大。粗渣是炉内熔渣沿炉壁向下进入气化炉激冷室,在水浴中激冷固化形成,停留时间长、温度高,反应更充分,细渣是未燃尽碳颗粒与微细矿物质颗粒在合成气的夹带作用下从合成气出口直接排出,在炉内停留时间较短,总体呈现为细渣中残碳颗粒高于粗渣。

表 5-5　部分气流床炉渣残碳质量分数

炉型	炉渣种类	残碳质量分数 /%
宁煤集团德士古	粗渣	6.09
	细渣	14.44
咸阳化学工业公司德士古	粗渣	23.94
陕西未来能源四喷嘴气化炉	粗渣	18.79
	细渣	30.57
山东华鲁恒升四喷嘴	粗渣	15.32
鲁西化工航天	粗渣	27.99
安庆 Shell	粗渣	3.67
	飞灰	24.02
	黑水滤饼	66.24

1.2.3　性质不稳定

气化炉渣性质与原煤性质、气化炉型及工艺、运行工况、添加剂成分与数量等因素有关,受反应程度和停留时间的影响,任何条件的变动会造成气化炉渣组成和结构变化,导致性质不稳定,为其利用带来困难。

2　煤气化渣的产生

2.1　煤气化技术

煤气化技术作为煤炭清洁高效利用的重要手段之一,受到了煤化工领域研究者的广泛关注。此技术直接将煤液化在高温下生产石油或合成气,之后以合成气为原料制取甲醇、合成油、天然气等一级产品,再以甲醇为原料制得乙烯、丙烯等二级化工产品。

在国家科技部和大型煤炭集团的资金支持下,国内煤气化技术的发展欣欣向荣,主要集中在河南、山西、山东、河北等地,有代表性的企业包括中国神华煤制油化工有限公司煤化工分公司、山西天脊煤化工集团有限公司、河南晋开投资控股集团有限责任公司等。按照煤炭和气体在气化炉内的接触方式可分为:固定床气化技术、流化床气化技术、气流床气化技术。其部分代表炉型及排渣方式见表5-6。

表 5-6　部分气化炉型及排渣方式

炉型分类	代表	入料煤状态	细渣排出方式	粗渣排出方式
固定床	美国 UGI	块煤粒径 25~50 m	飞灰旋风分离干法	固态干法
	英国 BGL	块煤 6~50 mm	黑水过滤脱水	熔融水冷
流化床	中国 CAGG	碎煤 0~6 mm	飞灰二级旋风分离干法	固态干法
	德国 HTW	碎煤 0~8 mm	飞灰陶瓷过滤干法	固态干法
气流床	美国 Rexaco	水煤浆	黑水过滤脱水	熔融水冷
	中国四喷嘴	水煤浆	黑水过滤脱水	熔融水冷
	德国 GSP	粉煤 80%<200 μm	黑水过滤脱水	熔融水冷

煤气化过程中,气化炉内的煤颗粒在高温下快速分解,碳的石墨化程度不断加深而生成煤焦,之后氧气、蒸汽等气化剂扩散到颗粒内部进行气化反应,产生合成煤气;煤焦颗粒破碎后经均相及非均相反应,煤中矿物质等成分转变为熔渣,一部分熔渣附着在气化炉壁以熔融态沿壁流入炉底后,经激冷凝固形成粗渣;另一部分被气流带出,随合成气进入后续净化工序,形成颗粒较小的细渣。粗渣在炉底排放,占 60%~80%;细渣主要产生于合成气的除尘装置,以飞灰形式随气流排出,可采用湿法除渣工艺脱除,占 20%~40%。煤气化渣的性质受到众多因素(气化工艺、煤种、助熔剂等)的影响,与粉煤灰有所不同,主要差异在于形成过程、组成和结构等方面。

固定床气化技术又称移动床气化炉,从气化炉顶部加入的块煤在重力作用下向下慢慢移动与气化炉炉底通入的气化剂逆流接触,进行充分的热交换并发生气化反应,此过程中产生的主要残渣为中低温煤焦油和灰渣。

流化床气化技术又称沸腾床气化炉,由气化炉下部进入的煤颗粒在炉内呈沸腾状态后与气化炉底部经分布器进入的气化剂进行气化反应,此过程中产生的主要残渣为粉尘和灰渣。

气流床气化技术又称悬浮床气化炉,是目前煤气化发展的重点技术,极细的原料煤粉与气化剂同时在顶部喷入气化炉内,在高温、高压下发生快速气化反应,产生以 CO 和 H_2 为主要成分的粗煤气,煤中矿物质部分形成熔渣。

图 5-2 是气流床气化炉工艺流程简图。原料煤在气化炉中经高温(1 400~1 500 ℃)反应时会出现不完全燃烧,其中的灰分一般会成为液态渣,随后由于密度、重力等原因掉入气化炉水冷室中沉淀后从底部排渣口排出粒径较大、表面有光泽度的煤气化粗渣;同时,水冷室中粒度较细的部分会悬浮形成黑水,气化后合成气中携带的粒度更细的部分经除尘捕集后与水冷室中的黑水一起排出压滤成滤饼,得到煤气化细渣。细渣中大约三分之一的粒径小于 200 目,其余均小于 16 目,其中未燃碳含量在 20%~30%。我国常用的气流床气化技术包括德士古(Texaco)水煤浆气化技术、Shell 粉煤气流床气化技术、GSP 粉煤气化技术和Lurgi 固定床加压气化技术,以下对几种技术分别进行详细介绍。

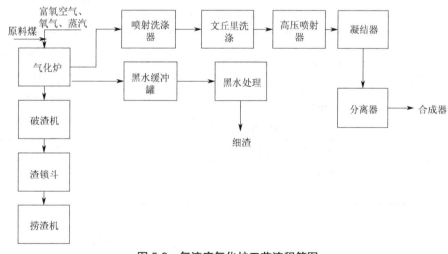

图 5-2　气流床气化炉工艺流程简图

2.1.1　德士古(Texaco)水煤浆气化技术

Texaco 水煤浆气化技术简称 TCGP,将粉煤颗粒和水配制成水煤浆,氧气与水煤浆从炉体顶部并流入炉发生气化反应,瞬间完成预热、蒸发、干馏、裂解和气化。其优点是易将压力提升至 8 MPa、停留时间短、可瞬间完成气化反应、合成气质量高、能耗低且原料适用范围广;此装置不适合长时间、高负荷稳定运行,存在的问题有烧嘴运行周期短、维修费用高、操作弹性低且对煤质有严格限制。虽然此技术已经很成熟,但其发展前景不大。目前国内使用 TCGP 技术的装置如表 5-7 所列。

表 5-7　国内使用 TCGP 技术的装置

序号	项目	最终产品
1	鲁南化肥厂	合成氨
2	上海焦化厂	燃料气
3	渭河化肥厂	合成氨
4	淮化集团	合成氨
5	金陵石化	合成氨

2.1.2　Shell 粉煤气流床气化技术

Shell 粉煤气流床气化技术采用干煤粉进料,与氧气和蒸汽在高温加压条件下发生反应,液态熔渣激冷后排出,煤气进入下一环节,气化反应的温度为 1 500~1 600 ℃。其优点是煤种适应性强、碳颗粒转化率可达 98%、运行周期长、操作弹性大。相比 Texaco 气化炉,Shell 粉煤气流床气化技术最大的优点为干法除灰,可减小整个装置的耗水量;缺点是能耗高、投资大,技术性能要求高。我国引进的部分 Shell 煤气化工艺(SCGP)如表 5-8 所示。

表 5-8　近年引进的部分 SCGP 装置

序号	项目	最终产品
1	湖北双环化工集团有限公司	合成氨
2	中石化湖北化肥分公司	合成氨
3	中石化安庆分公司	合成氨、H_2
4	大连大化集团有限责任公司	甲醇
5	中国神华煤制油有限公司	H_2
6	河南中原大化有限公司	甲醇
7	大同煤矿集团有限责任公司	甲醇

煤颗粒从煤炭转换为灰渣的过程大致概括为:固定碳的燃烧、矿物转化、焦炭的收缩与破碎、内在矿物的释放以及大部分矿物的融合、排出。

煤气化过程中,随着煤颗粒的加速分解,炭逐渐石墨化,生成煤焦与氧气发生气化反应;同时,碳材料消耗发生收缩,焦炭表面消退,一些矿物暴露在焦炭表面。然而,由于转化率不高,大多数矿物仍然被碳基质包裹。随着转化的进行,碳和颗粒碎片中的碳残留越来越少,越来越多的矿物暴露在颗粒表面,当颗粒表面有足够的矿物暴露时,开始发生煤渣转变。由于熔融灰分表面张力的存在,少量暴露的矿物可能仍然附着在颗粒表面,并在高于灰分流体温度的温度下发生熔化。当它们在衰减的颗粒表面逐渐相遇时,熔融的矿物最终与缩小颗粒内的熔融矿物合并。当矿物的结合完成后,就完成了煤渣的转变。与煤焦颗粒的粗糙表面和不规则形状相比,由于熔融灰分的表面张力,聚结后的灰分颗粒具有光滑的表面和液滴形状。熔融态灰渣大部分聚集在气化炉炉壁上,在重力的作用下从气化炉底部流出,激冷破碎后形成粗渣;另一部分熔渣被气流带出,随合成气进入后续净化工序,形成颗粒尺寸较小的细渣(飞灰和滤饼)。如图 5-3 所示,煤粉在 Shell 气化炉中气化后,生成了 3 种不同类型的残渣分别为粗渣,细渣和飞灰。

图 5-3　Shell 煤气化灰渣的表观形态

2.1.3　GSP 加压气化技术

GSP 加压气化技术利用干煤粉顶部进料和水冷壁结构,使煤炭深度加工和结晶生产,在设备和技术方面拥有广大的前景,是开发并投入工厂运行的新型技术之一。GSP 粉煤气化技术进料为煤粉颗粒,其与蒸汽和氧气在高温高压下发生气化反应,液态排渣。其优点有原料适应范围广、耗氧量少、运行周期长、烧嘴使用合理、碳颗粒转化率可达 99% 和灰渣污染性小;缺点是单台炉规模不大、灰渣含量高。

截至 2010 年 10 月,神华煤业集团已建成并投用了 5 台 500 MWt/h GSP 气化炉。山西某煤化工公司合成氨项目,建成了 2 台 500 MWt/h GSP 气化炉。截至 2012 年,投资建设项目规划中,新疆某煤制气项目投资了 8 台 500 MWt/h GSP 气化炉,某煤业集团煤制油项目建了 14 台 500 MWt/h GSP 气化炉。

2.1.4　Lurgi 固定床加压气化

Lurgi 固定床气化炉在我国主要用于城市燃气并联产甲醇、合成氨、二甲醚、甲醇、煤间接气化及生产天然气。国内 Lurgi 气化技术使用情况如表 5-9 所列。

表 5-9　国内 Lurgi 气化技术使用情况

序号	项目	最终产品
1	山西天脊煤化工集团	合成氨
2	哈尔滨煤气厂	城市燃气 / 甲醇
3	山西潞安煤集合成有限责任公司	煤制油
4	大唐电力集团	天然气

2.2　煤气化渣的危害

虽然煤气化技术相比传统的直接燃烧显著减少了环境污染问题,但气化过程中仍有痕量元素的释放。根据元素在煤中的质量分数不同,可将组成煤中的元素按照含量分为以下

3 类,如表 5-10 所示。由于非同种煤中同一元素或者同种煤中不同元素含量范围的变化,又常常将煤中除常量元素以外小于 1 000 μg/g 的所有元素统称为痕量元素。

表 5-10　组成煤中的元素分类

元素	含量	组成
常量元素	>1 000 μg/g	C、H、O、N、S 等
次量元素	100~1 000 μg/g	Si、Al、Na、Mg、Fe 以及卤族元素等
痕量元素	<100 μg/g	As、Hg、Pb、Cr、Cd、Se 等

痕量元素在煤的加工利用过程中,因各元素在煤中的浓度,赋存状态以及燃烧工况的差异所表现出来的行为是不同的。为了更好地理解痕量元素在煤利用过程中的迁移行为,根据痕量元素及其简单的化合物如氧化物、硫化物、氯化物的热行为不同,将痕量元素分为三类。这些元素的含量虽然不多,但具有迁徙性和沉积性且毒性较大,对人体和环境有较大危害。

（1）低挥发性元素,如:Mn、Cu 等,一般在底灰中赋存。

（2）中等挥发性元素,如 As、Zn、Cd 等,易在气相和灰分中迁移,但随着蒸汽相的冷却又在灰颗粒表面凝结。

（3）高挥发性的元素低沸点,如: Hg、Br、F 等,在蒸汽相中没有或只有少部分有凝结的趋势。

此外,煤气化生成的高温细颗粒飞灰不仅会妨碍操作条件的稳定,而且对设备具有一定的腐蚀作用。煤气化渣填埋和堆积占用大量的土地资源,随着水分的挥发,干燥的煤气化渣极易在风力作用下产生扬尘,其渗透液还会对土壤、水资源造成污染。渣中含有大量的无机物和重金属,导致堆放过气化渣的土地无法复耕,渣场要做防渗、防尘处理,环保压力较大。研究发现弱酸雨能够增强煤气化渣中重金属元素的溢出,这将严重影响依赖土壤和水体生存的动植物的健康。煤气化渣中重金属等有毒有害元素在人体内长期积累会使人体极易致癌、致畸和出现罕见疾病,并且大型渣场的建设影响周边环境,通常为了加大堆放量,堆放的高度较高,雨天存在滑坡的安全隐患。

2.3　影响煤气化渣的因素

1）煤炭灰分对煤气化炉渣的影响

在气化炉高温高压条件下,煤炭灰分中的矿物质完全熔融后,发生分解和相互反应,液态熔渣经激冷后最终生成以非晶态玻璃体为主的气化炉渣,该过程与煤炭灰分组成密切相关,并以煤的灰熔点变化表现出来,最终影响煤气化炉渣的特性和利用途径。

煤炭灰分中的矿物相主要包括 Si、Al、Fe、Ca、Mg、Ti、K、Na 等元素的氧化物、碳酸盐或硫酸盐,根据化合态晶相和复合条件的不同形成了各种各样的矿物相,主要包括石膏、石英、方解石、方钙石、钙长石、高岭石、偏高岭石和莫来石等。地区不同,矿物质在煤炭灰分中的含量和种类也不完全相同。

当气化炉温度升至 600~800 ℃时，高岭石开始脱水转变为偏高岭石，同时赤铁矿、石膏等矿物晶相也开始遭到破坏；当温度升至 800~900 ℃时，石英开始与高岭石发生反应，最高可以持续至 1 600 ℃；850 ℃时，方解石和白云石开始分解；偏高岭石在 980 ℃时开始生成莫来石的前驱 - 硅线石；1 000 ℃时莫来石开始生成，并在 1 400 ℃内呈升高趋势；1 100 ℃时会有铁尖晶石和钙长石生成；1 200 ℃时方解石分解产生的方钙石与莫来石反应生成钙长石，并于 1 400 ℃左右停止。

2）煤炭灰分对结渣的影响

目前气化炉的操作温度多在 1 100~1 400 ℃，其主要由煤的灰熔点决定，常选择稍高于灰熔点以保证气化炉正常结渣。根据固相反应的海德华定律，当反应物之一存在晶型转变时，其转变温度也是反应开始变得显著的温度，也是最佳选择温度。但是由于煤炭灰分组成的复杂性，该显著温度选择区间相当宽泛，这也是煤气化炉操作温度难以控制的原因之一。在 1 100~1 400 ℃时，莫来石的生成是导致灰熔点升高的主要原因，而钙长石的生成会降低灰熔点。因此，煤灰分中石英、高岭石类矿物含量越高，煤的灰熔点越高，对应化合物即二氧化硅、氧化铝等；煤灰分中石膏、石灰石、方解石、赤铁矿含量越高，煤的灰熔点越低，对应化合物即硫酸钙、碳酸钙、氧化铁等，这些碱金属硫酸盐和富铁氧化物也是煤炭燃烧过程中引起煤炭结渣的主要原因。

另外，煤气化的结渣行为与煤炭中矿物质的玻璃化过程和炉型、煤种等密切相关。研究表明，铁硅酸盐玻璃化作用产生的黏附灰渣颗粒对神华煤气化炉结渣具有重要影响；1 100 ℃左右时低熔点共融物铁尖晶石以及钙长石等的形成是引起晋城无烟煤流化床气化过程中结渣的主要因素，且在 1 200 ℃高温处理后煤灰快速冷却时，铁、钙元素主要转化成玻璃态物质；大部分钙、铁等助熔组分富存于由长石类矿物经熔融和烧结形成的结块中，促进了气化炉的结渣过程和结渣的致密性。

煤炭灰分中钙、铁矿物质的存在不仅能降低煤的灰熔点，还能促进非晶体玻璃态结渣和气化渣的致密化。由于非晶体玻璃态物质在一定条件下能够发生二次水硬化反应，具有一定的火山灰活性，能够提高炉渣的火山灰效应；而气化渣的致密化则可以提高其用于建材集料的强度。因此，有企业曾尝试向煤粉中加入含钙类矿物以降低煤灰熔点，但是含钙矿物过量，往往会导致气化渣中游离氧化钙增加，经高温煅烧的游离氧化钙结构致密，水化缓慢，而且水化生成的产物体积明显增加，在硬化水泥浆体系中造成局部膨胀应力，最终导致水泥或混凝土抗折强度下降，安定性受到影响。煤炭的灰分组成对煤气化灰熔点和煤气化炉渣的特性及其最终利用途径有着极为重要的影响。

3）残碳对煤气化炉渣的影响

残碳含量与煤种、气化工艺、运行情况等因素有关，不同种类的煤气化炉渣中残碳含量差异较大。一般来讲，气化细渣的停留时间比气化粗渣短，造成细渣较粗渣残碳含量高，机械强度较粗渣低，如神华宁煤集团大甲醇厂采用四喷嘴对置式气化炉，细渣含碳量为 20.61%，粗渣含碳量不高于 3.1%；小甲醇厂采用 Texaco 气化炉，细渣含碳量高达 31.28%，粗渣含碳量不高于 3.6%;烯烃公司采用 GSP 气化炉,细渣含碳量为 21.44%,粗渣含碳量不高于 2.05%;神华包头煤化工公司采用 GE 气化炉,细渣和粗渣含碳量分别为 22.0% 和 4.8%。

另外,残碳在粗渣、细渣中的分布也不均,将某商业煤气化炉渣分为未燃炭、页岩炭和炭收缩核三部分,其中未燃炭主要由惰性煤生成的密实炭颗粒组成,粒径集中在 4~13 mm,与原料煤颗粒相比具有较低的灰分、硫含量(0.29%~0.31%)和较高的固定碳含量;未燃炭又可以分为残余煤颗粒、实心炭、层状炭和多孔炭,而层状炭和多孔炭具有高孔隙和高比表面积,具有用于制造活性炭和其他高附加值碳材料的潜质。然而,较高的残碳含量将不利于煤气化炉渣用于水泥和混凝土原料,残碳本身属于多孔惰性物质,不仅会增加新拌混凝土的需水量,造成混凝土沁水增多,干缩变大,进而降低强度和耐久性;而且会在颗粒表面形成一层憎水膜,阻碍水化物的胶凝体和结晶体的生长与相互间的联结,破坏混凝土内部结构,造成内部缺陷,从而降低混凝土抗冻性。因此,残碳含量是影响煤气化炉渣利用途径的关键指标。

3　煤气化渣的综合利用

目前,国内外关于煤气化渣的综合利用研究主要在建材原料、循环流化床掺烧料、井下回填以及高附加值材料等方面。煤气化渣用作建材是基于高温高压条件下气化炉和锅炉对颗粒煤中无机相的熔融重整,使其内部结构发生变化,获得了与建材原料(烧砖、水泥等)相似的组成和性质。Choudhry 等人第一次报道证实了煤气化渣可以用作建材方面的生产原料。煤气化渣中大量的硅铝氧化物是使其具备一定的火山灰活性,可用作水泥原料。研究表明通过以煤气化渣为原料制备出了 8 d 抗压强度为 48.8 MPa 的硅酸盐水泥,掺杂 70% 的煤气化细渣生产的水泥具有更高的抗压强度,这些研究都进一步证实了煤气化渣制备水泥的可行性。也有研究表明:利用煤气化粗渣、水泥和石英砂按照一定比例混合,成型后再经过湿法和蒸汽养护装置可得到免烧材料。

煤气化渣经过环保处理后,还可以用于路面与道面基层、工程填筑、混凝土材料等方面。由于不同产地的煤源以及不同的气化工艺条件得到的煤气化渣具有很大差异,而且在安全环保、实际工业化生产以及地区企业经济效益方面还存在众多问题,因此,煤气化渣用作建材方面还需针对性研究利用。例如,宁东地区煤气化渣含水较高(粗渣含水 30%,细渣真空抽滤后含水 50%),用于建筑材料会增加能耗成本;煤气化渣中残碳含量高,碳粒多孔结构会导致新拌混凝土需水量的上升,从而增加混凝土的含水量和收缩率,降低强度和耐久性;其次,宁东地区地处偏僻,对建材需求量小,产品外销运输成本高,所以气化渣作为建材原料利用并不适用于宁东地区。煤气化渣用作循环流化床掺烧料,是基于煤气化渣高残碳,并具有反应性的特点。另外,经循环流化床燃烧可减少煤气化渣中的残碳量,能够作为建材原料再利用。煤气化渣用作井下回填是将其与砂、石(破碎后)、水等混合成浆,黏结性和惰性不足时可加入黏土强化,这是基于煤气化渣粒径小和易混合成浆的特性。虽然井下回填技术可以利用成熟工艺实现煤气化渣的大量消纳,但是仍需进一步研究探讨煤气化渣填充的安全性,尤其是重金属元素的浸出污染。

煤气化渣制备高附加值材料,是利用了煤气化渣中存在丰富的硅铝资源特性。通过调节高岭土、煤气化渣和碳酸钙的配比,成功制备出了陶瓷材料。以煤气化细渣为原料,通过非水热溶胶一凝胶法制备出了形貌规整的 MCM-41,且具有 1 347 m²/g 的比表面积。采用氢氧化钾活化法将煤气化细渣活化后制成可应用于工业废水中铅离子去除的活性炭,其比表面积最高可达到 2 481 m²/g。利用酸浸和低温固相活化的方法提出煤气化细渣中的硅源铝源,后加入特定模板剂可得到高比表面积,形貌整齐的二氧化硅介孔材料。基于煤气化渣制备了陶瓷材料,研究发现在 1 100 ℃下制备的平均孔径为 5.96 μm,孔隙率为 49.20% 的介孔陶瓷材料具有最优的抗压性能。

通过对煤气化渣国内外研究现状的分析,结合宁东煤气化粗渣的特性以及企业降低处理成本的需求,可以确认宁东煤气化粗渣适用于井下回填等综合利用方法,而研究高附加值材料正好可以满足企业的需要,解决煤气化粗渣大量堆积的现状,制备的材料还可以用于废水中污染物的去除。

在充分了解煤气化粗渣化学组成和物理性质等特点的基础上,其中高含量 SiO_2、Al_2O_3 和未燃碳都有助于形成一定的空隙结构,沸石恰好有此特性,基本骨架结构由硅氧和铝氧四面体构成,且具有丰富的孔道结构,可用作吸附剂,根据孔道大小选择性去除废水中的不同污染物。因此,以煤气化粗渣为原料制各高附加值的沸石材料,不仅可以减轻废弃物对环境的巨大压力,而且可以大大降低处理废渣和废水的成本,达到"以废治废"的目的。

3.1 煤气化粗渣的利用

3.1.1 在路基建材方面的应用

路面结构由面层、基层、垫层组成。目前气化渣在路面材料的应用研究主要是作为混凝土结合料和细集料应用于面层及基层。面层材料类型主要为水泥混凝土、沥青混凝土、路拌沥青碎石。基层分为无机结合料稳定基层和碎、砾石基层。气化细渣主要成分 SiO_2、Al_2O_3、Fe_2O_3 具有火山灰活性,在 $Ca(OH)_2$ 碱性溶液环境下可水化硬化,因此可用于混凝土结合料。粉煤灰及其他工业废渣中 SiO_2、Al_2O_3、Fe_2O_3 总质量分数应大于 70%、烧失量质量分数不高于 20%,湿排粉煤灰含水率不高于 35%。根据以上要求,许多研究者把细渣作为掺料进行研究。而气化粗渣颗粒具有如同细集料和砂一般的级配,用煤气化粗渣替代细集料或砂,加工简单,是煤气化粗渣用于混凝土的有效途径,并且粗渣的火山灰活性成分能与无机胶凝材料发生反应,使混凝土的后期强度有所提高。

气化炉渣在欧洲国家建筑和道路行业中的应用已进入工业化阶段,美国、日本等通过筛分、磁选得到合适粒级炉渣,与其他建筑骨料混合,作为石油沥青路面材料。国内对气化炉渣在路面、基层材料上应用研究起步较晚。有研究以 Texaco 炉气化渣为道路基层材料,结果表明,只有粗渣适合作为半刚性基层材料,确定出悬浮与骨架密实结构的最佳掺和质量分数分别为水泥 4%、石灰 3%、煤气化粗渣 25%。此外,有研究者利用气化粗渣、细渣制出高模量沥青混凝土材料,发现气化渣富含石墨相,与沥青兼容性较好,提高了沥青与集料的黏附性,同时由于气化渣疏松多孔,沥青组分及高聚物组分渗入其中,提高了沥青胶浆的弹性和刚度模量,可有效抑制路面车辙的产生。

由于不同产地的煤源以及不同气化工艺条件得到的煤气化渣具有很大差异,且在安全环保、实际工业化生产以及地区企业经济效益方面还存在众多问题,因此,煤气化渣用作建材方面还需针对性研究利用。例如,宁东地区煤气化渣含水较高(粗渣含水 30%,细渣真空抽滤后含水 50%),用于建筑会增加能耗成本;煤气化渣中残碳含量高,碳粒多孔结构会导致新拌混凝土需水量的上升,从而增加混凝土的含水量和收缩率,降低强度和耐久性;其次,宁东地区地处偏僻,对建材需求量小,产品外销运输成本高,所以气化渣作为建材原料利用并不适用于宁东地区。

3.1.2 在陶瓷材料方面的应用

烧结砖和陶粒是利用黏土、页岩、煤矿石、粉煤灰、污泥等无机材料经混料、成型、烧结而成,主要用于建筑物承重部位,陶粒的直径为 5~25 mm。利用气化渣中的 SiO_2、Al_2O_3、Fe_2O_3 等活性成分,在 1 100~1 200 ℃高温环境下,使其形成钙长石、莫来石、石英、方石英等骨架及液相成分,赋予制品强度。由于气化渣中残碳和 Fe_2O_3 在烧结过程中可释放气体,形成气孔,降低制品的密度,还可以充分利用气化炉渣中残碳热量。与其他原料相比具有一定的膨胀性与降低能耗的作用。由于气化渣中 SiO_2、Al_2O_3 含量低,添加过多会减少钙长石、莫来石骨架成分的形成,影响烧结砖或陶粒的强度。研究发现,要得到质量较好的烧结制品,原料中须添加高硅铝成分、黏结剂、造孔剂等外加剂,达到降低密度、提高强度的目的。

有研究者利用粉煤灰、气化渣及外加剂,通过混料、造粒、烘干、烧结等工序制作了烧结陶粒,陶粒堆积密度 <700 kg/m³,筒压强度可达 10 MPa 以上。其中,粉煤灰用量 40%~90%,气化渣颗粒用量 10%~30%,外加剂为钾长石、钠长石、半焦、碳化硅等。烧成试样与一般黏土砖相比具有体积密度低和气孔率高的特点,可作为保温性能优良的墙体材料。

此外,还有研究以煤气化渣为原料,在较低温度下采用模压成型工艺烧结制备多孔陶瓷,在最佳操作条件下多孔陶瓷平均孔径为 5.96 μm,孔隙率为 49.2%,具有优异的性能。研究表明在最佳实验条件下陶粒筒压强度符合国标要求,陶瓷粒能符合环境安全标准;经过浸出毒性测试后发现,免烧工艺能够对煤气化煤渣中重金属起到固定作用,有良好的市场化前景。

除上述方法外,碳热还原氮化法是制备氮化物粉末的一种简单、低成本的方法。其原因是碳热还原氮化法所需氮源可由 IGCC 系统的空气分离装置提供,降低生产成本。有研究者研究了不同温度下碳还原氮化过程中煤气化渣的网络结构、相变和形态转变,结果表明在煤气化渣的还原氮化过程中主要是 Ca-Si-Al-O 玻璃组分发生反应,此外非晶态的煤气化渣由 AlO_4 四面体支化的 SiO_4 四面体骨架网络组成,可当作玻璃组分处理。煤气化渣的氮化过程是由 Ca-Si-Al-O 玻璃组分开始,随着玻璃组分的连续氮化,O-SiAlON 首先在煤气化渣表面形成,之后进一步转化为富氮 SiAlONs,最终转化为 Ca-α-SiAlON,每次相变转化都有明显的形态过程。最后,使用两步净化法制备了高浓度 Ca-α-SiAlON 粉末,转化率达 45%。利用煤气化渣中的多种物质制备陶瓷材料,不仅实现了煤气化渣的高效利用,而且煤气化渣经过处理后只产生少量废弃物,但制备流程复杂、成本高等问题限制了其工业化应用。

3.1.3　在建材方面的应用

目前,我国煤气化量规模巨大,产生了大量煤气化渣,据统计宝鸡长青能源厂的煤气化渣日存储量在 200 t 以上,由于煤气化渣的建材利用技术简单、高效且使用量大,受到了广泛关注。煤气化渣中残碳含量对水泥和混凝土原料的应用有很大影响。残碳含量较高会阻碍气化渣与石灰和水泥发生胶凝反应,这是由于残碳属于多孔惰性物质,会增加需水量,降低混凝土的强度和耐久性,此外残碳的存在使得颗粒表面形成一层憎水膜,这种憎水膜会破坏混凝土内部结构降低混凝土性能,因此残碳量较高将不利于煤气化炉渣用作水泥和混凝土原料。研究表明,煤气化渣烧失量一般在 10% 以上,大多数煤气化渣都难以满足国标要求,因此通过分选富集来降低煤气化渣中的残碳含量,但干法分选对原料要求较高、分选效率低、湿法分选流程长、投资高,目前没有更好的分选方法。

粗渣和细渣的水化产物在微观结构上存在较大差异,粗渣砂浆由卷曲的层板和针条构成的密集网络组成,细渣砂浆由光滑的球体和松散的絮体组成。此外,粗渣和细渣在矿物相的组成上也存在较大差异,粗渣砂浆中含有 C-S-H 凝胶、钙矾石和硅酸盐矿物,其中丰富的活性矿物相有利于胶凝反应强度的提升,进而提高砂浆强度;细渣砂浆中包括铝酸盐、硅酸钙和残余碳。这 2 种砂浆中都含有石英、Ca(OH)$_2$ 和绿泥石。粗渣砂浆中的 Ca(OH)$_2$ 含量明显高于细渣砂浆,且钙矾石仅存在于粗渣砂浆中。

有研究者利用煤气化渣制作免烧砖,掺杂 35.6% 煤气化渣在 100 ℃蒸发 18 h,制备出了符合国家标准的免烧砖,如图 5-4 所示;利用挤出成型法将气化渣制作墙体材料,在最佳操作温度下添加 20% 煤气化渣制备出了密度低于 1.45 g/cm³、抗压强度高于 30 MPa 的墙体材料。很多企业已将煤气化渣用于建材的产业化生产,宝鸡汇德三废开发利用公司利用煤气化渣生产了各类地砖、园艺、道路用材,取得良好的经济与环境效益。

煤气化渣用于建材是实现煤气化资源化利用简单有效的方式,能够实现煤气化渣的大宗利用,有普适性较强、不需要经过分选和不产生二次污染物等优点。然而,该方法对煤气化渣中残碳含量有较高的要求,利用合适的方式分选出残碳后再对煤气化渣进行建材利用是以后发展方向。

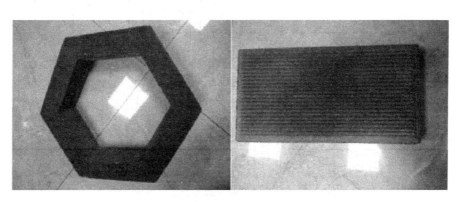

图 5-4　利用煤气化渣生产的免烧砖

3.1.4 在催化剂方面的应用

由于气化渣中 Fe-Ca 氧化物和 Fe 氧化物等催化组分的存在,煤气化渣中的无机成分可以对碳气化产生明显催化作用,且粗渣的催化活性优于细渣。以气化炉渣为原料可合成镍基催化剂,该工艺由氢氟酸腐蚀气化渣、氢氧化铝加成、镍浸渍和煅烧组成。由于镍沉积在催化剂颗粒的外表面,合成的炉渣催化剂中镍的活性约是工业催化剂的 3.2 倍。

3.1.5 在混凝土工程方面的应用

煤气化粗渣大多为层片状、不规则颗粒状,含有大量碳、氧、硅、铝、钙、铁等元素,存在火山灰活性的硅氧、铝氧或铝—硅—氧相,将激发剂(硫酸钙与氢氧化钠组合)加入气化细渣中,激发气化粗渣的火山灰活性,促进煤气化粗渣水泥胶凝体系中水化产物的生成,提升胶凝材料的结构强度。

3.2 煤气化细渣的利用

结合气化细渣含碳量高、硅铝含量高、比表面积大、孔隙结构发达等特点,发展出的气化细渣资源化利用方式包括高含碳气化细渣的浮选分离技术、在现有燃烧设备内掺烧、用于土壤改良、合成及制备材料、用于水处理工艺。气化细渣特性及对应的资源化利用方式如 5-5 所示。其中,通过浮选分离技术得到的高含碳碳粉可直接用于燃烧设备的掺烧原料,或制备活性炭;得到的低含碳灰粉可以用于制备复合材料、水处理材料等高附加值利用方式,从而实现气化细渣的分级化利用。

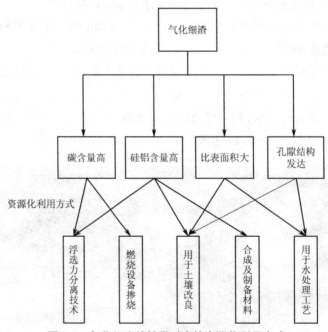

图 5-5　气化细渣特性及对应的资源化利用方式

3.2.1 高含碳气化细渣的浮选分离技术

浮选作为选别富集矿物的重要手段,广泛应用于细粒级金属矿、非金属矿,以及煤的分选加工中。现有的掺烧利用方式多将气化细渣低比例掺混入燃料后直接进入燃烧设备掺烧。

有文献提出先将气化细渣分离得到低碳粉煤灰和低热值炭粉后再分别利用的方法,为气化细渣的浮选碳富集提供了应用思路。但是,煤在经过高温氧化燃烧后,未燃尽的有机质颗粒表面物化性质发生了较大变化,失去 50% 以上的脂肪链结构,表面氧化严重,导致灰渣中大量未燃碳颗粒的可浮性比入料原煤差,增大浮选的难度。此外,通过对气化细渣粒度、表面形貌、表面官能团及湿润热分析可知,气化细渣表面虽然氧化严重但仍具有一定的疏水性,采用浮选方法实现气化细渣中未燃碳与灰渣的分离和提纯具有可行性。同时,有文献指出气化细渣的矿物组成和润湿性能与粉煤灰指标相似,粉煤灰浮选已经工业化,气化细渣也具有浮选脱碳的可行性。

相比于直接掺烧气化细渣的方式,通过浮选脱碳得到的碳粉可直接用作燃烧设备的掺烧原料,得到的灰粉可用于建材、道路桥梁工程,或制备复合材料、水处理材料等高附加值材料,实现气化细渣的分级高值化利用。现阶段浮选脱碳优化利用技术多处于试验阶段,缺少规模化利用的经验借鉴,浮选过程中的设备、浮选药剂、人工成本等方面的耗资与浮选碳富集取得的经济效益有待进一步核算。

3.2.2　在现有设备内掺烧

残碳含量高且粒径在合适范围内的气化炉渣可以考虑循环流化床锅炉掺烧。通过进行气化渣与煤泥掺混流变性试验,发现气化炉渣与煤泥质量比 1∶1 混合制成水分 30%±2% 的浆料可通过煤泥泵进行输送,掺混后燃料的发热量可满足锅炉设计要求,对锅炉效率及稳定运行基本无影响。有研究将气化炉渣、煤泥、白泥以一定比例混合,采用煤泥管道输送至流态化锅炉燃烧,不仅解决了气化炉渣、白泥等的固废利用问题,而且白泥石灰石含量高、颗粒细、活性高,可极大提高锅炉脱硫效率,环境效益显著。目前,部分企业利用该技术进行气化炉渣处置,气化细渣含碳量高于粗渣,更适合作为掺烧原料。

3.2.3　用于土壤改良

利用气化细渣硅铝含量高、比表面积大、孔隙结构发达等特点,对我国较大面积的盐碱地、沙化土地进行土壤改良,经试验验证或实际种植情况均达到较理想效果,为气化细渣资源化应用于农业生产领域提供了技术指导。现有将气化细渣用于土壤改良的应用包括作为土壤调节剂、生产硅肥原料、制备种植砂等。以下就气化细渣用于土地改良 3 个方面的应用作出详细介绍。

1)作为土壤调节剂

利用气化细渣含有较为丰富钙镁等元素的特点,制备改良土壤理化性状的土壤调理剂,可有效提高土壤的保肥能力;可改善土壤物理性质和营养状况;利用气化细渣呈多孔结构、比表面积高等特点负载有机菌肥,持续生产活性腐殖酸,当年种植水稻产 750 kg/ha,增产 90% 以上。有文献探讨了气化细渣作为碱性沙地土壤改良剂的可行性,种植试验表明当施用肥料中气化细渣质量分数为 20% 时,土壤容重降低、土壤保水能力提高,并显著提高了玉米和小麦的发芽率,如图 5-6 所示。

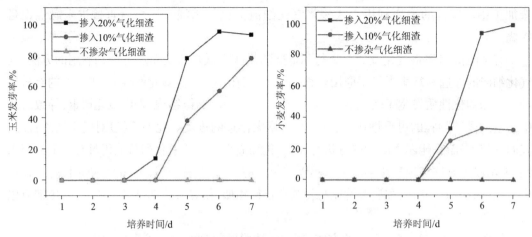

图5-6　气化细渣施用量对玉米和小麦发芽率的影响

2）作为生产硅肥原料

气化细渣可作为硅肥原料,有文献分析了不同物理和化学处理方式对气化细渣样品的可萃取 Si 质量比的影响。结果表明,除煅烧处理外气化细渣可浸出 Si 质量比稳定在 60 ± 2 mg/kg,在相同的加工条件下,气化细渣的可萃取硅质量比高于其他硅源样品;在温室中以不同的气化细渣掺入量进行了 120 d 的水稻生长试验,测定水稻种植前后的土壤硅质量比和水稻生长照片,如图 5-7 所示。当掺入量为 5% 时对水稻的生长促进作用显著,相比于对照检查组(CK)水稻茎部更粗壮、叶片更嫩绿,验证了气化细渣作为硅肥来源的可行性。

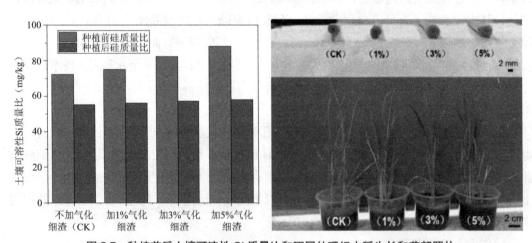

图 5-7　种植前后土壤可溶性 Si 质量比和不同处理组水稻生长和茎部照片

3）作为种植砂

气化细渣较小的粒径、结构上的多孔性和丰富的微量元素,可保证植物根部的正常呼吸并储存一定的气体、水分和营养物质,加入腐殖酸等物质混合施用可实现优势互补,提高土壤的保水保肥能力和土壤的透气能力。此方法降低了种植砂的原料成本,适用于无土栽培基质、普通种植材料、沙漠治理等领域,为气化细渣提供了有效的回收利用途径。我国西北地区较大面积的盐碱地、沙化土地有待改善,气化细渣用于土壤改良不仅有利于消纳产量巨大的气化细渣,还可以实现低成本增产增收、改善环境的附加经济效益,在气化细渣高附加值资源化利用方面有较高的发展前景。

3.2.4　用于合成及制备材料

对于高质量固废进行资源化利用,利用气化细渣含碳量高、硅铝含量高等特点制备建筑材料、合成高附加值的复合材料尚处于试验推广阶段,大规模消纳利用、大批量高附加值转化尚缺乏工程经验,已有研究可以为气化细渣高效地应用于工业生产领域提供指导。

1)制备建筑材料

粗渣和细渣中较高的未燃碳阻碍了其作为水泥和混凝土添加剂的利用,可通过筛分降低细渣碳含量,从而利于气化细渣直接用于水泥和混凝土。有文献提出将磨后细粉与黏土按质量比 7：3 比例充分混合,加入 10% 纸浆废液作为结合剂可制备 MU7.5 以上建筑用砖,因烧成试样的体积密度低、气孔率高,可得到保温性能好的墙体材料。此外,气化细渣的小粒径和还原性,决定了气化细渣可作为一种有效添加剂,在正常烧制温度下改善烧结过程,烧制的建筑陶瓷试件的烧结性能较好,吸水率、饱和系数、机械强度均比未加气化细渣的标准件有所提高。

由于气化细渣烧失量大,且高的残碳含量阻碍气化细渣与水泥或石灰之间的胶凝反应,因此不能直接用于建筑材料。将气化细渣与其他原料混合后烧制节约了烧制材料投入,降低了气化细渣含碳量,实现了气化细渣资源化利用。有文献通过生产运行,在气化细渣掺和量为 5% 时,单位熟料节约煤耗在 10.0 kg/t 左右,可以替代部分原煤降低水泥生产成本。

2)合成高附加值复合材料

有文献以气化细渣为原料制备出一种高效、低成本的中孔树脂除臭剂,结果表明除臭效果是常见除臭剂的 3 倍左右;新型除臭剂挥发性有机物(VOCs)挥发量减少,热稳定性提高,力学性能优于沸石等常见除臭材料。

有文献对气化细渣球形微颗粒进行加工,用以代替 $CaCO_3$ 作为提升热塑性材料 ABS(丙烯腈-丁二烯-苯乙烯)树脂性能的填料,合成的复合材料具有较好的流动性和加工能耗优势。利用气化细渣代替 $CaCO_3$,作为新型橡胶填料。研究表明,随着气化细渣粒径的减小,材料的力学性能得到改善,气化细渣中的未燃碳使材料固化性能、力学性能和分散性能得到改善,提高了填料与基体的相容性,具有替代橡胶中 $CaCO_3$ 的潜力。

利用气化渣中高二氧化硅,高氧化铝和高残碳的特点,制备如 sialon 材料、烧结陶粒等高附加值产品,或采用酸浸高压强化提铝技术回收高氧化铝气化渣中的金属铝,但大多数仍处于实验室研究阶段,再加上这些技术相对复杂,实现工业化过程中投资大,风险高,短期内难以成为主流应用技术。

3.2.5　用于水处理工艺

利用气化细渣比表面积大、孔隙结构发达等特点,将气化细渣与部分材料混合后进行一定的活化、改性处理可获得水处理材料,用以替代价格较高的脱水剂和吸附剂,大大降低了污水处理成本,从而实现气化细渣资源化利用。

有文献通过破坏气化细渣表层结构,激发其化学活性,得到用以改善污泥脱水性能的改性气化细渣。实验测定当投加量为污泥干重 20% 时污泥脱水性能达到最佳（图 5-8 所示），实现了改善污泥脱水性能的作用。以煤气化细渣为原料，用 KOH 在 800~950 ℃活化制备具有较高比表面积的多孔碳化硅复合材料，采用过硫酸铵氧化法进行表面改性；当溶液 pH 值为 5 时，改性多孔碳硅复合材料对质量浓度 100.0 mg/L 的 $PbCl_2$ 溶液中 Pb^{2+} 的平衡吸附量达 124 mg/g，Pb^{2+} 去除率达 98.2%，实现了对质量浓度 Pb^{2+} 的有效吸附，结果如图 5-9 所示。

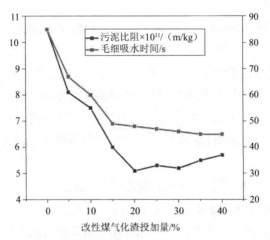

图 5-8　改性煤气化灰渣投加量对污泥的污泥比阻及毛细吸水时间的影响

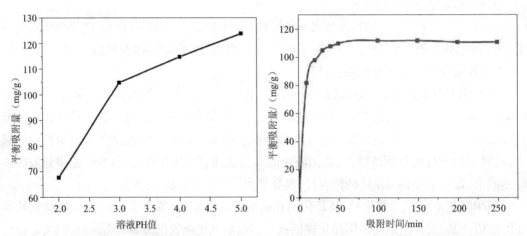

图 5-9　溶液 pH 值对改性碳硅复合材料吸附 Pb^{2+} 的影响及 Pb^{2+} 吸附量随时间的变化

3.2.6　用于制备加气混凝土

加气混凝土砌块是以硅质材料（砂、粉煤灰、含硅尾矿、气化渣等）和钙质材料（石灰、水泥）为主要原料，掺加发气剂（铝粉），通过配料、搅拌、浇注、预养、切割、蒸压、养护等工艺过程制备的轻质多孔硅酸盐制品，具有容量轻、吸声效果好、易加工、抗震等优点。其工艺流程图如图 5-10 所示。

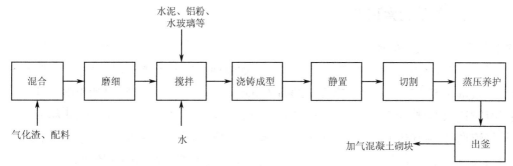

图 5-10　气化渣综合利用途径

1）活性效应

煤气化细渣玻璃体主要是硅、铝和其他酸性氧化物,在高湿度下这些氧化物会与碱性物质发生化学反应,生成一些溶胶类型的硅铝酸盐,这些溶胶材料可使体系中的各种粒子结合,不仅有效提高混凝土的强度,还在一定程度上提高混凝土的耐腐蚀性。

2）微集料效应

煤气化细渣中的玻璃体是一种亚微米的颗粒物,会填充于混凝土中的大颗粒之间,使混凝土密度增大,结构强度增强,致密性及均匀性提高。

3）形态效应

煤气化细渣中的玻璃体形态规整,结构光滑致密,表面无明显裂纹。将其中的玻璃体混于混凝土中,其固体颗粒之间会以球形切面的形式相互接触,有效减小固体颗粒之间相对运动时的阻力,以减小混凝土的黏度,发挥一定的减水和沉降絮凝效果,有效改善混凝土的流变性能。

3.2.7　用于精细化深加工

1）烟气脱硫

气化渣中的玻璃含有碱性氧化物,用于吸收填料以脱硫烟气。再将气化后的细矿渣玻璃加到熟石灰浆中,其中 SiO_2 反应生成比表面积大、含水量高的硅酸钙水合物,其脱硫活性是熟石灰的 5 倍。

2）制备沸石

目前从电厂粉煤灰中制备各类分子筛的研究比较多,但以气化细渣为原料合成沸石分子筛的研究较少,其可应用于污水中重金属离子的脱除,这既能够解决气化细渣的污染问题,又能有效地处理工业废水,实现以废治废。

3）用作高分子聚合物填料

对气化细矿渣的玻璃体进行精炼,可用于改性高分子材料。如填充 PVC 塑料可提高弯曲挠度和耐热温度,气化细渣粒度越小,塑料的强度和耐磨性越强;若填充到橡胶制品,会对橡胶起到补强、硫化的作用,在一定程度上代替炭黑。

3.3　煤气化渣的元素利用

3.3.1　气化渣中残碳的利用

煤气化渣中残碳的含量受到多种因素影响（如煤种、气化炉种类、气化炉的操作条件），粗渣的残碳量在 5%~30%，粒径分布在 1.20~4.75 mm;细渣的含碳量较高，可达 30% 以上，其残碳量有时达 50%，粒径小于 1.2 mm（表 5-11）。粗渣和细渣含碳量差别主要是因为细渣通常会被气流携带，在气化炉内停留时间较短，气化不完全，煤粉转化率较低;粗渣通常在炉内停留时间较长，气化较完全，煤粉转化率较高，故细渣的残碳含量较高而密度较低，粗渣则相反。

表 5-11　煤气化渣粗渣与细渣的残碳量

炉型	进料方式	煤气化渣样	残碳量 /%
德士古气化炉	水煤浆进料	粗渣	18.89
德士古气化炉	水煤浆进料	细渣	31.38
GSP 气化炉	干粉进料	细渣	21.44
GE 气化炉	水煤浆进料	粗渣	17.99
航天炉	干粉进料	粗渣	5.09
多喷嘴气化炉	干粉进料	粗渣	15.32

煤气化渣特别是细渣中的残碳含量过高会导致煤气化渣难以利用，但过高的碳含量意味着煤气化渣中有较高含量的可燃烧有机物，此类煤气化渣可进入循环流化床锅炉燃烧用于供能。目前国内外学者对煤气化渣中残余碳的利用主要集中在将残碳分离后制作具有高附加值的活性炭。气化残渣中的残碳具有较高的比表面积和微孔面积，主要以絮状无定型态存在，可作为活性炭或优质炭产品的前驱体。

由于煤气化炉渣中残碳含有的有机物及挥发分很少且具有一定的孔隙结构，制备过程省去炭化过程，只需活化过程即可制备活性炭，简化制备工艺，因此利用煤气化渣中的残碳直接活化制备活性炭是煤气化渣资源化利用的有效途径。目前，从煤气化渣提取残碳制备活性炭的方法鲜见工业化利用报道，主要是由于这种方法对煤气化渣的残碳含量具有较高要求，一般只适用于煤气化细渣，局限性较强。此外，此方法的筛选流程比较复杂，筛选过程中可能会产生影响环境的物质，提取残碳后的煤气化渣的再利用也是需要解决的问题。

3.3.2　气化渣中铝的回收与利用

随着国内优质铝土矿的日益枯竭，以及环保压力的与日俱增，从工业含铝固废提取铝元素的研究逐渐成为热点。煤气化渣中铝含量达 10%~30%，特别在利用高铝煤作为原煤进行气化时，煤气化渣中 Al_2O_3 含量达到 46.64%。煤气化渣中铝元素主要以非晶态铝硅酸盐和石英相、铁钙等杂质与铝硅酸盐嵌黏夹裹的形式存在，通过浸出方式将煤气化中活性铝提纯并制备高附加值的含铝产品是煤气化渣资源循环利用的潜在利用途径之一。

以煤气化渣为原料，利用酸浸液法制备聚合氯化铝絮凝剂，通过考察酸浸过程不同因素对氧化铝浸出率的影响规律，在最佳工艺条件下第 1 次氧化铝浸出率为 44.00%，经 4 次循环酸浸后,酸液中铝离子浓度达 28.00 g/L。以该循环富铝酸液为聚铝原料,最佳工艺条件为聚合温度 80 ℃,聚合时间 120 min,铝酸钙粉添加量为 0.25 g/mL。在该工艺条件下,产品中氧化铝含量在 10%~11%,符合国家工业废水处理中采用聚合氯化铝产品的标准。

从煤气化渣中提取氧化铝,并利用氧化铝生产高附加值的产品,是煤气化渣综合利用的有效途径。目前主流的提取煤气化渣中铝元素的主要方法是酸浸和碱浸,这两种方法在提取铝元素过程中会产生大量酸性或碱性废水,煤气化渣经过酸浸或碱浸后会产生大量残余物,这些残余物组成复杂,目前鲜见提取氧化铝后煤气化渣再利用的报道。此外该方法对煤气化渣中铝元素含量要求较高,普适性不强。

3.3.3　气化渣中硅的利用

气化炉渣中的硅元素主要以 SiO_2 形式存在,在煤气化渣中占 30%~50%,具有很高的再利用潜力。煤气化渣中的 Si 原子均以四配位状态存在,且炉渣中各 Si 原子所处化学环境不同,还存在周围 Al 原子数量变化的 Q1、Q2、Q3 和 Q4 等结构状态。以煤气化渣为原料,通过 KOH 活化制成碳硅复合材料,比表面积为 1 347 m^2/g;使用煤气化细渣为硅源,通过溶胶—凝胶法制备的 MCM-41 具有均匀的六角形孔形状,比表面积为 1 347 m^2/g。但这两种方法都需较高的生产成本和相对复杂的制备工艺,难以实现大规模工业生产。

煤气化渣作为一种高温烧结的非晶态混合物,利用酸浸方式能有效除去可溶性金属盐,得到具有丰富介孔结构的无定型二氧化硅材料。二氧化硅多孔材料具有广阔的应用前景,同时酸浸处理是一种简单、经济、方便的工艺。因此,酸浸成孔技术可以有效解决煤气化渣作为固体废弃物的处理问题。利用煤气化渣中的硅元素制备高附加值的介孔材料是煤气化渣综合利用的有效方式,如前所述酸浸是主流的煤气化渣中硅元素的提取方式,但浸出废液的处理以及剩余残渣的处理与处置也是亟待解决的问题。

3.4　不同地区煤气化渣的特点

3.4.1　天津气化炉渣

1)细渣

结合图 5-11 和表 5-12 分析,天津气化细渣玻璃体主要有 4 种形态:富铁基玻璃体、富钙基玻璃体、铝硅酸盐基玻璃体和无定型碳颗粒,细碳颗粒由合成气夹带,经水洗和水粹急冷后产生的黑水经过滤后得到,导致其含碳量较高。

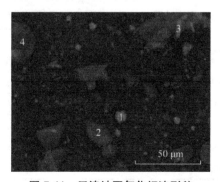

图 5-11　天津地区气化细渣形貌

表 5-12　天津地区气化细渣不同颗粒元素组成与分布

元素	含量 /%			
	颗粒 1	颗粒 2	颗粒 3	颗粒 4
O	36.33	5.36	60.60	36.10
C	0	92.21	0	0
Fe	58.61	0.31	0.59	14.29
Ca	1.73	0.21	37.74	7.88
Al	0.27	0.06	0.27	16.57
Si	2.37	0.24	0.80	15.84
Na	0	0	0	5.71
S	0	0	0	1.57

2）粗渣

结合图 5-12 和表 5-13 分析,天津气化粗渣玻璃体主要以铝硅酸盐玻璃体和无定型碳颗粒为主,大部分铁、钙、钠等元素与铝硅酸盐玻璃体赋存,部分铁以氧化物形式存在。由于干粉进料气化温度高,碳的分解效率较水煤浆进料高,因此干粉进料产生的气化渣含碳量低于水煤浆进料产生的气化渣,但因细碳颗粒进入黑水经过滤进一步富集,导致其含碳量比粗渣含碳量高。

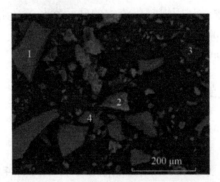

图 5-12　天津地区气化粗渣形貌

表 5-13　天津地区气化粗渣不同颗粒元素组成与分布

元素	含量 /%			
	颗粒 1	颗粒 2	颗粒 3	颗粒 4
O	40.91	30.89	3.33	50.71
C	0	0	94.69	0
Fe	1.41	69.11	0.78	1.40
Ca	1.73	0.21	37.74	7.88
Al	9.69	0	0.37	7.83

元素	含量 /%			
	颗粒 1	颗粒 2	颗粒 3	颗粒 4
Si	16.22	0	0.26	12.29
Na	1.44	0	0.09	2.30

3.4.2　茂名气化炉渣

1）细渣

结合图 5-13 和表 5-14 分析,茂名气化细渣玻璃体主要为铝硅酸盐玻璃体和无定型碳颗粒,铁、钙等元素主要与铝硅酸盐赋存。德士古炉气化温度低,使碳分解效率低,导致其含碳量较高。

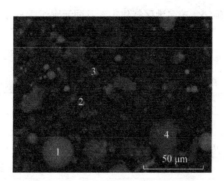

图 5-13　茂名地区气化细渣形貌

表 5-14　茂名地区气化细渣不同元素组成与分布

元素	含量 /%			
	颗粒 1	颗粒 2	颗粒 3	颗粒 4
O	30.66	49.00	40.51	17.91
C	0	0	0	77.66
Fe	33.39	6.23	16.02	0.79
Ca	11.41	15.25	7.84	0.93
Al	7.11	7.17	12.56	0.70
Si	13.72	15.19	19.21	1.52
Na	3.25	6.78	3.64	0.46

2）粗渣

结合图 5-14 与表 5-15 分析,茂名气化粗渣玻璃体主要为铝硅酸盐玻璃体和无定型碳颗粒,铁钙元素主要与铝硅酸盐赋存。水煤浆进料碱性元素含量高,熔点低,水淬过程中大部分碳颗粒易被铝、硅、钙、铁形成的玻璃体包裹,使其比两段炉废锅产生的气化渣含碳量高。

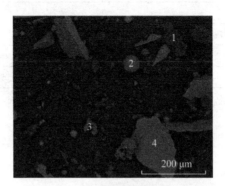

图 5-14　茂名地区气化粗渣形貌

表 5-15　茂名地区气化细渣不同元素组成与分布

元素	含量 /%			
	颗粒 1	颗粒 2	颗粒 3	颗粒 4
O	5.36	42.02	43.51	30.86
C	92.37	0	0	0
Fe	0.42	5.80	1.75	14.42
Ca	0.63	27.25	1.42	27.98
Al	0.37	6.00	23.98	7.09
Si	0.81	15.71	25.38	16.26
Na	0.15	2.88	3.18	2.72

3.4.3　枝江气化炉渣

1）细渣

结合图 5-15 与表 5-16 分析,枝江气化细渣玻璃体主要为铝硅酸盐玻璃体、富铁相和无定型碳颗粒,部分铁钙元素与玻璃相赋存。由于 Shell 炉干粉进料,煤中碱金属含量较低,熔点低,急冷过程极易形成球形小颗粒,将未燃碳包裹,从而导致气化细渣含碳量较高。

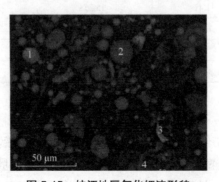

图 5-15　枝江地区气化细渣形貌

表 5-16　枝江地区气化细渣不同颗粒元素组成与分布

元素	含量 /%			
	颗粒 1	颗粒 2	颗粒 3	颗粒 4
O	31.07	59.57	0	5.86
C	20.64	0	0	83.42
Fe	36.30	2.69	64.33	4.74
Ca	6.16	10.46	0	5.32
Al	1.30	14.59	0	0.22
Si	2.04	26.79	0	0.32
Na	0.72	0.78	0	0.12
S	1.77	0	35.67	0

2）粗渣

结合图 5-16 与表 5-17 分析,枝江气化粗渣玻璃体主要为铝硅酸盐玻璃体、富铁相和无定型碳颗粒,赋存状态与细渣一致。气化粗渣含碳量偏高,因为急冷过程形成大块状固体,促进未燃碳的包裹。

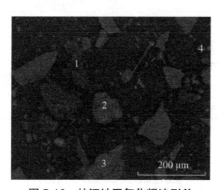

图 5-16　枝江地区气化粗渣形貌

表 5-17　枝江地区气化细渣不同元素组成与分布

元素	含量 /%			
	颗粒 1	颗粒 2	颗粒 3	颗粒 4
O	2.72	17.83	29.10	48.81
C	95.15	0	0	0
Fe	0.27	69.93	4.55	1.49
Ca	0.24	0.79	36.08	0.65
Al	0.36	3.66	10.42	12.05
Si	0.87	6.43	18.62	34.13
Na	0.38	1.36	1.24	2.87

3.4.4　岳阳气化炉渣

1）细渣

结合图 5-17 与表 5-18 分析,岳阳气化细渣玻璃体铁钙富集相对独立,少部分铁钙与铝硅酸盐玻璃体和无定型碳颗粒赋存,与枝江气化细渣产生过程相似、组成相似。

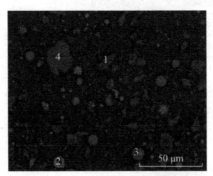

图 5-17　岳阳地区气化细渣形貌

表 5-18　岳阳地区气化细渣不同元素组成与分布

元素	含量 /%			
	颗粒 1	颗粒 2	颗粒 3	颗粒 4
O	6.83	34.65	49.72	47.68
C	87.65	0	0	0
Fe	1.38	48.71	03.15	31.69
Ca	1.62	2.59	03.34	31.69
Al	1.04	0	16.47	4.95
Si	1.43	1.59	21.98	8.15
Na	0.02	0	2.15	0.37
K	0.03	0	1.98	0.18
Mg	0	0	0.84	0.12
P	0	5.65	0	0
S	0	6.81	0	0

2）粗渣

结合图 5-18 和表 5-19 分析,岳阳气化粗渣玻璃体中无定型碳颗粒和富铁相颗粒可采用物理法分离,铝硅酸盐玻璃体中铁、钙等元素可采用化学法分离,岳阳气化粗渣与枝江气化粗渣产生过程相似、组成相似。

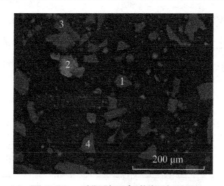

图 5-18　岳阳地区气化粗渣形貌

表 5-19　岳阳地区气化粗渣不同颗粒元素组成与分布

元素	含量 /%			
	颗粒 1	颗粒 2	颗粒 3	颗粒 4
O	23.90	12.46	5.84	47.36
C	0	0	92.95	2.17
Fe	12.64	82.42	0.27	6.73
Ca	35.26	0	0.31	6.10
Al	9.84	2.24	0.22	14.42
Si	15.96	1.75	0.32	21.59
Na	2.40	1.13	0.09	1.64

3.5　榆林地区煤气化渣概况

我国煤气化渣年产生量约为 2 500 万 t,主要集中在陕西榆林、内蒙古鄂尔多斯、宁夏宁东、新疆准东四大煤化工基地。以榆林市为例,榆林地区依托丰富的煤炭资源,围绕"三个转化"战略和"用煤先取油"理念,煤化工产业大力发展,已被列为四大国家现代煤化工产业示范区。目前已汇聚了世界先进的煤化工技术,已建成榆阳国内最大的甲醇生产基地,榆林板煤制油、煤制烯烃、百万吨煤间接液化、世界首套万吨级煤制芳香烃、全球首个煤油混炼以及粉煤干馏工业化试验等一大批具有世界领先水平的装置成功运行。同时榆林市正在建成国家煤炭分质利用基地,打造世界一流的煤化工产业集群,未来煤气化渣的产生量将进一步增加,榆林市煤气化渣在一般工业固体废物中所占比例越来越大。随着我国现代煤化工产业的大力发展,煤气化渣的产生量将会越来越大。

3.5.1　基本概况

以下陕西神木化学工业有限公司的 Texaco 气化炉炉渣的化学组成、矿物组成、岩相结构、显微结构和利用作出简要介绍。

1)气化炉渣的化学组成和相组成

Texaco 气化炉炉渣的化学组成见表 5-20。气化炉渣中主要成分是 SiO_2、Al_2O_3、CaO 和残余碳;此外,气化炉渣中氧化钙含量偏低;混合渣是按照气化炉排出的粗渣和细渣的比例混合后得到的样品。

表 5-20 气化炉渣的化学组成

试样	SiO_2	Al_2O_3	CaO	MgO	K_2O	TiO_2	Na_2O	Mn	S	P
粗渣	41.12	12.72	12.88	1.23	1.94	0.61	1.49	0.15	0.53	0.06
细渣	32.20	8.87	4.33	0.69	1.23	0.52	0.54	0.05	1.10	0.04
混合渣	38.16	10.99	8.75	0.97	1.64	0.59	1.12	0.09	0.68	0.05

气化炉炉渣 X 射线衍射谱见图 5-19,玻璃相和不定型物质含量很高,达到 90% 以上,晶相主要为石英和方解石。石英由高温液相冷却过程中玻璃相析晶而得;方解石是调整灰分熔点和熔体性质的助溶剂在气化炉中停留时间较短没有完全分解而残留在气化渣中形成的。

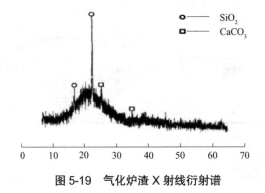

图 5-19 气化炉渣 X 射线衍射谱

2)气化渣的岩相结构和显微结构

气化渣岩相的结构如图 5-20 所示。图 5-20(a)主要为气化炉渣中的石英相、方解石和斜长石,由于气化炉渣中斜长石含量很低,因此 X 射线衍射图谱中没有出现斜长石衍射峰。图 5-20(b)主要为气化炉渣中的玻璃相以及玻璃相与残碳的伴生体。图 5-20(c)主要为玻璃相和树纹状残余碳,而图 5-20(d)则给出多孔状玻璃相和残余碳。由岩相分析结果可知,气化炉渣玻璃相和不定型残碳占有绝对多数,另外还存在石英、方解石、斜长石等晶相。

3)榆林煤气化细渣与粗渣的物理结构

细渣和粗渣都呈现多孔结构,细渣一般以 10 μm 左右的孔隙存在,且棱角分明(图 5-21(a)和(b)),但粗渣的孔隙直径比较大,大约 80 μm 左右,棱角比较光滑,且布满直径 2 μm 左右的小坑(图 5-6(c)和(d))。

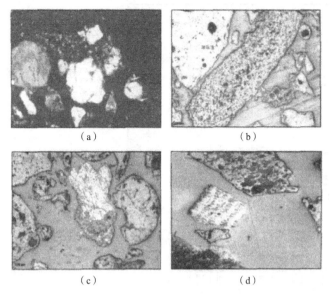

图 5-20　气化炉渣的岩相结构

（a）石英相、方解石和科长石　（b）玻璃相、残碳的伴生体　（c）玻璃相和树纹状残余碳　（d）多孔状玻璃相和残碳

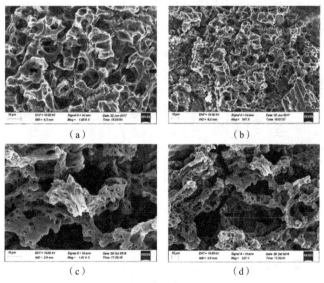

图 5-21　榆林煤气化细渣与粗渣的显微组织

（a）细渣放大 1 000 倍　（b）细渣放大 541 倍　（c）粗渣放大 1 010 倍　（d）粗渣放大 527 倍

4）重金属生物有效性的化学提取

对煤气化渣利用改进 BCR 法进行逐级洗脱,测定相关 12 种金属元素含量（Cd、Hg、As、Pb、Cr、Cu、Ni、Zn、Tl、Co、V、Sb）,结果表明（表 5-21）:细渣相关元素的残渣态含量都很低,大部分为非残渣态, Cr 和 V 的非残渣态含量较低,分别为 87% 和 78%,其余 10 种元素的非残渣态含量都在 90% 以上。粗渣中大部分元素的总量和非残渣态含量都比细渣高,只有 Pb、Tl、Sb 的含量比细渣低,可能与这些金属元素的性质和粗渣的形成过程有关。粗渣是

表 5-21　榆林煤气化细渣与粗渣重金属测定结果和相关背景值

mg/kg

污染项目	细渣总量	细渣非残渣态	粗渣总量	粗渣非残渣态	对照土壤	陕西省土壤元素背景值	中国土壤元素背景值	农业土壤污染元素背景值含量范围（平均值）
Cd	0.290 ± 0.003	0.269 ± 0.004	1.560 ± 0.008	1.520 ± 0.011	0.033 ± 0.001	0.094 ± 0.035	0.097 ± 0.079	0.03~0.10（0.09）
Hg	0.805 ± 0.008	0.805 ± 0.008	45.232 ± 0.352	43.035 ± 0.447	ND	0.03 ± 0.026 5	0.065 ± 0.08	0.019~0.052（0.03）
As	7.860 ± 0.091	7.408 ± 0.108	21.992 ± 0.130	20.840 ± 0.149	2.714 ± 0.064	11.1 ± 2.62	11.2 ± 7.86	4.9~5.8（5.3）
Pb	21.001 ± 0.146	20.269 ± 0.178	11.528 ± 0.111	0.311 ± 0.005	3.629 ± 0.097	21.4 ± 5.04	26.0 ± 12.37	6.8~9.8（8.5）
Cr	236.555 ± 1.496	208.773 ± 1.605	861.353 ± 7.734	103.221 ± 1.147	8.157 ± 0.074	62.5 ± 13.64	61.0 ± 31.07	39.5~44.2（4.9）
Cu	65.520 ± 2.547	62.007 ± 0.722	81.138 ± 0.512	41.483 ± 0.478	4.008 ± 0.103	21.4 ± 7.74	22.6 ± 11.41	9.82~12.4（11.1）
Ni	37.258 ± 0.496	33.631 ± 0.649	146.822 ± 0.599	78.354 ± 0.446	5.359 ± 0.257	28.8 ± 7.92	26.9 ± 14.36	15.9~18.2（17.0）
Zn	30.524 ± 0.179	28.145 ± 0.196	57.935 ± 0.435	47.895 ± 0.521	10.550 ± 0.687	69.4 ± 22.53	74.2 ± 32.78	30.6~37.9（34.3）
Ti	2.199 ± 0.011	2.163 ± 0.014	0.285 ± 0.002	0.282 ± 0.003	0.067 ± 0.002	0.481 ± 0.086	0.620 ± 0.216	
Co	19.093 ± 0.344	17.654 ± 0.428	28.029 ± 0.337	17.084 ± 0.339	1.895 ± 0.137	10.6 ± 3.4	12.7 ± 6.4	
V	60.345 ± 5.223	44.977 ± 0.169	168.00 ± 1.065	151.247 ± 1.114	10.811 ± 0.459	66.6 ± 26.44	82.4 ± 32.68	
Sb	1.220 ± 0.011	1.216 ± 0.014	0.771 ± 0.018	0.706 ± .023	0.002 ± 0.001	1.34 ± 0.167	1.21 ± 0.676	

经过湿法排出的,因此一部分元素已经被水溶解。粗渣元素的非残渣态含变化较大,Cd、Hg、As、Zn、Tl、V 和 Sb 的非残渣态含量在 83%~97% 之间,Cu、Ni 和 Co 的非残渣态含量在 51%~61% 之间,Pb 和 Cr 的非残渣态含量低,分别为 2% 和 12%。细渣中 As、Pb、Zn、V 和 Sb 没有超过陕西省土壤元素背景值,粗渣中 Pb、Zn、Tl 和 Sb 没有超过陕西省土壤元素背景值,其余元素都超过陕西省背景值数倍,其中 Hg 超过背景值的 26.8 倍和 1 507.7 倍。虽然有些元素含量没有超过土壤元素背景值,但其毒性未必小,因为这些元素在细、粗渣中大部分以非残渣态形式存在,容易被生物吸收。

5)综合利用

除上述常见的利用方式外,煤气化渣在脱碳方面也取得了一定成果。2016 年 6 月底 1 万 t/a 气化渣脱碳综合利用中试项目在榆林市清水工业园区建成,2016 年 7 月第一次试车一次性点火成功,后期进行了系统优化并进行了两次实验,取得了大量实验数据,2018 年 2 月顺利通过由中国石油和化学工业联合会组织的科技成果鉴定,实现脱硫率 98% 以上,脱碳后灰渣符合粉煤灰标准。目前,10 万 t/a 气化渣脱碳综合利用中试项目正在筹划建设中。该项技术填充了气化废渣资源化利用的技术空白。技术的实施不仅可以有效提高经济效益而且在环保方面有积极贡献,避免气化渣在填埋、堆存过程中产生污染,可为当地的经济发展作出重要贡献。

3.5.2 结渣性

煤在气化或燃烧过程中释放热量,产生高温使灰分熔融成渣,炉膛水冷壁和过热器上的灰渣沉积严重威胁锅炉的安全运行,是造成锅炉非正常停炉的一个重要因素。煤的结渣性是反映煤灰在气化或者燃烧过程中结渣的难易程度,对于用煤单位和设计部门都是不可忽略的参考指标,对评价煤的加工利用特性具有很重要的实际意义。

以下对陕北地区不同变质程度的煤种的结渣性强弱作出以下研究,即延安黄陵煤(1#),延安子长禾草沟二号煤(2#),神木西沟煤(3#),神木河畔煤(4#)。煤样煤灰的化学成分质量分数和软化温度(ST)如表 5-22 所示。由表 5-22 可以看出,所选煤样煤灰化学成分含量不同导致高温燃烧时生成不同矿物质,使得煤灰熔融温度相差很大,造成煤结渣性的差异。

表 5-22 实验煤样的煤灰化学成分及软化温度

试样	ST/℃	SiO_2 含量/%	Al_2O_3 含量/%	Fe_2O_3 含量/%	CaO 含量/%	MgO 含量/%	K_2O 含量/%	Na_2O 含量/%
1#	>1 500	42.71	37.16	2.03	7.29	2.28	1.08	0.95
2#	1301	45.32	25.06	5.83	12.49	3.28	2.17	1.65
3#	1247	46.67	20.39	7.09	15.78	2.53	1.44	1.35
4#	1201	29.92	16.26	4.03	38.49	4.68	1.26	2.35

1)煤灰结渣性的常用判别指标

判断煤结渣性常用指标有软化温度(ST)、碱酸比(J)、铁钙比(H)和硅铝比(E),这些指标与煤结渣性的关系见表 5-23。

表 5-23　煤结渣性判别标准

结渣性强度	ST/℃	J	H	E
强结渣	<1260	>0.4	<0.3	>2.8
中等结渣	1 260~1 390	0.206-0.4	0.3-3	1.7-2.8
弱渣	>1 390	<0.206	>3	<1.7

　　结渣率是指灰渣中大于 6 mm 粒度的渣块质量 m_1 占总灰渣质量 m 的百分数。根据煤结渣的难易程度,将结渣性强度分为强结渣区、中等结渣区和弱结渣区 3 个区域,见图 5-22。

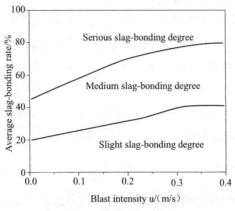

图 5-22　结渣性强度区域

2)结渣率

神木西沟煤(3#)的结渣性分析

　　3# 煤的结渣性数据及结渣性判别指标见表 5-24。从煤灰的熔融特性来看,神木西沟煤的软化温度为 1 247 ℃,小于 1 260 ℃,说明该煤种有严重结渣的倾向。碱酸比 J=0.42,处于大于 0.4 范围,结渣严重。硅铝比 E 为 2.20,处在 1.7~2.8 的范围内,为中等结渣区域;铁钙比 H 为 0.45,处于 0.3~3 之间,有中等结渣倾向。

表 5-24　2# 煤的结渣数据

u/(m/s)	t/min	m_1/g	m/g	w(clinker)/%	$\bar{w}$(clinker)/%	ST/ ℃	J	E	H
0.1	80	2.73	25.10	10.88	10.92	>1 500	0.17	0.87	3.59
0.1	86	3.44	31.40	10.96					
0.2	53	3.68	22.09	16.66	17.23	>1 500	0.17	0.87	3.59
0.2	40	4.12	23.15	17.80					
0.3	35	5.75	25.33	22.70	22.35	>1 500	0.17	0.87	3.59
0.3	30	4.87	22.15	21.99					

3)神木河畔煤(4#)的结渣性分析

4#煤的结渣性数据及结渣性判别指标见表 5-25。从煤灰的熔融特性来看,神木河畔煤的软化温度为 1 201 ℃,小于 1 260 ℃,说明该煤种的有严重结渣的倾向。碱酸比 J=1.10,处于大于 0.4 范围,结渣严重。硅铝比 E 为 1.84,处在 1.7~2.8 的范围内,为中等结渣区域;铁钙比 H 为 0.10,小于 0.3,有严重结渣倾向。

表 5-25　2# 煤的结渣数据

u/(m/s)	t/min	m_1/g	m/g	w(clinker)/%	$\bar{w}$(clinker)/%	ST/℃	J	E	H
0.1	70	14.04	21.91	64.08	64.91	1 201	1.10	1.84	0.10
0.1	80	14.50	22.06	65.73					
0.2	50	12.68	17.46	72.62	71.94	1 201	1.10	1.84	0.10
0.2	48	12.81	17.98	71.25					
0.3	40	15.46	19.33	79.98	79.34	1 201	1.10	1.84	0.10
0.3	35	14.29	18.16	78.69					

4)四种煤的结渣性分析

软化温度(ST)、碱酸比(J)、铁钙比(H)、硅铝比(E)以及实验测试对四种煤结渣性的判别见表 5-26。可以看出,4#煤属于严重结渣煤种,3#煤和 2#煤属于中等结渣煤种,1#煤属弱结渣煤种。3# 和 4# 的各项结渣性判别指标与实验测试结果不一致,这是因为煤样的结渣性与外部条件也有着密切的关系,空气量不足时,煤燃烧容易产生 CO,使灰熔点大大降低,使结渣率增大;而鼓风强度过大时,进入炉内的冷空气使炉温降低,造成结渣率降低,影响煤样的结渣率。此外,在燃烧的过程中,煤与空气的不充分混合也是结渣率不稳的原因,当煤在燃烧时与空气混合不充分,即使供给足够的空气量也会造成局部地方空气少,在此地方会出现还原性气体,使灰熔点降低,造成结渣率增大。

表 5-26　四种煤样的各项判别指数及实验测试

Sample	ST	J	H	E	Experiment test
1#	Slight slag-bonding	Slight slag-bonding	Slight slag-bonding	Slight slag-bonding	Slight slag-bonding
2#	Medium slag-bonding	Medium slag-bonding	Medium slag-bonding	Medium slag-bonding	Medium slag-bonding
3#	Serious slag-bonding	Serious slag-bonding	Medium slag-bonding	Medium slag-bonding	Medium slag-bonding
4#	Serious slag-bonding	Serious slag-bonding	Serious slag-bonding	Medium slag-bonding	Serious slag-bonding

3.5.3　综合分析现状

1）利用难点

目前煤气化炉的资源化利用尚未得到充分和系统性研究,国内外文献中涉及煤气化渣资源化利用的研究较少,应用集中在建材方面,且多为实验室理论阶段,工业化推广应用较少。其原因如下。

（1）利用成本高。

工艺条件的不同导致煤气化渣中的残碳量各不相同,并且煤气化渣残碳量普遍较高,使其烧失率变高,进而影响其综合利用效果。在实际生产中由于分选富集过程受温差、设备稳定性、仪器精密程度、含氧量高低等因素的影响,很难保证煤气化渣的残碳量,目前通常通过提高反应温度、压力、含氧量来保证低残碳量的要求,但由于生产过程中投资高、效率一般、人工成本高等因素的影响,煤气化渣中的残碳量较高的问题目前尚未得到较好的解决。同时,由于工艺复杂,现有的利废企业投资大,效益低,致使利废项目难以生存,综合利用产业发展缓慢,循环经济产业链的规模还未形成。

（2）综合利用率低。

目前,中国对工业固体废物的综合利用技术总体上不成熟,综合利用的产业规模小、利用量少,导致较低的综合利用率。以宁东能源化工基地为例,工业固体废物的综合利用率不到35%,并且固废的主要利用项目有水泥粉磨站、商品混凝土搅拌站和粉煤灰蒸压砖生产线,炉渣的综合利用率不到30%,其中气化渣的利用率更低。因煤气化灰渣内部含有大量的未燃碳,限制了其在建工建材等领域的规模化利用。而当前的中外碳、灰分选方法虽有发展且取得一定效果,但仍处于实验室研究和半工业试验阶段,因分选技术和工艺存在成本高、分选效率低等问题,未能实现大规模工业化应用,这也进一步限制了煤气化渣的分选利用。

（3）煤灰、煤矸石等其他煤基固废相比,煤气化渣的排放量小,其对生态、环境、人类健康的危害尚未得到充分重视。

（4）固废应用领域如建筑材料、土壤改良、合成分子筛等已经被粉煤灰、煤矸石等占据,由于气化渣性能次于粉煤灰、煤矸石等,因此很难形成竞争力。

（5）气化渣的组成和结构变化快,性质不稳定,为终端产品质量控制带来困难。

f.SiO_2、Al_2O_3、Fe_2O_3 含量低。这 3 种氧化物是参与火山灰反应的主要成分,其含量的多少与它作为建材原料的优劣相关,许多气化渣中三者总相对质量分数小于60%,活性低。

（6）尤其是黑水滤饼及部分粗渣的残碳量高,残碳为惰性物质,常温下不参与反应,阻碍水合胶凝体和结晶体的生长、联结,会造成混凝土、水泥制品内部缺陷。

2）局限性

目前气化渣的利用主要存在以下 4 点问题。

（1）局限于建材及循环流化床掺烧,涉及领域窄,附加值低。

（2）由于气化渣活性低、残碳量高,制备的免烧砖、渗水砖等免烧制品质量差,密度大、易开裂、强度差、抗冻性差。

（3）无论是水泥行业、烧结砖、还是免烧制品,气化渣掺量较少,通常低于30%,限制其大规模消纳；

（4）无相关标准和技术规范。目前气化炉渣的利用的没有相关的国家和行业标准、技术规范可依，只能参照粉煤灰等相关标准执行。

3）研究的不足

（1）处在实验室研究起步阶段。

目前中国煤气化渣建筑材料资源化利用处在实验室起步阶段，即使研究较多的用煤气化渣制备砌体材料、掺制水泥与混凝土等方面，也与实现规模化利用的目标还有很大的差距。因此，煤气化渣建筑材料的资源化利用还有很多方面需进一步深入研究。

（2）煤气化渣的分类利用研究不足。

煤气化渣的残碳量直接影响综合利用的效果。诸多研究表明煤气化粗渣与细渣的性质差别较大，相比与细渣，粗渣中的残碳量不仅更低，而且粗渣中的残碳具有较低的孔表面积和孔容积，石墨化程度也比细渣的低，使得粗渣残碳气化反应活性高于细渣。此外，煤气化粗渣的强度高、稳定性高，获取方式简单，本身不存在明显的不足，更适宜于在较低成本条件下实现规模化生产化的开发利用。煤气化细渣含碳量高、灰分中硅铝含量高、比表面积大、孔隙结构发达、具有火山灰活性、热值高，但其热值高的特点也未被充分开发利用。

鉴于煤气化粗渣、细渣的性质差异，对这二者展开专门的分类研究十分有必要，并且将煤气化粗渣与细渣分开研究与利用已成为目前及以后的趋势，但目前的研究大多以煤气化细渣的相关研究为主，而对于占煤气化渣总量 70% 左右的粗渣的研究十分不足。因此，根据煤气化粗渣与细渣的不同特点与性质，开展针对性的专门的分类利用研究，将更有利于加快煤气化渣的资源化利用进程。

3.5.4　综合利用发展建议

（1）加强煤气化渣资源化利用技术、经济可行性研究。

由于各地气化渣残碳量差别较大且各煤化工企业使用原煤品质、气化设备、气化工艺等不同的因素，提炭降灰、材料化利用是否具备技术可行性及经济可行性，须针对性进行实验研究及评价。应综合考虑气化渣成分分离、材料化利用可加工性、经济运输半径、下游产业链等因素，综合考虑过程简单、适应性强、具有一定经济效益的煤气化渣综合利用途径。

（2）规模化消纳解决环保问题为主，高值化利用增加经济效益为辅。

气化渣有一定的含碳量，对气化渣进行综合利用时，应更具其成分结构特征探索"气化渣 - 高热值残碳回收 - 富孔结构吸附材料 - 铝硅基大宗建材掺量消纳"梯级利用技术方案，构建规模化及高值化的多元化利用途径，取得经济和环保效益双赢的局面。

（3）产废企业与多固废协同形成产业聚集发展。

产废企业固废排放出口在实际应用中应加强上下游衔接，在固废排放工序做好目标原料的分级、调配、均化等程序，对于产废企业来说不仅可以获得高质量稳定原料，提高原料配方颗粒的均一性，稳定性，降低原料准备工序设备投资及加工成本。通过多元固废协同利用及拉长产业链，提高产品附加值，从而推动固废资源的消纳和资源化利用。

第6章　脱硫石膏

我国火电厂都已安装并运行脱硫设施,且以高效石灰石—石膏湿法脱硫技术为主。在烟气脱硫工艺中、石灰石—石膏湿法脱硫技术占 92.87% 含电石渣法等),海水法占 2.58%,氨法占 1.81%,烟气循环流化床法占 1.80%,其他占 0.94%。火电厂烟气湿法脱硫设施大规模投运在极大促进了电力二氧化硫减排的同时,产生的脱硫副产石膏总量也逐年增加。据中国电力企业联合会统计分析, 2015 年脱硫石膏产生量约为 7.2×10^7 t,部分火电企业由于难以消纳逐年增多的脱硫石膏而只能将其堆存。不仅占用大量土地,增加灰场的投资,而且处置不好还会对周围环境造成二次污染,成为火电环境保护领域的新问题。近年来,国家对大气污染控制及资源综合利用都提出了更高要求,加强对电力二氧化硫等大气污染物排放控制及脱硫石膏综合利用的力度,因此,提升工业副产石膏综合利用率是转变工业经济发展方式、构建资源节约型和环境友好型工艺体系的重要措施。

脱硫石膏(Desulfurization gypsum)又叫烟气脱硫石膏,其组成成分主要为 $CaSO_4 \cdot 2H_2O$,含量一般在 92%~95%,一般呈现黄色,这是由于脱硫石膏中含有少量的碳酸钙、白云石、白云母、粉煤灰等杂质。目前,对于脱硫石膏的最佳消纳方式是综合利用。如脱硫石膏经加工处理后作为资源综合利用,可用于建筑材料、水泥的缓凝剂、筑路回填、土壤改良剂及制作高强石膏等,达到"减量增效、变废为宝"的目的。日本、美国等主要发达国家和地区对脱硫石膏综合利用的研究起步较早,现在已形成较为完善的研究、开发、应用体系。我国相关工作虽然起步较晚,但发展较快。

1　脱硫石膏的特性

脱硫石膏与天然石膏的物理、化学特征有着共同的规律,煅烧后得到的建筑石膏和石膏制品在水化动力学、凝结特性、物理性能上无明显差异,且两者均无放射性,不危害健康。但作为工业副产石膏,脱硫石膏具有再生石膏的一些特性,表现在原始状态、机械性能和化学成分,特别是在杂质成分上与天然石膏有所差别,导致易磨性、脱水特征及煅烧后的建筑石膏粉在力学性能、流变性能等宏观特征上与天然石膏有所不同。

1.1　外观差异

根据燃烧的煤种和烟气除尘效果不同,脱硫石膏从外观上通常呈现灰黄色或灰白色。由于烟尘中未燃尽的碳质量分数较高,并含有少量 $CaCO_3$ 颗粒,此时脱硫石膏呈灰色,而天然石膏粉呈白色粉状。

1.2　性质差异

（1）原始物理状态：脱硫石膏以单独的结晶颗粒存在，而天然石膏是黏合在一起的块状。

（2）脱硫石膏杂质与石膏之间的易磨性相差较大，天然石膏经过粉磨后的粗颗粒多为杂质，而脱硫石膏的粗颗粒多为石膏。

（3）颗粒大小与级配不一样，烟气脱硫石膏的颗粒大小较为平均，其分布带很窄，颗粒 20~60 μm 之间，级配远远差于天然石膏磨细后的石膏粉。

（4）脱硫石膏含水量高，流动性差，只适合皮带输送。

（5）脱硫石膏和天然石膏在杂质成分上的差异导致脱硫石膏在脱水特性、易磨性及煅烧后的熟石膏粉在力学性能、流变性能等宏观特征上与天然石膏有所不同。

由于性质差异，脱硫石膏的煅烧设备和生产工艺不能完全采用以天然石膏为原料的熟石膏的设备和工艺，要针对不同的工业副产石膏设计生产工艺和设备；脱硫石膏加工成熟石膏粉后，必须对其进行粉磨改性，才能使其具有更好的凝结强度；在粉磨改性中，碾压力形成级差产生的改性效果不好，而劈裂力形成的效果最好，碰撞力次之，因此粉磨改性时需要考虑力的作用方式。

1.3　化学成分分析

脱硫石膏在杂质成分上与天然石膏有所差异，由于燃烧过程中使用的燃料和洗涤过程中使用的石灰／石灰石，因此在脱硫石膏中常有碳酸盐、二氧化硅、氧化镁，氧化铝，氧化钠（钾）等杂质。表 6-1 为我国几个较大的大力发电厂脱硫石膏的部分化学成分分析。

表 6-1　脱硫石膏的部分化学成分分析　　　　　%

项目	SiO_2 质量分数	Al_2O_3 质量分数	Fe_2O_3 质量分数	CaO 质量分数	K_2O 质量分数	SO_3 质量分数
天然石膏	7.45	2.64	1.14	27.46		39.59
太原电厂	3.26	1.90	0.97	31.93	0.15	40.09
宝钢电厂	4.37	1.73	0.87	32.7		43.1
南通天生港电厂	1.93	0.40	0.26	34.75	0.02	41.27

榆林地区部分火力发电厂的脱硫石膏样品化学分析结果见表 6-2 和见图 6-1。

表 6-2　关中地区部分火电厂脱硫石膏化学成分

编号	$w(SiO_2)/10^{-2}$	$w(Al_2O_3)$ $/10^{-2}$	$w(Fe_2O_3)$ $/10^{-2}$	$w(SiO_2)$ $/10^{-2}$	$w(K_2O)$ $/10^{-2}$	$w(SO_2)$ $/10^{-2}$	$w(CaO)$ $/10^{-2}$	$w(MgO)$ $/10^{-2}$	$w(Cl^-)$ $/10^{-2}$
HX	0.66	0.25	0.15	0.065	0.020	39.81	34.96	0.36	0.084
PC	1.09	0.38	0.14	0.12	0.061	42.06	31.19	1.41	0.12
TC	0.76	0.29	0.14	0.11	0.025	42.14	33.45	0.26	0.043
HC	1.70	0.48	0.28	0.16	0.048	43.02	31.25	0.79	0.076

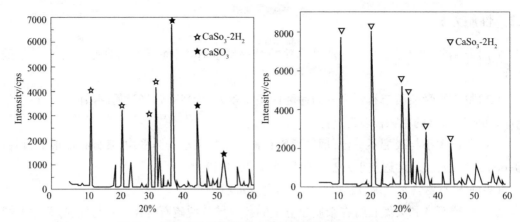

图 6-1　陕北部分地区部分火电厂脱硫石膏 X 射线衍射图

由表 6-2 可以看出脱硫石膏中的主要成分 SO_3 的平均含量 42.04%,优于普通天然石膏,CaO 的平均含量 32.74%,另外含有少量的 SiO_2、Al_2O_3、Fe_2O_3、K_2O、Na_2O、MgO、Cl^- 等,这些由石灰石不纯产生的杂质多数是碱性物质,在应用过程中不会对其性能产生不利影响,但吸附水分比较大,不利于其装载、运输和使用。由 XRD 图谱可以看出除有少量的 $CaCO_3$ 没有反应外,生成物的主要晶相是石膏,而且结晶性能较好。

脱硫石膏的结晶性能良好,发育比较完全,颗粒级配分布相对集中,附着水一般达到 10% 以上。由于其含水率高、黏性强,在装卸、输送的过程中极易黏附在设备上,造成积料堵塞,影响生产过程正常进行。质地优良的脱硫石膏是纯白色的,但也会呈深灰色或黄色,主要原因是烟气除尘系统效率不高,使脱硫石膏含有较多的粉煤灰或者是由于石灰不纯含有杂质的影响。

1.4　颗粒特性

脱硫石膏颗粒直径一般在 20~60 μm 之间,由于颗粒过细而带来的流动性和触变性问题,在工艺中往往应进行特殊处理,来改善晶体结构。而天然石膏颗粒一般不超过 200 目,所含杂质与石膏之间易磨性相差较大,粗颗粒大多为杂质。表 6-3 为天然石膏和某电厂脱硫石膏粒度分布测试结果。图 6-2 和图 6-3 分别为南京热电厂华能石膏和南通天生港火力发电厂脱硫石膏的粒径分布图。

表 6-3　天然石膏与某电厂脱硫石膏的粒度分布测试结果

粒径 /μm	80	60	50	40	30	20	10	5
天然石膏筛余 /%	10.9	4.7	9.5	4.9	14.4	15.5	20.0	12.7
脱硫石膏筛余 /%	5.0	15.5	8.3	21.9	31.0	15.7	1.7	0.4

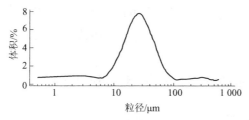

图 6-2　华能石膏的粒径分布图

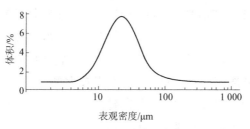

图 6-3　天生港脱硫石膏的粒径分布图

　　脱硫石膏呈湿粉状,含水率高,颗粒级配不合理,粒径分布曲线窄而瘦,这种颗粒级配会造成煅烧后建筑石膏加水量不易控制,流变性不好,颗粒离析、分层严重,因此用作建筑石膏时要对其进行烘干处理、磨细改性、煅烧等操作。此外由于脱硫石膏的差异和杂质的影响,导致生产的建筑石膏在力学性能、流变性能等方面与天然石膏相比有不足之处,这都严重限制了脱硫石膏的综合利用。

　　烟气脱硫石膏的颗粒较为均匀,高细度颗粒主要集中在 20~60 μm 之间,级配远远差于天然石膏磨细后的石膏粉。而天然石膏的颗粒分布宽,颗粒相对较粗。在一定细度范围内,制品强度随细度提高而提高,但超过一定值后,强度反而会下降或出现开裂。这是因为颗粒越细越容易溶解,其饱和度也越大,饱和度增长超过一定数目后,石膏硬化就会产生较大的结晶应力,破坏硬化体的结构。

　　经过洗涤和滤水处理过的脱离石膏含有 10%~20% 潮湿、松散的细小颗粒,脱硫正常时产出的石膏颜色接近白色微黄,有时因脱硫不稳定带入较多的其他杂质,某些杂质在超过一定量时会影响石膏制品的质量。当脱硫石膏中含有较高的浓盐酸时,较潮湿的环境中制备的石膏板表面会发生"返霜"现象,它的形成是由于脱硫石膏板制品中的硫酸盐为可溶性物质,当空气湿度较大时,可从制品内部到表面吸潮而产生镁盐 $MgSO_4 \cdot 4H_2O$、$Na_2SO_4 \cdot 10H_2O$ 或 $CaSO_4 \cdot K_2SO_4 \cdot H_2O$ 复盐,析至制品表面形成白色结晶,这种返霜现象不仅影响制品外观,还会影响石膏与复面层的黏结,如使直面石膏板护面纸和膏芯脱离,石膏砌块制品的涂料层表面粗糙脱落,造成产品质量问题。其他杂质如颗粒较小的铁和未完全燃烧的煤粉颗粒会影响制品的白度和黏结性能。

　　较细颗粒是脱硫石膏颗粒度的固有状态,其总体细小不能改变。若要改变颗粒细小并使其结构紧密,可在制品制造过程中加入不同种类的添加剂,如减水剂、防水剂、增韧剂、调凝剂、发泡剂等,以改善制品的性能。

为解决粒度级配和提高比表面积问题,可从生产工艺入手。

(1)将煅烧后的脱硫石膏磨细,根据煅烧设备选择合适的粉磨设备,如立式磨、广义磨等。

(2)选取具有击碎性能的煅烧设备,在煅烧过程中完成脱水和改变粒级两项任务。

2　脱硫石膏的产生

湿法烟气脱硫(Wet Flue Gas Desulphurization, WFGD)是目前燃煤电厂主要的脱硫技术,其中石灰石—石膏法应用最为广泛。与干法和半干法烟气脱硫技术相比较,WFGD 技术脱硫效率更高,普遍可达 90% 以上,同时由于其脱硫副产物——脱硫石膏能够重新回收作为建筑材料等资源,虽然初期投入高,该技术仍被大型火电机组广泛采用。其中,石灰石—石膏法脱硫技术凭借其高脱硫率、高吸收剂利用率、较低的物料成本、可回收石膏和可调节的吸收速率而成为燃煤电厂脱硫工艺的主流。

湿法烟气脱硫技术按使用脱硫剂种类可分为:石灰石—石膏法、简易石灰石—石膏法、双碱法、石灰液法、钠碱法、氧化镁法、有机胺循环法、海水脱硫法等。按脱硫设备采用的技术种类不同,湿法烟气脱硫技术可分为:旋流板技术、气泡雾化技术、填料塔技术、静电脱硫技术、电子束脱硫技术等。

脱硫石膏是石灰石—石膏湿法烟气脱硫系统重要的副产物。脱硫石膏的形成发生在脱硫塔内,由于脱硫塔内复杂的物系环境会影响脱硫石膏的生成。

2.1　基本原理

石灰石—石膏湿法烟气脱硫技术通过配制石灰石浆液对烟气进行洗涤的方式来去除烟气内二氧化硫。其工艺流程如图 6-4 所示。石灰石—石膏湿法烟气脱硫系统的核心是脱硫吸收塔,绝大部分传热过程、传质过程和化学反应都在其中进行,也有部分传递过程和反应发生在制浆系统和各处流道中。脱硫吸收塔主要可以分成气液接触反应区和浆液池区,气液接触反应区主要是烟气和喷淋的石灰石浆液液滴进行混合,脱硫后的饱和烟气温度一般在 50 ℃左右;浆液池区主要是石灰石的搅拌、溶解,二氧化硫和亚硫酸根的氧化以及脱硫石膏的生长和沉淀,浆液的典型温度为 40~60 ℃。

脱硫吸收塔内部的化学反应主要可以分为三大部分: SO_2 的吸收,石灰石的溶解,脱硫石膏的生成。其中 SO_2 的吸收主要发生在吸收塔上部的气液接触反应区;石灰石的溶解和脱硫石膏的生成主要发生在吸收塔下部的浆液池区。具体到浆液池内,石灰石的溶解发生在 pH 值较低的溶解区,而脱硫石膏的生成主要发生在氧气浓度较高的氧化结晶区。接下来对三部分进行详述。

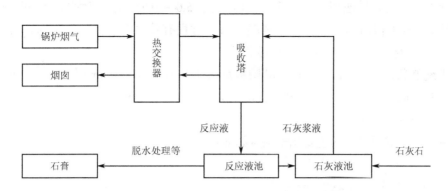

图6-4　石灰石/石膏湿法烟气脱硫工艺流程简图

1）SO_2 的吸收

SO_2 进入液相被吸收时发生的主要化学反应如下：

$$SO_2(g) \leftrightharpoons SO_2(aq) \tag{1-1}$$

$$SO_2(aq) + H_2O \leftrightharpoons H^+ + HSO_3^- \tag{1-2}$$

$$HSO_3^- \leftrightharpoons H^+ + SO_3^{2-} \tag{1-3}$$

烟气中的 SO_2 首先通过传质进入吸收塔浆液的液面，并水解为 H^+ 和 HSO_3^-，HSO_3^- 又进一步分解为 H^+ 和 HSO_3^{2-}，整个吸收过程受 pH 的影响较大。吸收塔浆液的 pH 值一般处于 5.0~6.0 之间（也有 4.0~5.0 的情况），水中 SO_2 的存在形式主要为 HSO_3^-。当 pH 过低时，SO_2 的吸收受到抑制，当 pH<4.0 时，浆液几乎不再吸收 SO_2；而当 pH 过高时，$CaCO_3$ 的溶解度会显著下降，Ca^{2+} 和 SO_3^{2-} 会结合并以 $CaSO_3 \cdot 1/2H_2O$ 的形式析出，包覆在尚未溶解的石灰石（$CaCO_3$）表面使其钝化，从而导致石灰石过剩、石膏纯度下降以及一系列运行问题，使得运行成本增加。当吸收塔浆液的 pH>6.2 时，还容易形成 $CaSO_3 \cdot 1/2H_2O$ 和 $CaCO_3$ 软垢，影响设备运行。

2）石灰石的溶解

石灰石（主要成分为 $CaCO_3$）在浆液中溶解时发生的主要化学反应如下：

$$CaCO_3(S) \leftrightharpoons Ca^{2+} + CO_3^{2-} \tag{1-4}$$

$$Ca^{2+} + H \leftrightharpoons HCO_3^- \tag{1-5}$$

$$HCO_3^- + H^+ \leftrightharpoons H_2CO_3 \tag{1-6}$$

$$H_2CO_3 \leftrightharpoons H_2O + CO_2(aq) \tag{1-7}$$

$$CO_2(aq) \leftrightharpoons CO_2(g) \tag{1-8}$$

经过研磨和筛选处理的石灰石粉会被配制成石灰石浆液继而投入到脱硫吸收塔中。在石灰石浆液中部分石灰石溶解为 Ca^{2+} 和 CO_3^{2-} 随着浆液进入吸收塔，SO_2 溶解生成的 H^+ 会与 CO_3^{2-} 结合为 HCO_3^- 以及 H_2CO_3，最终以 CO_2 形式随烟气排出，从而消耗 CO_3^{2-} 使石灰石进一步溶解。

溶解过程主要受两个因素影响：一是上述各反应的动力学参数，二是反应物从石灰石颗粒向浆液内传质的扩散速率。当浆液的 pH 值处于 5.0~7.0 时,反应过程和扩散过程的影响同样重要;但是在 pH 值较低时,扩散速率对整个过程有着更为明显的限制;而 pH 值较高时,颗粒表面的化学动力学作用效果更显著。

对于配制浆液所需的石灰石粉,其颗粒度大多控制在 40~60 μm,个别也有 20 μm 的。现在主流的要求是石灰石粉要有 90% 能通过 325 目(44 μm)筛。

3)脱硫石膏的生成

脱硫石膏生成时发生的主要化学反应如下:

$$2SO_3^{2-}+O_2 \rightarrow 2\,SO_4^{2-} \qquad\qquad (1\text{-}9)$$

$$Ca^{2+}+SO_4^{2-} \rightleftharpoons CaSO_4(\,aq\,) \qquad\qquad (1\text{-}10)$$

$$CaSO_4(\,aq\,)+2H_2O \rightleftharpoons CaSO_4\cdot2H_2O(\,s\,) \qquad\qquad (1\text{-}11)$$

脱硫石膏的主要成分是二水硫酸钙($CaSO_4\cdot2H_2O$),经过吸收和氧化后的 SO_2 主要以 SO_4^{2-} 的形式存在于吸收塔浆液中,由于氧化是不可逆过程,所以 SO_4^{2-} 会逐渐积累,同样随着石灰石溶解浆液内 Ca^{2+} 浓度也会不断升高。脱硫石膏生成过程主要受到 SO_2 氧化过程和石灰石溶解过程的影响。Ca^{2+} 和 SO_4^{2-} 逐渐积累会结合为 $CaSO_4$,而随着 $CaSO_4$ 过饱和程度越来越高,最终会以二水硫酸钙晶体的形式析出成为脱硫副产物——脱硫石膏。

2.2　影响脱硫石膏质量的因素

石膏浆料的质量直接影响到最终石膏的质量,表 6-4 为石膏浆料的各项标准。

表 6-4　石膏浆料品质标准

项目	理想指标	控制指标
硫酸盐质量分数 /%	92~95	≥90
碳酸盐质量分数 /%	<0.5	<1.0
亚硫酸盐质量分数 /%	<0.5	<3.0
Cl^- 质量分数 %	<0.1	<0.1
pH 值	<7	<7
晶体形状,粒径 /μm	短柱块状,>50	短柱块状,>25
浆液密度 /(kg/m³)	1 080~1 150	1 080~1 150
粉尘及其他杂质	较少,石膏黄白色	较少,石膏黄白色

1)杂质

石膏中的杂质主要有两个来源:一是烟气中的飞灰;二是石灰石中的杂质。这些杂质有一部分进入石膏,当石膏中杂质含量增加时其脱水性能下降。此外,氯离子含量对石膏脱水效果也有重要影响,当氯离子含量过高时,石膏脱水性能急剧下降。

2)石灰石品质

石灰石品质主要指石灰石的化学成分、粒径、表面积、活性等,它直接影响脱硫效率和石膏浆料中硫酸盐和亚硫酸盐的含量。石灰石中含有少量的 $MgCO_3$,通常以溶解形式或白云石形式存在,吸收塔中的白云石往往不溶解,而是随副产物离开系统,所以 $MgCO_3$ 的含量越高,石灰石的活性越低,系统的脱硫性能及石膏品质越低。石灰石粒径及表面积是影响脱硫性能的重要因素,颗粒越大,表面积越小越难溶解,使得接触反应不彻底,吸收反应需在低 pH 值工况下进行,这又损害了脱硫性能及石膏浆料品质。

3)氧化风量及其利用率

氧化风量对石膏浆液的氧化效果影响较大。足够的氧化风量使浆液中的亚硫酸钙氧化成硫酸钙,否则石膏中的亚硫酸钙含量过高会影响其品质。此外,脱硫塔中的氧化空气管道分布和开孔量也会影响氧化风的使用率。

4)浆料 pH 值

脱硫塔内的浆液 pH 值对石膏的形成、石灰石的溶解和亚硫酸钙的氧化都有不同的影响。利用物理化学方法对 25 ℃的石灰石湿法烟气脱硫系统进行分析,脱硫系统 pH 值控制范围为 2.233~5.493,但实际操作过程中此范围过宽,故应结合其他因素考虑具体的取值。

5)石膏排出时间

石膏排出时间指吸收塔氧化池浆液最大容积与单位时间排出石膏量之比。晶体形成空间、浆液在吸收塔形成晶体及停留时间取决于浆池容积与石膏排出时间,浆池容积大、石膏排出时间长,亚硫酸更易氧化,利于晶体长大。但石膏排出时间过长,则会造成循环泵对已有晶体的破坏。

3　脱硫石膏的综合利用

脱硫石膏主要源于热力、电力生产和供应行业,其次为黑色金属冶炼和压延加工业,有色金属冶炼和压延加工业,化学原料和化学制品制造业,其中热力、电力的生产和供应行业产生的脱硫石膏占脱硫石膏总产量的 80%。经估算,电力行业产生的脱硫石膏约占脱硫石膏总产生量的 73%。每吨 SO_2 能产生副脱硫石膏 2.7 t,一个 3.0×10^5 kW 的燃煤电厂,如果燃煤含硫 1%~2%,每年就要排出脱硫石膏 3.0 万 ~6.0 万 t。

由于石灰石—石膏湿法脱硫技术为主流技术,脱硫石膏占脱硫副产品产量的 95% 以上。随着脱硫装机的快速增长,脱硫石膏产量增加。截至 2015 年年底,全国已投运火电厂烟气脱硫机组容量约为 8.2×10^8 kW,占全国火电机组容量的 81.55%,占全国煤电机组容量的 91.20%,如果考虑具有脱硫作用的循环流化床锅炉,全国脱硫机组占煤电机组比例接近100%。2005—2015 年全国烟气脱硫机组投运情况见图 6-5,2005—2015 年全国燃煤电厂脱硫石膏产生与利用情况见图 6-6。

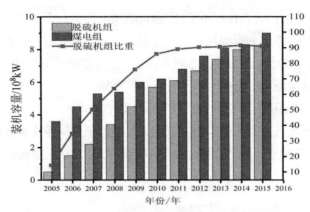

图 6-5　2005—2015 年全国烟气脱硫机组投运情况

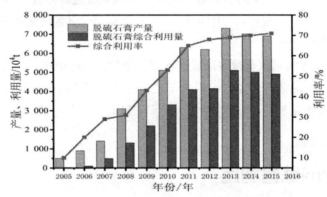

图 6-6　2005—2015 年全国燃煤电厂脱硫石膏产生与利用情况

2019 年,山东、江苏、内蒙古、广东、山西五省区燃料电厂脱硫石膏的产生量约占全国燃煤电厂脱硫石膏总生产量的 44.2%。(表 6-5)

表 6-5　2019 年我国脱硫石膏主要生产省份

序号	省份	火力发电量 / 亿 kW·h	脱硫石膏产生量 / 万 t	占全国总量比例
1	山东	5 169	841.51	11.87%
2	内蒙古	4 556	741.72	9.83%
3	江苏	4 439	722.67	9.18%
4	广东	3 346	544.73	7.21%
5	山西	2 931	477.17	6.11%
6	新疆	2 822	459.42	5.97%
7	湖北	2 755	448.51	5.70%
8	安徽	2 637	429.30	5.97%
9	河南	2 532	412.21	5.49%
10	全国	51 654	8 409.27	100%

由于我国燃料电厂大规模建设烟气脱硫装置,烟气脱硫副产物产品排放量快速增加,目前我国燃煤电厂脱硫技术主要以石灰石—石膏法脱硫石膏技术为主,95% 以上的脱硫副产物为脱硫石膏。2019 年全国脱硫石膏共生产 11 519.5 万 t,其中燃煤电厂的脱硫石膏 8 409.27 万 t,其他燃煤锅炉、自备电厂及冶金等行业产生的脱硫石膏 3 110.27 万 t。因此,随着燃煤电厂的快速发展,脱硫石膏产生量越来越大,将成为继粉煤灰之后的第二大固体废弃物,不仅占用大量土地资源,而且极易造成二次污染,如果不采取积极有效措施进行综合利用,将会造成严重后果。

3.1 高强石膏(粉)

高强石膏即 α- 半水石膏,它是通过二水石膏的溶解和重新结晶形成的。二水石膏在饱和水蒸气介质或液态水介质中热处理时首先发生脱水,条件适合则从二水石膏晶格中脱出一个半分子的结晶水,形成半水石膏的雏晶。在液态水包围的环境中,雏晶很快溶解在液相中,当液相的半水石膏浓度达到过饱和时迅速结晶,形成结晶粗大致密的 α- 半水石膏。

3.1.1 制备方法

1)蒸压法

以电厂脱硫石膏为原料,采用高压反应釜加入一定的晶形转化剂,在 120~150 ℃温度中制 α- 半水石膏,可成功生产抗压强度为 40~60 MPa 的高强 α- 半水石膏,并可联动生产石膏砌块。采用蒸压法和水热法两种方法制备 α- 半水石膏,实验证明:以天然的纤维石膏为原料能够制得强度很高的 α- 半水石膏;在 α- 半水石膏的制备过程中添加转晶剂能有效控制半水石膏的晶体生长,可使 α- 半水石膏的晶体形状转变为块状、短柱状,并能显著提高 α- 半水石膏的强度。

2)水热法

与蒸压法相比,水热法 α- 半水石膏晶粒缺陷较少、发育完整、强度较高。但水热法工艺流程较长,影响因素较多,控制不好产品容易波动。常压水热法是近十年发展起来的理论,也是高强石膏材料研究的方向。采用常压水热法生产 α- 半水石膏对于脱硫石膏等湿粉状工业副产石膏是最适宜的,因为此类原料本身就是粉状的,在转化前不需要经过任何处理,较天然石膏有较强优势。

山西北方石膏工业有限公司发明了 α- 半水石膏的连续生产方法及装置,该法以粉状二水石膏为原料,在传统液相法的基础上改良反应釜,使干燥和改性同时进行,实现了 α- 半水石膏的连续式生产,无须完全干燥就可连产石膏制品,降低了能耗,且改良效果好、反应时间短、有利于自动化控制,生产的 α- 半水石膏纯度高、质量好。

岳文海、王志等将二水石膏溶于硫酸中,探索了制备 α- 半水石膏的工艺条件为值性时,处理温度分别为(96 ± 1)℃、(89 ± 1)℃、(75 ± 1)℃,可以得到结晶水分别为 6.51%、5.75%、6.32% 的 α- 半水石膏。他们还探讨了二水石膏在不同转品剂作用下的效果,认为单一的转晶剂很难达到良好的效果,在实际生产过程中,应使用复合转晶剂。转晶剂的机理为由于金属阳离子和具有更强烈吸附的阴离子基团的共同作用,在 C 轴方向的晶面上选择吸附形成网络状"缓冲薄膜",从而阻碍了结晶基元在该方向晶面上的结合和生长,使晶体沿各个方向的生长速度接近平衡,产物呈六方短柱状。

重庆大学的林敏等采用常压水热法制备 α- 半水石膏,研究了盐溶液浓度、反应温度与时间、料浆浓度、pH 值等因素对脱水反应动力学过程及半水脱硫石膏产物形态的影响,确定了脱硫石膏制备 α- 半水石膏的最佳工艺条件为:盐溶液浓度为 15%,反应温度为 100 ℃,反应时间为 4 h, pH 值为 5,料浆浓度为 20%。通过复掺各种类型的晶型转化剂得到了标稠需水量较低、强度较高、结晶状态理想的短柱状 α- 半水石膏,最终制得抗压强度为 32.25 MPa、标稠需水量为 32% 的高强石膏材料。图 6-7 分别为原状脱硫石膏、2% 硫酸铝掺量和复掺明矾和柠檬酸钠晶型转化剂后制得的二水半水石膏晶型情况。

图 6-7　原状脱硫石膏(左)以及二水半水石膏(右)的 SEM 照片

3.1.2　制备工艺

脱硫石膏制备建筑石膏的工艺技术路线为:上料—烘干—煅烧—冷却—成品包装。在脱硫石膏含水量较低的情况下可采用一步法生产建筑石膏,但通常脱硫石膏含水量在 10%,则将烘干和煅烧分开比较经济合理。脱硫石膏的烘干可使用闪蒸式的气流烘干工艺、快速转动的双轴桨叶式干燥机、沸腾炉装置、锤式干燥机等。对于含水量高、粒度很细的脱硫石膏而言;选用闪蒸式的热气流直接烘干石膏的效果会更好。用脱硫石膏制备的建筑石膏,作为原料可广泛用于纸面石膏板、石膏砌块、石膏顶棚板和抹灰石膏等石膏制品的生产。

脱硫石膏用的煅烧设备有很多,一般有间接换热多管式回转窑、沸腾炉、连续炒锅、气流煅烧装置等。脱硫石膏的烘干和煅烧优化组合的工艺流程如图 6-8 所示。

（1）原料的上料系统一般采用铲斗车、受料斗、皮带输送机和斗式提升机等设备。

（2）料仓中的脱硫石膏通过仓底特殊的卸料装置喂入调速螺旋输送机内,并经过打散装置定量地加入立式烘干管内。物料在气流烘干管内与热风炉产生的热烟气直接接触,使脱硫石膏脱去游离水。干的石膏和热气流通过高效旋风除尘器分离,分离出的废气一部分返回热风炉作为配温风使用,另一部分则通过静电除尘后排放,而分离出的干石膏将送入煅烧工段。烘干用的热烟气温度在 450~500 ℃,而烘干后的废烟气温度则控制在 100 ℃ 左右。

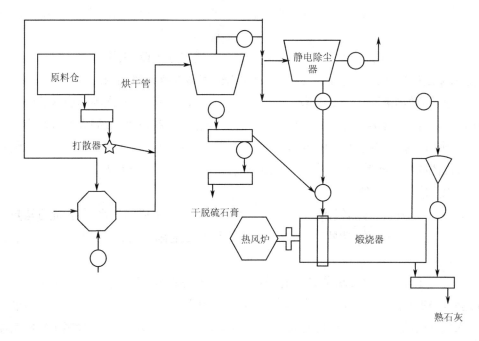

图 6-8 生产建筑石膏粉的工艺流程

（3）煅烧器采用连续法生产的间接换热多管式回转窑。干的脱硫石膏均匀地加入回转窑,物料与窑内管束中的热烟气进行间接换热,热烟气的管束具有非常大的换热面积并随窑一起转动,能对物料产生强烈的搅拌作用。石膏粉在这种机械搅拌力和二水石膏脱水所释放的水蒸气的共同作用下,不断地翻滚并与热烟气充分地进行热交换,使二水石膏脱出结晶水,逐渐变为半水石膏。热烟气温度约为 350 ℃,石膏的煅烧温度约为 160 ℃,煅烧时间约为 1 h。较低的热烟气与石膏之间的温差和较长的石膏停留时间,能使熟石膏获得非常好的相组成。

（4）熟石膏的冷却可使用间接冷却的多管回转式冷却器,或用立式直冷式的冷却装置。冷却器把熟石膏从 160 ℃冷却至 90 ℃,使熟石膏中的Ⅲ型无水石膏转化为半水石膏。

（5）冷却后的石膏通过螺旋输送机和斗式提升机送入储料仓中。

（6）包装工段将储仓中经冷却的熟石膏粉通过旋转喂料机、螺旋输送机、斗式提升机、振动筛、包装料仓和包装机,分包成每袋 40 kg 的袋装产品。

3.1.3 制备设备

可用于脱硫石膏的加工设备主要包括脱水干燥及设备、熟石膏煅烧技术及设备等。生产建筑石膏时的煅烧设备,主要依据加热方式而定

1）间接加热时的设备

（1）连续炒锅是带有横穿火管的直圆形锅体,由锅外壁、锅底及火管将能量传递给锅内二水石膏,依靠机械搅拌石膏脱水所产生的水蒸气及循环热气体的搅动,而呈现流态化状态,在此状况下半水石膏借助溢流原理连续出料。锅内物料温度在 150 ℃左右,煅烧时间 1~1.5 h,属于低温慢速煅烧方式。连续炒锅煅烧石膏生产稳定、易操作、产品质量均衡有保

证,适合煅烧粉状石膏。若用于工业副产石膏,需增设一套气流干燥装置,以除去 10% 的游离水。

（2）沸腾炉为立式直筒状容器,在底部装有一个气体分布板,工作时使气流从底部均匀进入床层,床层内装有大量的加热管,管内介质为饱和蒸汽或导热油,石膏颗粒进入炉膛后,预热呈流态,同时热量通过管壁传递给管外处于流态化的石膏粉,使之沸腾脱水分解。该设备采用低温煅烧,石膏不易过烧,只要料流稳定,出料温度控制适宜,成品大部分均为半水石膏。目前国内的沸腾炉主要应用于煅烧天然石膏,因炉内没有强制性的搅拌装置,有限的气流无法将成团的湿料吹散,料中游离水不能过高,一般控制在 5% 以内。

2）直接加热时的设备

气流煅烧就是粉料与热气体直接接触,二水石膏迅速脱水成为半水石膏,此方法热利用合理、设备紧凑、使用简单、功效高,适用于天然石膏和工业副产石膏。主要有 Delta 磨和斯德动态煅烧炉。

（1）Delta 磨是冲击磨,水平方向有锤磨转子室和分级器转子室。料先进入锤磨转子室,高速旋转的锤子将料打散并击细,同时与热气流相汇进行干燥和煅烧,热烟气将磨细了的料带入系统内的分级器,旋转叶片将较大的颗粒甩回锤磨室继续粉磨,合格细料经高温吸尘器收入料仓。此磨设计合理、功效高、设备运行率高、故障少、产品细度可调节、设备紧凑、占地少、热效率高、煅烧的建筑石膏均匀一致,特别适用于煅烧工业副产石膏。

（2）斯德动态煅烧炉其外形为立式圆柱体,物料和热气体快速混合,在炉体轴向产生旋转运动,使物料与热载体急速换热,达到二水石膏脱水的目的,这种方式称为旋流式煅烧。其特点是:连续作业、热交换速度快。该技术是东北大学在多种干燥与煅烧设备的基础上开发的石膏煅烧方式,已建立小型工业化实验装置;并设计了两条技术路线:a. 将干燥与锻造合为一步,在同一设备中完成;b. 干燥和煅烧在两个设备内完成。

煅烧时的速度速度对煅烧质量影响较大,快速煅烧指煅烧物料温度大于 160 ℃,物料在炉内停留几分钟的煅烧方式,广泛应用于纸面石膏板和石膏砌块等产品的生产。二水石膏遇热后急速脱水,很快生成半水或Ⅲ型无水石膏,由于料温较高,不稳定相Ⅲ型无水石膏的比例较大,在含湿空气中很容易受潮而成半水相,因此在这种煅烧方式中常添加冷却装置。如沙司基打磨有螺旋式强制式陈化机,彼特磨有通入冷空气的专用冷却装置。快速煅烧最突出的特点是生产效率高、能耗低,生产中通过良好的冷却陈化环节,产品质量可得到保证。

低温慢速煅烧指煅烧时物料温度小于 150 ℃,物料在炉内停留几十分钟或 1 h 以上的煅烧方式,二水石膏受热时逐步脱水成半水石膏,根据二水石膏纯度选定最佳脱水温度。自控系统将炉内温度,水蒸气分压,物料停留时间等调整到最佳稳定状态,使煅烧产品质量均一而稳定。其煅烧产品中绝大部分为半水石膏,煅烧的建筑石膏粉储存在粉料库中待用,广泛用于粉状,板材等制品。

中速煅烧指物料在窑内停留几分钟至十几分钟,物料温度在 140~165 ℃ 之间,这种方式介于以上两者之间。烧结工业副产石膏时,除在设计窑时考虑一定的干燥带外,还应根据物料的颗粒级配选择合适的粉磨设备,以改进煅烧前后颗粒级配的比例,使产品物性更加优越。

3.1.4　建筑石膏粉与天然石膏粉的性能比较

脱硫建筑石膏与天然建筑石膏的性能比较见表 6-6。从表中可以看出,脱硫建筑石膏与天然建筑石膏标准稠度相差不大,凝结时间非常接近,但抗压强度相差较大。在标准稠度需水量时,脱硫建筑石膏的抗压强度、抗折强度分别比天然建筑石膏高出 100% 和 80%。

表 6-6　脱硫建筑石膏与天然建筑石膏的性能比较

石膏品种	水膏比 /%	初凝 /min	终凝 /min	挤压强度 /MPa	抗折强度 /MPa
脱硫建筑石膏	50	6.5	11.0	9.8	4.9
天然建筑石膏	50	7.0	11.5	8.5	3.9
脱硫建筑石膏	56.7	7.0	12.0	8.7	4.3
天然建筑石膏	56.7	7.5	12.5	5.6	3.2
脱硫建筑石膏	60	7.25	12.8	7.2	3.9
天然建筑石膏	60	8.0	13.0	4.2	2.4
脱硫建筑石膏	70	7.75	12.8	5.4	2.8
天然建筑石膏	70	8.5	13.7	3.0	2.0

脱硫建筑石膏的强度高于天然建筑石膏的原因是因为脱硫建筑石膏的结晶体为柱体,其结构紧密,使水化、硬化体有较大的表观密度,它比天然建筑石膏的硬化体高 10%~20%,因而具有较高的强度。天然建筑石膏水化产物多为针状、片状结晶,而晶体接触点间压力较大,晶体结构较疏松,故硬化体强度较低。

3.2　纸面石膏板

1)纸面石膏板的优点

轻质性:由于石膏自身体积密度较小,在生产过程中板芯添加了减轻重量的材料,因此纸面石膏板作空心隔墙时重量仅为同等厚度砖墙的 1/15,砌块墙体的 1/10。

耐火性:纸面石膏板的芯材由建筑石膏水化而成,以 $CaSO_4 \cdot 2H_2O$ 的结晶水形态存在,其中两个结晶水的占全部重量的 20% 左右,遇火时在释放化合水的过程中会吸收大量的热,延迟周围环境温度的升高,其耐火极限可达 4 h。另外,石膏受热释放的结晶水不是有毒物质,这就避免了火灾时使人窒息死亡的危险。

保温性:材料的保温性取决于材料自身的导热系数,纸面石膏板是多孔结构,密度小、导热系数低,故具有良好的保温性能。

隔声性:纸面石膏板独特的空腔结构使其具有良好的隔声性,常用于吊顶及墙面上。

施工性:石膏硬度低,故纸面石膏板质地较软,施工性能优越,可任意切断、锯断、钻孔、刨边。

膨胀收缩性:纸面石膏板的线膨胀系数很小,可忽略不计,受湿后有一定的收缩率但数值也很小。

"呼吸"性:由于石膏板的孔隙率较大且孔结构分布适当,所以具有较高的透气性能。当室内湿度较高时可吸湿,当空气干燥时可放出一部分水分,因而对室内湿度起到一定的调节作用。

环保性:纸面石膏板采用天然石膏及纸面作为原材料,绝不含对人体有害的石棉。

由于纸面石膏板具有轻质、防火、隔声、保温、隔热、加工性能良好、施工方便、可拆装性能好等优点,广泛用于各种工业建筑、民用建筑,尤其是在高层建筑中可作为内墙材料和装饰装修材料,如:用于框架结构中的非承重墙、室内贴面板、吊顶等。

2)纸面石膏板的分类

按其功能分为:普通纸面石膏板、耐水纸面石膏板、耐火纸面石膏板以及耐水耐火纸面石膏板四种。

普通纸面石膏板(P):以建筑石膏为主要原料,掺入适量纤维增强材料和外加剂,与水搅拌后,浇注于护面纸的面纸与背纸之间,并与护面纸牢固的黏结在一起形成的建筑板材。

耐水纸面石膏板(S):以建筑石膏为主要原料,掺入适量纤维增强材料和耐水外加剂,与水搅拌后,浇注于耐水护面纸的面纸与背纸之间,并与耐水护面纸牢固地黏结在一起,旨在改善防水性能的建筑板材。

耐火纸面石膏板(H):以建筑石膏为主要原料,掺入无机耐火纤维增强材料和外加剂,与水搅拌后,浇注于护面纸的面纸与背纸之间,并与护面纸牢固的黏结在一起,旨在提高防火性能的建筑板材。

耐水耐火纸面石膏板(SH):以建筑石膏为主要原料,掺入耐水外加剂和无机耐火纤维增强材料,与水搅拌后,浇注于耐水护面纸的面纸与背纸之间,并与耐水护面纸牢固地黏结在一起,旨在改善防水性能和提高防火性能的建筑板材。

板材的公称长度为1 500 mm、1 800 mm、2 100 mm、2 400 mm、2 440 mm、2 700 mm、3 000 mm、3 300 mm、3 600 m和3 660 mm。板材的公称宽度为600 mm、900 mm、1 200 mm和1 220 mm。板材的公称厚度为9.5 mm、12.0 mm、15.0 mm、18.0 mm、21.0 mm和25.0 mm。

纸面石膏板的标记顺序依次为:产品名称、板类代号、棱边形状代号、长度、宽度、厚度以及本标准编号。如:长度为3 000 mm、宽度为1 200 mm、厚度12.0 mm、具有楔形棱边形状的普通纸面石膏板,标记为:纸面石膏板 PC3 000×1 200×12.0。

纸面石膏板的质量要求如下。

(1)纸面石膏板板面平整,不应有影响使用的波纹、沟槽、亏料、漏料和划伤、破损、污痕等缺陷。

(2)板材的尺寸偏差应符合表6-7的规定。

(3)板材应切割成矩形,两对角线长度差不大于5 mm。

(4)对于棱边形状为楔形的板材,楔形棱边宽度应为30~80 mm,楔形棱边深度应为0.6~1.9 mm。

（5）板材的面密度应不大于表 6-8 的规定。

（6）板材的断裂荷载应不小于表 6-9 的规定。

表 6-7 尺寸偏差

项目	长度	宽度	厚度	
			9.5	≥12.0
尺寸偏差 /mm	−6~0	−5~0	± 0.5	± 0.6

表 6-8 面密度

板材厚度 /mm	面密度 /（kg/m²）
9.5	9.5
12.0	12.0
15.0	15.0
18.0	18.0
21.0	21.0
25.0	25.0

表 6-9 断裂荷载

板材厚度（mm）	断裂荷载 /N			
	纵向		横向	
	平均值	最小值	平均值	最小值
9.5	400	360	160	140
12.0	520	460	200	180
15.0	650	580	250	220
18.0	770	700	300	270
21.0	900	810	350	320
25.0	1 100	970	420	380

（7）板材的棱边硬度和端头硬度应不小于 70 N。

（8）经冲击后,板材背面应无径向裂纹。

（9）护面纸与芯材应不剥离。

（10）板材的吸水率应不大于 10%。

（11）板材的表面吸水量应不大于 160 g/m²。

（12）板材的遇火稳定时间应不少于 20 min。

3）生产纸面石膏板的原材料

由于脱硫石膏品位高,性能接近天然石膏,国外许多国家如日本、德国和美国等几乎所有的纸面石膏板厂部分或全部使用脱硫石膏生产纸面石膏板。由于我国脱硫石膏为湿粉状,含水率较高、白度不够使其推广应用受到限制。脱硫石膏中含有较多的游离水,所以在煅烧前应进行预干燥(气流干燥、管束干燥法),除去附着水和部分结晶水。另外若 MgO、Na_2O、Cl^- 等可溶性杂质含量不稳定或超标将使纸面石膏板出现起泡、回潮、脱纸等现象,通过水洗的方法或与天然石膏混合的方法减少杂质的影响以达到要求。

脱硫石膏中各种杂质对纸面石膏板的影响。

脱硫石膏中最主要的杂质是氯化物,氯化物在纸面石膏板中会影响石膏板纸和石膏芯的结合,在潮湿的条件下,氯会使钉子和钢筋加速生锈,因此脱硫石膏中的氯含量要求控制在一定的范围内。消除氯化物的方法是用热水洗涤,使其溶解于水中。

钠是很有害的成分,在纸面石膏板中影响纸和石膏芯黏结。钠在石膏中以 Na_2SO_4 形式存在,在纸面石膏板干燥时 Na_2SO_4 迁移到面纸与石膏芯之间,石膏板干燥后,常温下冷却,当温度低于 32 ℃时,此时 Na_2SO_4 吸收环境中的水分后形成白色絮状的粉末,使面纸和石膏芯黏结不好而剥离,这就是粉化现象。钾在脱硫石膏中形成复盐,会影响面纸和纸芯的结合。

一般镁以 $MgSO_4$ 可溶性盐形式存在,在纸面石膏板中会从石膏浆迁移到石膏芯与 $Na_2SO_4 \cdot 10H_2O$ 面纸结合处,影响纸面石膏板的黏结。纸面石膏板生产对脱离石膏品质的要求见表 6-10。

表 6-10　　纸面石膏板生产对脱离石膏品质的质量要求

指标名称	游离水	$CaSO_4 \cdot 2H_2O$	MgO	Na_2O	Cl^-
指标值	<10%	>90%	<0.1%	<0.06%	$<1 \times 10^{-4}$
指标名称	SO_2	pH 值	有机物	颜色	气味
指标值	<0.25%	5	0.1%	白色	无味

用脱硫石膏和天然石膏生产纸面石膏板,主要区别是建筑石膏的制备工艺不同。制备工艺基本相同,只需对配料比例和干燥曲线进行相应的调整即可。建筑石膏的制备工艺主要有一步法和两步法两种,工艺流程如图 6-9 所示。一步法的特点是:工艺简洁、凝结时间短、能耗低、自动化程度高。但对原料适应性较差、工艺控制精度要求高、投资大、适合与大型纸面石膏板生产线配套使用。二步法的特点是:产品质量稳定、半水石膏质量高、对原材料的游离水和品味变化适应性较强、可使用其他工艺副产石膏,但工艺相对复杂、凝结时间较长,用于石膏板生产需要添加大量的促凝剂。

纸片石膏板是以建筑石膏为主要原料,掺入适量添加剂与纤维做板芯,以特制的板纸为护面加工制成的板材。纸面石膏板具有重量轻、隔声、隔热、加工性能强、施工方法简便的特点。建筑石膏的主要成分为 β- 半水石膏,与水结合形成二水石膏

下面以某公司用脱硫石膏生产纸面石膏板为例。

一步法工艺流程：

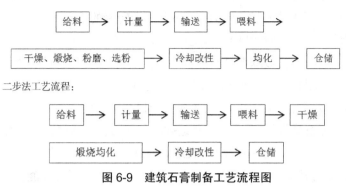

图 6-9　建筑石膏制备工艺流程图

该公司采用的主要原料是脱硫石膏，其主要成分为 $CaSO_4 \cdot 2H_2O$，其经过回转窑煅烧后可得到 β 型半水石膏为主建筑石膏，该过程用方程式表示为：

$$CaSO_4 \cdot 2H_2O \xrightarrow{\text{加热}} CaSO_4 \cdot \frac{1}{2}H_2O + \frac{3}{2}H_2O$$

煅烧后的建筑石膏经冷却后，储存于大料仓备用。

（1）配料。

改性淀粉、缓凝剂、纸浆、减水剂、水等原料经定量计量后放入水力碎浆机搅拌成原料浆，然后泵入料浆储备罐备用；发泡剂和水按比例投入发泡剂制备罐搅拌均匀，泵入发泡制储备罐备用；促凝剂和熟石膏粉原料经提升输送设备进入料仓备用。

料浆储备罐中的浆料使用计量泵加入搅拌机，发泡剂使用动态发泡装置发泡后进入搅拌机，促凝剂和石膏粉使用全自动计量皮带秤计量后进入搅拌机，然后所有主辅料在搅拌机混合成合格的石膏浆。所有主辅料的添加都包括在自动控制系统中，随生产线速度的不同自动调节，以适应大规模、高速度的要求。

（2）成型输送。

上纸开卷后经自动纠偏机进入成型机，下纸开卷后经自动纠偏机、刻痕机、振动平台进入成型机，搅拌机的料浆落到振动平台的下纸上进入成型机，在成型机上挤压出要求规格的石膏板，然后在凝固皮带上完成初凝，在输送辊道上完成终凝，经切断机切成需要的长度，经横向机转向，转向后两张石膏板同时离开横向机，然后使用靠拢辊道使两张板材的间距达到要求后，经分配机分配进入干燥机干燥。

（3）烘干。

采用锅炉提供蒸汽作为热源，蒸汽经过换热器换出热风后经风机送入干燥机内部完成烘干任务。该工艺环保、节能、热效率高、工艺参数容易控制。

（4）成品包装部分。

干燥机完成干燥任务后，经出板机送入横向系统，完成石膏板的定长切边、全自动包边，然后经成品输送机送入自动堆垛机，堆垛完成后运送到打包区检验包装，全套生产流程完成。

该公司的纸面石膏板具有以下特点。

①生产能耗低，生产效率高。生产同等单位的纸面石膏板的能耗比水泥节省 78%，且投

资少、生产能力强、工序简单、便于大规模生产。

②轻质。用纸面石膏板作隔墙,重量仅为同等厚度砖墙的1/15,砌块墙体的1/10,有利于结构抗震,并可有效减少基础及结构主体造价。

③隔声性能好。纸面石膏板隔墙具有独特的空腔结构,具有很好的隔声性能。

④加工方便,可施工性好。纸面石膏板具有可钉、可刨、可锯、可粘的性能,用于室内装饰,可取得理想的装饰效果,施工非常方便,可极大地提高施工效率。

⑤保温隔热。纸面石膏板板芯60%左右是微小气孔,具有良好的轻质保温性能。

⑥防火性能好。由于石膏芯本身不燃,且遇火时在释放化合水的过程中会吸收大量的热,延迟周围环境温度的升高,因此,纸面石膏板具有良好的防火阻燃性能。

3.3　石膏砌块

1)纸面石膏板的优点

(1)耐火性。

石膏砌块中的石膏以二水硫酸钙的形式存在,二水硫酸钙在遇火高温状态下释放结晶水,1 mol的二水石膏会先释放1.5 mol的结晶水,变成半水石膏,随着温度的进一步升高,再释放0.5 mol的结晶水,变成$CaSO_4$。据推算100 m的石膏砌块墙体每平方米要蒸发十几千克水分,在结晶水蒸发完之前墙体的温度不会进一步升高,因此石膏砌块具有优良的防火性能。

(2)隔声性。

石膏砌块是一种理想的隔声材料,以100 mm厚的石膏砌块墙体为例其建筑隔声值已达到36~38 dB,其他同规格建筑材料是难以达到此值的。另外通过在石膏砌块中掺加轻骨料如膨胀珍珠岩、陶粒等或采用空腔结构加吸声材料等能够改善砌块的保温性和提高隔声性能。不同规格石膏空心砌块的隔声、耐火性能见表6-11。

表6-11　石膏空心砌块隔墙构造和性能

隔墙分类	构造	墙体			隔声指数/dB	耐火极限/h	备注
		条板层数	重量/（kg/m²）	厚度/mm			
一般隔墙	隔火、隔声单层墙板	1	42	60	30	1.3	—
防水隔墙	耐火双层墙板	2	84	140	41	3	双层墙板错缝间距≥200 mm
隔声隔墙	隔声双层墙板	3	84	160	41	3	双层墙板错缝间距≥200 mm
隔声隔墙	隔声双层墙板	4	85	160	45	3.25	双层墙板错缝间距≥200 mm

(3)舒适性。

石膏砌块在硬化过程中形成无数个微小的蜂窝状呼吸孔,由于微孔结构特性,当室内环境湿度较大时呼吸孔自动吸湿,在相反的条件下却能自动释放储备水分,这样反复循环巧妙地将室内湿度控制在一个适宜的范围。这种呼吸过程既不影响墙体结构的稳定性及安全程度,又提高了居住的舒适感。

（4）环保性。

在水泥、石灰、石膏三大胶凝材料的生产过程中建筑石膏的能耗最低,大力发展石膏制品可起到节约能源、保护环境的作用。石膏砌块平整度高,表面细腻光滑,外形美观大方。此外,石膏砌块还具有生产清洁、施工方便等优点,可广泛适用于高层建筑物的非承重内墙。

（5）稳定性。

石膏砌块中无数均匀微小的气泡及孔道不仅降低密度还使它具有一定的可变性能,因而石膏砌块有较大的初始屈服变形值,是一种具有延长特点的墙体材料。其次石膏的体积稳定在框架中能长期保持紧密结合,使墙体材料能够与框架结构一致同步变形。由于体积稳定性的特点,只要石膏砌块与框架结构之间连接措施到位,就能有效防止地震中墙体与框架之间的脱位。经有关振动研究部门对墙体的抗震能力检测可知,石膏砌块轻质墙体材料可满足抗震设计的变形,是抗震设防地区高层框架良好的抗震材料。

（6）施工性。

石膏砌块墙体施工具有以下优点:石膏砌块产品尺寸精确、表面平整度好,墙面砌筑完成后只需局部用粉刷石膏找平,用石膏腻子罩面,省去墙面抹灰工序,节省费用,避免墙面开裂等质量问题;石膏砌块墙体的安装采用干法作业,墙体内的构造柱或门窗洞口过梁可采用钢构件或混凝土预制构件,基本无须混凝土现浇作业,可加快施工进度;墙体安装完毕,经几天干燥即可进行墙面的装饰,大大缩短工期。

2）规格、质量标准和技术性指标

按石膏砌块结构特性可分为石膏实心砌块（K）和石膏空心砌块（S）;按其石膏来源可分为天然石膏砌块（T）和化学石膏砌块（H）;按其防潮性能可分为普通石膏砌块（P）和防潮石膏砌块（F）;按成型制造方式可分为手工石膏砌块和机制石膏砌块。石膏砌块外形为纵横边缘分别设有榫头和榫槽,其规格为:长度为 666 mm;高度为 500 mm;厚度为 60 mm、80 mm、90 mm、100 mm、120 mm。石膏砌块的标记顺序为:产品名称、类别代号、规格尺寸和标准号。例如:用天然石膏作原料制成的长度为 666 mm、高度 500 mm、厚度为 80 mm 的普通石膏空心砌块标记为:石膏砌块 KTP666 × 500 × 80。

（1）砌块表面应平整,棱边平直,外观质量应符合表 6-12 的规定。

表 6-12　石膏砌块外观质量

项目	指标
缺角	同一砌块不得多于 1 处缺角,尺寸应小于 30 mm × 30 mm
板面裂纹	非贯穿裂纹不得多于 1 条裂纹,长度小于 30 mm,宽度小于 1 mm
油污	不允许
气孔	直径 5~10 mm 不多于 2 处;>10 mm 不允许

（2）石膏砌块的尺寸偏差应不大于表 6-13 的规定。

表 6-13　石膏砌块尺寸偏差　　　　　　　mm

项目	规格	尺寸偏差
长度	666	±3
高度	500	±2
厚度	60.80、90、100、110、120	±1.5

（3）实心砌块的表观密度应不大于 1 000 kg/m³，空心砌块的表观密度应不大于 700 kg/m³，单块砌块质量应不大于 30 kg。

（4）把钢板尺立在砌块表面两对角线上，用塞尺测量砌块表面与钢板尺之间的最大间隙作为该试件的平整度。

（5）石膏砌块应有足够的机械强度，断裂荷载值应不小于 1.5 kN。

（6）石膏砌块的软化系数应不低于 0.6，该指标仅适用于防潮石膏砌块。

脱硫石膏砌块成型工艺如下。

脱硫石膏游离水含量高，在脱水过程中脱去的水分多，脱水的前部分为脱游离水，后半部分为脱结晶水，脱水过程前部分料温上升速率较慢，排湿量大，后半部分料温上升速率较快，排湿量较小。脱硫石膏适宜的脱水温度为 170~200 ℃，恒温时间 3~4 h。陈化是影响石膏性能的重要因素，通过陈化可使脱水后石膏中的相组成趋于稳定，石膏性能不产生大的波动，陈化 7 d 左右石膏性能趋于稳定。在工业生产中，考虑到生产效率和能耗等因素，确定最高料温为 175 ℃。

与天然建筑石膏相比，脱硫建筑石膏的生产更节能。天然石膏在生产过程中需破碎、粉磨，每生产 1 t 建筑石膏耗电约 50 kW·h，并且天然建筑石膏在性能上难与脱硫建筑石膏相比拟。如图 6-10 所示，脱硫石膏空心砌块的成型过程，包括原材料计量、快速搅拌、浇注、脱模干燥等工序。

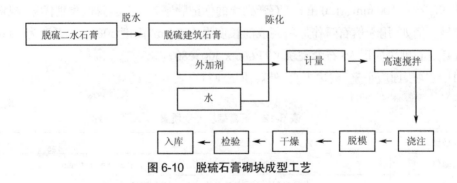

图 6-10　脱硫石膏砌块成型工艺

3.4　石膏空心条板

石膏空心条板是以建筑石膏为基材，掺以无机轻骨料、无机纤维增强材料而制成的空心条板,代号 SGK。石膏空心条板按板材厚度分 3 种规格:厚 60 mm、90 mm 和 120 mm。60 mm 适用于厨、厕墙及管道包装;90 mm 适用于分室墙和较大的管道包装;120 mm 厚主要用于分户墙及楼道走廊。普通板的宽度为 600 mm;7 孔 $\varphi60$ mm,板的长度不大于 3 000 m。石膏空心条板按性能不同分普通型和防水型两种,厨房、卫生间的墙体要采用防水型石膏条板,其他房间的墙体用普通石膏条板。石膏空心条板是我国目前较理想的轻质非承重内隔墙材料,产品不仅代替标准黏土砖,而且适应性强,施工方便,加快施工进度,可达到节能降耗,提高经济效益的目的。

1)石膏空心条板特点

90 mm 厚石膏空心条板的密度 600~900 kg/m³,比 240 mm 厚砖墙轻 60% 左右;集中破坏荷载为 1 300 N,抗压强度为 7.37~10.8 MPa,抗折强度为 1.57 MPa,抗拉强度 1.45~2.42 MPa;90 mm 厚石膏空心条板隔声大于 43 dB;热绝缘系数为 0.8~1.10 m²·K/W;由于石膏空心条板是将建筑石膏与纤维充分搅拌后经浇注、抽芯开模压制成型,因此,材料致密,又采用非刚性连接,故有良好的抗震性能;石膏空心条板的耐火极限大于 2.5 h。

2)规格、质量标准和技术性指标

石膏空心条板的外形如图 6-11 和图 6-12 所示,空心条板应设榫头。长度 2 400~3 000 mm,宽度为 600 mm,厚度为 60 mm。其他规格由供需双方商定。产品按下列顺序标记:产品名称、代号、长度、标准号。如长 × 宽 × 厚 =3 000 mm × 600 mm × 60 mm 的石膏空心板标记为石膏空心版 SGK3000JC/T829-1998。

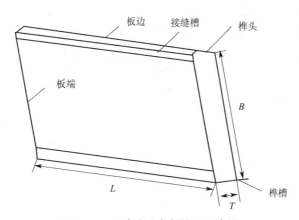

图 6-11 石膏空心条板外形示意图

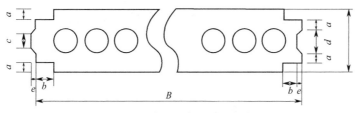

图 6-12 石膏空心条板断面示意图

石膏空心条板的外观应符合表 6-14 规定。石膏空心条板的尺寸偏差应符合表 6-15 规定。孔与孔之间和孔与板面之间的最小壁厚不得小于 10 mm;面密度:(40 ± 5)kg/m²;抗弯破坏载荷不小于 800 N;抗冲击性能为承受 30 kg 沙袋落差为 0.5 m 的摆动冲击三次,不出现贯通裂纹,单点吊挂力为受 800 N 单点吊挂力作用 24 h,不出现贯通裂纹。

表 6-14　石膏空心条板外观质量

项目	指标
缺陷掉角,深度 × 宽度 × 长度 50 mm × 10 mm × 25 mm~10 mm × 20 mm × 30 mm	不多于 2 处
板面裂纹,长度 10~30 mm,宽度 0~1 mm	
气孔,小于 10 mm,大于 5 mm	
外露纤维,贯通裂缝、飞边毛刺	不许有

表 6-15　石膏空心条板的尺寸偏差

序号	项目	允许偏差
1	长度 L	±5
2	宽度 B	±2
3	厚度 T	±1
4	每 2 m 板面平整度	2
5	对角线差	10
6	侧向弯曲	$L/100$
7	接缝槽宽 a	+2
8	接缝槽宽 b	0
9	榫头宽 c	0
10	榫头高 e	-2
11	榫槽宽 d	+2
12	榫槽深 e	0

3.4.1　石膏空心条板生产工艺

脱硫石膏空心条板以脱硫石膏为胶结材料、以粉煤灰为填充材料、以玻璃纤维为增强材料、以聚苯乙烯颗粒为轻质材料,采用立模成型工艺。首先将物料计量、搅拌均匀,进入料浆计量罐,然后输送料浆到成型主机注模,成型主机采用电加热并机械抽拔芯管、开合模,产品达到一定强度后由半成品输送系统进入养护窑内养护,养护好的产品经包装入库。其生产工艺流程图如图 6-13 所示。

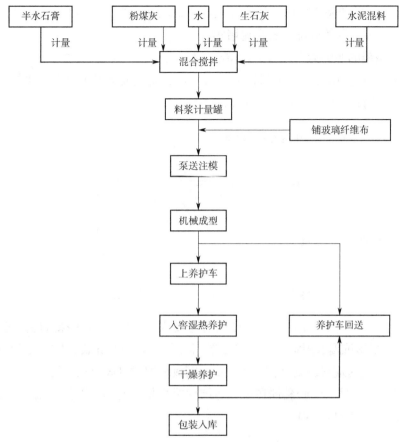

图 6-13 石膏空心条板生成工艺流程

3.4.2 石膏空心条板施工工艺

施工安装工艺流程:地面清理→测量放线→隔墙内管线施工→安装 U 形或 L 形钢板卡→立隔墙板木楔子→临时固定→调整垂直度及平整度→板下口嵌石膏泥→板两侧粘网格布,初刮腻子→板内灌石膏浆→线槽处理及拼缝处理。

清理隔墙板与顶板、梁、墙面、地面的结合部,凡凸出的砂浆、混凝土均需剔除干净,结合部尽量找平;根据设计图纸,在待安装墙板位置的柱侧面、地面、顶棚面弹出与石膏空心条板同厚的 2 条平行线;板长应按照楼面结构层净高尺寸减小 30~60 mm 配板。板的尺寸不相适应时,预先拼接加宽或锯窄成合适的板;石膏条板之间,条板与主体结构的连接用 1 号石膏胶黏剂黏结牢固,该胶黏剂的性能指标为:抗剪强度 1.5 MPa,黏结强度 1.0 MPa,初凝时间 0.5~1.0 h。该胶黏剂配比为:$m($水$):m($石膏粉$):m($羧甲基纤维素$)=0.8:1:0.01$,配制量以一次使用不超过 20 min 为宜,超过初凝时间已开始凝固了的胶黏剂不得再加水、加胶继续使用。

石膏空心条板的安装应从与墙的结合处开始,依次安装。先刷净板侧面浮灰,将石膏条板利用木楔子临时支撑固定在双线内,采用撬杠将石膏空心条板逐步挤紧顶实,同时校正石膏空心条板的垂直度、平整度,使其达到中级抹灰标准。随后在板缝外面贴网格布,用石膏浆灌注板缝,灌注黏结完毕后的墙体底面用石膏泥堵实。当灌注接缝强度达到 10 MPa 以上时,撤去木楔,并用同等强度的石膏泥堵实。

石膏空心条板的两侧为半圆形企口,施工时 2 块板的半圆形企口拼接在一起,两侧采用 1 号石膏胶黏剂粘贴 50 mm 宽的玻纤网格布,然后在拼缝处圆形企口内灌注与石膏板材相同的石膏浆体,内掺 10 mm 左右的短纤维,见图 6-14。

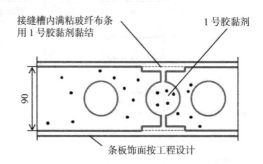

图 6-14　石膏空心条板一字连接节点处理

石膏空心条板与楼板、梁底面及顶棚面的连接,除直接利用找平抹灰层固定嵌接外,还可利用 U 形或 L 形抗震卡固定。U 形或 L 形钢板卡采用 50 mm 长、1.2 mm 厚的钢板。在与石膏空心条板的对应接缝处,将 U 形或 L 形钢板卡用射钉固定在结构梁板处。石膏空心条板校正好后,用 1 号石膏胶黏剂在条板与结构梁板相交的阴角部位黏结 200 mm 宽的玻纤网格布(图 6-15 和图 6-16)。

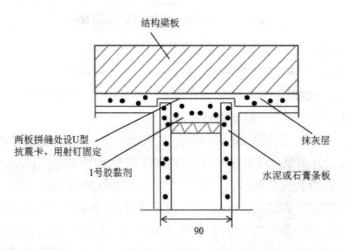

图 6-15　石膏空心条板与主体墙连接(抗震构造节点)

石膏空心条板在门头板部位的做法有两种,一种是制作门头板,门头板与两侧的隔墙板仍然采用灌注式连接,门两侧的窄条不设圆孔,配筋加强;另一种做法是在装板时,先不考虑门洞,在装完板灌完浆待石膏浆强度达到要求后,在板上画出门洞位置,采用手锯切出门洞。这两种方法都能有效地防止门头板两侧裂缝的出现。

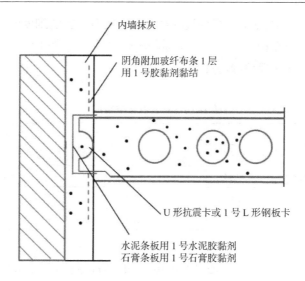

内墙抹灰

阴角附加玻纤布条 1 层
用 1 号胶黏剂黏结

U 形抗震卡或 1 号 L 形钢板卡

水泥条板用 1 号水泥胶黏剂
石膏条板用 1 号石膏胶黏剂

图 6-16　石膏空心条板与结构梁板连接（抗震构造节点）

石膏空心条板由于硬度较小，切割十分方便，管线施工时可直接采用切割机或手锯在隔墙板上沿石膏板的圆孔单面开槽，将管线固定在石膏板的圆孔内，然后采用石膏浆加入石膏粉调成胶泥状，直接分层填实，将其硬化后，用刨子把板面刨平。这种方法使后填的石膏与板连成一体，且由于材质相同不会因为收缩或温度应力而产生裂缝。

3.5　脱硫石膏制酸联产水泥

石膏的主要成分是 $CaSO_4$，在高温下可以分解出 CaO 与 SO_2 气体，CaO 可与其他原料中的 SiO_2、Al_2O_3、Fe_2O_3 反应形成水泥熟料，SO_2 气体送入硫酸装置制备硫酸。目前，利用石膏制酸联产水泥的研究主要集中在天然石膏、磷石膏以及脱硫石膏上。

目前，利用脱硫石膏制硫酸联产水泥的研究还比较少，实现工业化还需要一定的时间。南京工业大学李东旭教授课题组对利用脱硫石膏制酸联产水泥工艺技术进行了研究，主要研究和探索了气氛、组分作用和控制问题，通过对脱硫石膏制硫酸发联产水泥生产技术的基本原理、反应过程剖析、存在问题和反应机物探讨，以及其生产技术原料应用研究，深入探索目前影响该技术应用的问题和原因，研究解决存在问题的控制条件，提出脱硫石膏及其生料的质量要求和质保措施，进而完善脱硫石膏制硫酸联产水泥生产技术系统及其应用，为今后水泥行业和硫酸行业进一步研究和指导生产提供了一些有参考价值的理论和实验基础。以下就该课题组的一些研究结论与数据，对脱硫石膏制酸联产水泥的一些影响因素进行简单阐述。

1）脱硫石膏的化学成分

脱硫石膏作为工业副产石膏，其主要成分是二水硫酸钙。表 6-16 是几种不同地区脱硫石膏的化学成分，可以看出：脱硫石膏中的 CaO 和 SO_3 含量要比天然石膏高得多，可见脱硫石膏的纯度较高。没有经过任何粉磨处理的脱硫石膏都具有较高的比表面积，不同产地的脱硫石膏的比表面积有较大区别，虽然脱硫石膏都是采用的石灰 / 石灰—石膏法脱硫，但是由于工艺参数不同,在吸收器中洗涤烟气的细石灰石或石灰粉的细度的不同等因素,从而影响脱硫石膏最终的比表面积。脱硫石膏杂质与石膏之间的易磨性相差较大,脱硫石膏经过粉磨后粗颗粒多为杂质,细颗粒多为石膏。

表 6-16　石膏的化学组成　　　　　　　　　　　　%

石膏	附着水	结晶水	CaO	MgO	Fe_2O_3	Al_2O_3	SiO_2	SO_3
南京华能电厂脱硫石膏	15.65	16.78	33.10	0.20	0.08	1.00	2.17	45.48
南通天生港电厂脱硫石膏	12.44	17.99	34.75	0.26	0.26	0.40	1.93	41.27
云南阳宗海电厂脱硫石膏	12.89	19.8	32.98	0.12	0	0.28	0.19	49.95
天然石膏	0.50	17.63	27.46	0.55	1.14	2.64	7.45	39.95

无论是华能电厂、天生港电厂还是云南电厂烟气脱硫技术都是采用的湿法石灰/石灰石—石膏法。石灰/石灰石石膏法脱硫机理与脱硫石膏的形成过程如下:通过除尘处理后的烟气导入吸收器中,细石灰或石灰石粉形成料浆通过喷淋的方式在吸收器中洗涤烟气,与烟气中的二氧化硫发生反应生成亚硫酸钙,然后通入大量空气强制将亚硫酸钙氧化成二水硫酸钙。从吸收器中出来的石膏悬浮液通过浓缩器和离心器脱水,最终产物为附着水含水量较高的脱硫石膏。

2)脱硫石膏在不同煅烧工艺下的脱硫率

(1)脱硫石膏在自然条件下煅烧后的脱硫率。

无论是以石膏为原材料,还是采用碳酸钙为原料,在水泥的烧制过程中,都要经历预热、分解、烧成、冷却四个阶段。碳酸钙的分解温度在 900 ℃以下,而前期分解的 CaO 与 Al_2O_3、Fe_2O_3 生成熔剂矿物出现液相的温度一般为 1 250 ℃左右,明显地高于物料的分解温度,即用碳酸钙生产水泥熟料不会出现分解段与烧成段交叉的现象。如果分解段与烧成段出现交叉的现象时,会造成结大球、结圈等不利于石膏分解,并且会降低水泥质量,甚至导致水泥不合格。一些系统的最低共熔温度见表 6-17。

表 6-17　一些系统的最低共熔温度

系　统	最低共熔温度 /℃
C_3S-C_2S-C_3A	1 450
C_3S-C_2S-C_3A-Na_2O	1 430
C_3S-C_2S-C_3A-MgO	1 375
C_3S-C_2S-C_3A-Na_2O-MgO	1 365
C_3S-C_2S-C_3A-C_4AF	1 338
C_3S-C_2S-C_3A-Fe_2O_3	1 315
C_3S-C_2S-C_3A-Fe_2O_3-MgO	1 300
C_3S-C_2S-C_3A-Na_2O-MgO-Fe_2O_3	1 280

　　硅酸盐水泥熟料由于含有氧化镁、氧化钾、氧化钠、氧化铁、氧化磷等次要氧化物,其最低共熔温度为 1 250~1 280 ℃,当然也可以采用其他方法提高共熔温度点,但从降低生产能耗方面考虑,一般不宜采取措施提高共熔温度。

　　由于脱硫石膏的附着水很不稳定,放置在空气中变化很大,在低温处理附着水的过程,又很难保证处理后结晶水是否也被除去。因此石膏在进行高温分解时,先把脱硫石膏除去附着水与结晶水。表 6-18 是几种脱硫石膏在不同温度煅烧后的脱硫率,可以看出,硫酸钙在温度低于 1 100 ℃时,基本上不发生分解,只有温度高于 1 100 ℃时,硫酸钙才发生显著分解。随着温度的升高,分解速度加快,但即使达到 1 350 ℃时保温 1 h,其分解率一般也低于15%,且在 1 350 ℃煅烧时,华能和天生港电厂脱硫石膏全部熔融为液相,样品完全黏结在坩埚底部,云南阳宗海电厂脱硫石膏烧结成块,这跟脱硫石膏中的杂质成分有关,云南阳宗海电厂脱硫石膏纯度较高,杂质较少,熔融为液相的温度也要高一些。三种产地的脱硫石膏中,华能电厂的脱硫石膏脱硫率较高,主要是因为华能电厂脱硫石膏中的 SiO_2、Al_2O_3 相对较高,在相同条件下,提高了石膏的分解效率。

表 6-18　脱硫石膏在不同温度下煅烧后的脱硫率

温度 /℃	1 150	1 200	1 250	1 300	1 350
华能脱硫石膏脱硫率 /%	0.89	2.6	4.61	8.92	14.64
天生港脱硫石膏脱硫率 /%	0.40	2.15	3.99	5.79	11.82
云南阳宗海脱硫石膏脱硫率 /%	0.66	2.24	3.32	4.42	7.61

　　(2)在还原气氛下石膏的脱硫率。

　　为提高脱硫率可以考虑在还原气氛下对石膏进行煅烧。采用活性炭或焦炭等作为还原剂,其反应方程式如下:

$$CaSO_4 + 2C \rightarrow CaS + 2CO_2 \quad (900 ℃)$$
$$3CaSO_4 + CaS \rightarrow 4CaO + 4SO_2 \quad (1100 ℃)$$

或

$$CaSO_4 + C \rightarrow 2CaO + 2SO_2 + CO_2 \quad (900 \sim 1100 ℃)$$

　　C/SO_3 即 C 与 $CaSO_4$ 的物质的量之比,碳的掺量直接影响 $CaSO_4$ 的分解程度,碳量过大,一步分解反应量大,生成的 CaS 多,物料在烧成带不耐火,CaS 生成量少,硫的烧出率低,SO_2 少,酸产少;碳掺量过小,$CaSO_4$ 分解不完全,烧成温度同样提不起来,且会使窑内出现强氧化气氛,物料呈水状流出,堵塞下料口,造成停车事故,同时 SO_2 浓度下降,系统无法生产。相关文献表明:C/SO_3 摩尔比以(0.65~0.72) : 1 为宜。

　　在还原气氛下对脱硫石膏进行煅烧,脱硫率大大提高,但石膏的脱硫温度仍然很高,在 C/SO_3 摩尔比为 0.7 : 1 的情况下,在静态炉中, 1 300 ℃煅烧保温 1 h,脱硫率仅为 80% 左右,可能是在静态炉中无法保证 C/SO_3 摩尔比在 1 h 之内一直为 0.7,因此,如何保证其还原气氛是保证其脱硫率的一个重要因素(图 6-17)。

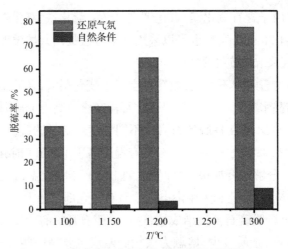

图 6-17　脱硫石膏在还原气氛下煅烧后的脱硫率

（3）外加剂对脱硫石膏的影响。

外加剂能够促进石膏的热分解过程,其中 $CaCl_2$、Fe_2O_3 外加剂对石膏分解温度的降低影响最大,适量的加入 Fe_2O_3 后,石膏在 950 ℃ 左右即开始分解。Fe_2O_3 的加入量范围在 5~50% 之间。适当掺量的 Fe_2O_3、Al_2O_3 和 SiO_2 后,还原气氛下,在 1 100 ℃保温 30 min,脱硫率即可达到 90% 左右。而在自然条件下, 1 100 ℃保温 30 min,掺加外加剂后,脱硫率仅仅达到 40% 左右,可见还原气氛与外加剂对脱硫石膏的分解同样至关重要。在熟料的几种成分中, Fe_2O_3 对石膏分解温度的降低影响最大,适量的 Fe_2O_3 加入后,在还原气氛下,石膏在 950 ℃左右即开始分解。但是 Fe_2O_3 的加入仅仅提高了脱硫石膏的脱硫速率,并不能显著降低脱硫石膏的分解温度,因此在自然条件下加入外加剂后,脱硫石膏在 1 000 ℃仍未达到其分解温度。

煅烧时间对石膏的脱硫率也有一定的影响。当煅烧一定时间后,若继续延长保温时间,由于在密封状态下, SO_2 未及时排出,会发生逆反应,甚至生成不利于反应进行的副产物 CaS,故保温时间不宜过长(图 6-18)。

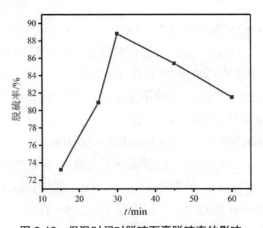

图 6-18　保温时间对脱硫石膏脱硫率的影响

硅酸盐水泥熟料中各氧化物之间的比例关系系数称作率值,各氧化物并不是以单独状态存在,而是由各种氧化物化合成的多矿物集合体,因此在水泥生产中不仅要控制各氧化物含量,还应控制各氧化物之间的比例即率值。在一定工艺条件下,率值是质量控制的基本要素。因此,国内外水泥厂都把率值作为控制生产的主要指标,我国主要采用石灰饱和系数(KH)、硅率(n)、铝率(p)三个率值。

脱硫石膏制酸联产水泥工艺中,为保证脱硫石膏的脱硫率,生料的率值可以考虑"高铁低钙"的配料思路,满足脱硫率的基础上,可以适当地提高三率值;若脱硫石膏的脱硫率可达到 95% 以上,配制生料计算 KH 值时,可考虑忽略 SO_3 的影响。

在实际生产中,一般使用焦炭作为还原剂,焦炭中含有其他的杂质有助于提高石膏分解率。$CaSO_4$ 在 C 作用下可以完全分解,每 2 mol 的 $CaSO_4$ 需要 1 mol 的碳,即 $C/SO_3=0.5$。由于生料在回转窑及预热器内预热煅烧时,有一部分碳未参加反应就被煅烧掉,因此需在生料中配备较多的碳。另外为减少碳在窑内氧化,回转窑的操作气氛要恰当,还原气氛时会生成 CO,增加 CaS 的量,还会发生 $SO_2+CO \rightarrow COS+CO_2$ 反应,不仅损失 SO_2,对硫酸转化也有危害。中性气氛时会发生 $CaS+ CaSO_4 \rightarrow CaO+S$ 反应,降低了 SO_2 的浓度,生成升华硫使硫酸堵塞。一般控制在弱氧化气氛下操作,这样既不出现以上两种情况,又使生料中的碳不被大量烧掉。通常控制 $C/SO_3=0.65\sim0.75$,如果生料中 C/SO_3 比值偏高或偏低不大时,可以调节回转窑的煤、风、料比例,保证 $CaSO_4$ 完全分解并生产合格的熟料。

实际烧成过程中,在 1 400 ℃时物料已出现烧流现象。所以用脱硫石膏进行配料烧成水泥熟料时,温度控制在 1 350 ℃左右为宜,最高不得超过 1 400 ℃,太低则游离钙含量高,熟料强度低且安定性不合格;过高则出现烧流现象,严重危害回转窑的运转。煅烧熟料的前提是保证在低于熟料矿物生成温度之前脱硫石膏的脱硫率,一般实际生产中采取窑外分解的方式进行,即将生料中的脱硫石膏在分解炉中即分解,分解炉中的温度一般在 1 100 ℃左右,若工艺适当,脱硫石膏的分解温度甚至会更低,这样进入窑中的生料其硫含量已较低,不会影响水泥熟料的烧成工艺。

目前工业副产石膏制硫酸联产水泥技术还存在许多问题,技术研究和开发进展缓慢,在理论和设计、操作实践方面仍有大量问题有待研究。为使该技术成功应用于工业生产,除对回转窑建立稳定的热工制度和娴熟的操作技术外,还必须控制好发展脱硫石膏制硫酸联产水泥技术的关键因素。

3.6　在普通混凝土中的应用

工业副产石膏在混凝土中的应用主要集中在三个方面,一是将石膏作为胶凝材料取代部分水泥应用于混凝土中、工业副产石膏取代水泥后,或多或少会给混凝土的性能带来一些影响,目前、国内外关于工业副产石膏配制混凝土的研究报道很少,尚未进行大范围的应用;二是作为一种激发剂对混凝土中的其他掺和料如矿渣等进行激发;三是利用工业副产石膏制备混凝土膨胀剂。

3.6.1　用作胶凝材料

利用工业副产石膏配制混凝土时,一般其取代水泥的量在 30% 左右,可配制 C30 等级的混凝土,且在混凝土中掺加少量工业副产石膏时,可明显改善混凝土的流动性,工业副产石膏中含有的球状玻璃微珠在混凝土中起到一种润滑作用。减小了新拌浆体的内摩擦角和黏带系数,故使混凝土流动性增加,但随着工业副产石膏掺量的增加,由于工业副产石膏本身具有较大的比表面积。需水量增大,反而使混凝土的流动度降低,混凝土加入部分石膏后,混凝土的保水性和黏聚性会稍有变差,强度有所降低,但在可控范围内,因此可应用于一般建筑工程。

3.6.2　用作水泥激发剂

利用矿渣取代部分水泥配制混凝土时,可在混凝土中加入适量石膏以激发矿渣的潜在性,可使配制的混凝土具有更好的性能。

石膏对矿渣的激发机理主要是工业副产石膏中含有的硫酸钙对矿渣具有一定的激发用。当矿渣中加入石膏后,加入的硫酸盐与矿渣中溶出的 Ca^{2+} 和 Al^{3+} 反应,形成钙石,导放液相中 Ca^{2+} 和 Al^{3+} 浓度降低,从而液中 Ca^{2+} 和 Al^{3+} 离子浓度的平衡被破坏、使矿渣中 CaO 和 Al_2O_3 溶出,激发了矿渣的水化活性,早期生成的水化殖铝酸钙用成了以针棒状为主的连续均匀的空间网络骨架,并通过 C-S-H 凝胶的均匀填充,在水泥浆体中使硬化体的结构不断密实、促使胶装材料的强度逐渐增长。用作激发剂时,石膏在混凝土中的掺量很少,一般不高于 5%。

3.6.3　用作水泥膨胀剂

工业副产石青在混凝土中的另一个比较广泛的应用是利用其配制混凝土膨胀剂。普通混凝土的极限拉伸变形值为 0.01%~0.02%,而收增值为 0.04%~0.06%,前者小于后者所以普通混凝土由于干缩和冷缩等原因,往往导致其开装和破坏,从而影响混凝土结构的使用功能、使混凝土耐久性大大降低。滑凝土在硬化过程中,产生适度膨胀是消除或减少混凝土干缩和冷缩膜腿的最有效的途径。

利用工业副产石膏制备的膨胀剂属于硫的酸钙类混凝土膨胀剂。

普通混凝土掺入膨胀剂后混凝土产生适度膨胀,在钢筋和邻位约束下可在钢筋混凝土结构中建立一定的预压应力,这一预压应力大致可抵消混凝土在硬化过程中产生的干缩拉内力,补偿部分水化热引起的温差应力,从而防止或减少结构产生有害裂缝。应指出,膨胀剂主要解决早期的干缩裂缝和水化热引起的温差收缩裂缝,对于后期天气变化产生的温差收缩是难以解决的,只能通过配筋和构造措施加以控制。因此,膨胀剂最适用于环境温差变化较小的地下、水工、海工、隧道等工程,可达到抗裂防渗效果。对于温差较大的结构(屋面、楼板等)必须采取相应的构造措施,才能控制有害裂缝。

由于水化硫铝酸钙(钙矾石)在 80 ℃以上会分解,导致强度下降,故规定硫铝酸钙膨胀剂和硫铝酸钙 - 氯化钙类膨胀剂。不得用于长期处于环境温度为 80 ℃以上的工程。

水泥中掺入膨胀剂后、膨胀剂中的活性 Al_2O_3 将水泥熟料中 C_3S、C_2S 的水化产物 $Ca(OH)_2$ 反应,生成水化铝酸三钙,在有石膏存在的条件下,它将与石膏反应生或含大量结晶水的呈针状的水化硫铝三钙(钙矾石),这种产物还对水泥石有增强作用。

钙矾石的形成速度和生成数量决定了混凝土的膨胀性能。钙矾石形成速度太快,其大部分膨胀能消耗在混凝土塑性阶段,做无用功;如果钙矾石形成速度太慢,前期无益于补偿收缩,后期可能对结构产生破坏。所以,控制钙矾石的生成速度十分重要,当混凝土具有初始结构强度后钙矾石的生成数量决定混凝土的最终膨胀率。正常的膨胀混凝土在 1~7 d 养护期间的膨胀率应发挪至 70%~80%,补惯水配水化热产生的冷缩和自生收缩。7~28 d 的膨胀率占 20%~30%,以补偿混凝土的干缩。

3.6.4　用作水泥缓凝剂

脱硫石膏在水泥及混凝土工业中的应用,传统上一般作为调节水泥凝结时间的一种原料应用于水泥制备中,在水泥中的掺量一般为 2%~5%,大部分关于工业副产石膏在水泥工业中应用的研究也集中于此。

脱硫石膏中有害成分很少,用脱脱硫石膏作水泥缓凝剂时,基本上可以直接取代天然石膏,且制备的水泥性能与用天然石膏作缓凝剂制备的水泥相比并无多大差异,其水泥强度还有一定幅度的提高,其主要原因主要有两方面。

一方面是因为脱硫石膏中含有部分未反应的 $CaCO_3$ 和部分可溶盐,如钾盐、钠盐这些杂质的存在对水泥水化进程产生促进作用,同时,这些杂质还可激发混合材的话性。看利于水泥后期强度发展,在杂质含量相同的情况下,脱硫石膏中的碳酸钙颗粒(含量少)一部分参与了水泥的水化反应,剩余的一部分碳酸钙颗粒一般以石灰石颗粒形态单独存在或以核的形式存在于二水硫酸钙中心。相当于增加了有效参与水化反应的硫酸钙颗粒物量,使其有效组分高于天然石膏;而相对而言,天然石膏的杂质以黏土矿物为主、磨细后能粒较大,在水泥水化时一般不会参加水化反应。

另一方面,利用脱硫石膏作为水泥缓凝剂制备水泥时,在相同的粉磨时间内,与天然石膏相比,制成的水泥比表面积偏大。脱硫石膏的易磨性比天然石膏要好,而且脱硫石膏本身就是细粉状物料,在粉磨时,对熟料和其他混合材料有助磨作用,所以在相同的时间内,磨够的水泥细颗粒较多,比表面积明显偏大。由于这两个因素的存在,在用作缓凝剂时,在一定程度上天然石膏性能反而不及脱硫石膏。

脱硫石膏能够延长硅酸盐水泥的凝结时间,脱硫石膏细度大,在水泥中能与水泥颗粒布分接触,迅速发生反应,所以更能有效调节水泥凝结时间。但对加入混合材的普通硅酸盐水泥,则脱硫石膏与天然石膏相比,对凝结时间几乎没有影响,与硅酸盐水泥相比,由于混合材的加入,在普通硅酸盐水泥中燃料含量相对减少了,脱硫石膏对其凝结时间的影响就不太明显。

采用脱硫石膏作为水泥缓凝剂的企业,主要采取两种方式对脱硫石膏进行处理:第一种方式是采取将脱硫石膏与煤矸石、炉渣等其他混合材先按比例进行混合,然后将混合好的原料输送至原料库中进行水泥配料,这样虽然解决了脱硫石膏料湿、发黏的问题,但增加了铲车配料环节,产生扬尘,而且不能保证配合均匀,脱硫石膏及混合材在水泥中的掺入量不稳定,不利于水泥性能的稳定和调整;第二种方式是采用石膏造粒机、将黏性较强的粉末状的脱硫石膏颗粒通过机械外力挤压成球,然后再入原料库,进行水泥配料,这样可以解决配料不稳定的问题,能够有效保证水泥性能的稳定性。

下面以某水泥厂应用脱硫石膏为缓凝剂生产普通硅酸盐水泥为例说明脱硫石膏在水泥缓凝剂中的应用特点,其生产工艺技术路线具有以下特点(工艺流程如图 6-19 所示)

(1)脱硫石膏仓在配料站的最后,前边依次是干矿渣仓、熟料仓、石灰石、石膏仓、粉煤灰仓等筒仓。

(2)将从电厂运来的脱硫石膏在堆场进行晾置,将脱硫石膏用叉车从石膏堆场运到铁皮筒仓。

(3)脱硫石膏的筒仓下面配置皮带秤,进行脱硫石膏的称量,脱硫石膏为水泥添加量的装 6%。各种物料按一定比例落在水泥磨皮带上,配好的物料进入磨机进行磨制。

(4)物料进入水泥磨机进行粉磨,通过选粉机,部分进行回流,成品进入产品库。

脱硫石膏做缓凝剂时存在的问题,研究表明,脱硫石膏用作水泥缓凝剂时具有 $CaSO_4 \cdot 2H_2O$ 纯度较高,相同条件下用量更少,代替天然石膏使用时成本更低等优势。但作为一种副产石膏,由于脱硫工艺的复杂性导致烧结脱硫石膏也存在一些明显的缺点。

(1)脱硫石膏的含水率较高,一般在 10%~17%,黏性强,因此在装卸、提升、运送的过程中极易黏附在设备上,造成积料、堵塞,若直接用于水泥生产会造成该物料输送不畅、混合不匀,不能正常生产等问题的出现。

(2)石膏用作水泥缓凝剂时不纯物为 C、$CaSO_3$ 和金属离子。碳吸附性强会降低水泥混凝土质量;$CaSO_3$ 超过一定量会引起凝结时间过长;经过成球后的脱硫石膏进磨机后不会出现粘磨而影响磨机产量等问题。

(3)其 pH 值相对天然石膏较高,对水泥的水化及凝结性能也有很大的影响。这些问题使得一些水泥企业对脱硫石膏的使用存在相应的顾虑,阻碍其在水泥工业中的推广应用。

(4)颗粒过细。天然石膏经粉碎,细度范围一般在 140 μm 左右,而脱硫石膏颗粒直径一般为 60 μm,石膏颗粒过细会带来触变性和流动性的问题,往往需使用一定工艺对其进行特殊处理,改善晶体结构。

3.7　在加气混凝土中的应用

加气混凝土以水泥、石灰、矿渣、粉煤灰、砂、发气材料等为原料,经磨细、配料、浇注、切割、蒸压养护等工序制成,因其经发气后制品内部含有大量均匀而细小的气孔,故称加气混凝土。与普遍采用的其他保温材料如 EPS 保温砂浆或普通泡沫聚苯板相比,加气混凝土制品具有产品质量高、使用方便、服务寿命长、性价比高等优点。在建筑节能形势下,加气混凝土作为墙体的保温隔热材料,以其特有的优越性受到市场青睐,其不仅可制造砌块,还可兼作保温和填充材料,制作屋面墙板和保温管等制品。因此,加气混凝土制品已广泛应用于工业与民用建筑中,目前主要用于轻质墙板材料中。

加气混凝土由于具有表观密度小、保温性能高、吸声效果好、可加工性等优点,是我国推广最早,使用最广泛的轻质墙体材料之一。我国加气混凝土行业发展非常迅速,目前国内技术工艺水平已达到国际先进水平,主要应用于蒸压加气混凝土。蒸压加气混凝土砌块属于新型墙体材料的一种,主要用于框架结构、现浇混凝土结构建筑的外墙填充、内墙隔断,也可用于抗震圈梁构造多层建筑的外墙或保温隔热复合墙体。目前制备加气混凝土采用的技术路线主要有三种:水泥—矿渣—砂,水泥—石灰—砂和水泥—石灰—粉煤灰。

一般根据原材料的类别、采用的工艺及承担的功能进行分类。加气混凝土按形状,可分为各种规格砌块或板材;按原料可分为水泥、石灰、粉煤灰加气砖;水泥、石灰、砂加气砖;水泥、矿渣、砂加气砖;按用途可分为非承重砌块、承重砌块、保温块、墙板与屋面板。

1)石膏在加气混凝土中的水化机理

石膏基加气混凝土材料主要由半水石膏、粉煤灰、生石灰、水泥等组成,其水化过程主要分为半水石膏水化、生石灰的水化及生石灰与铝粉的发气反应、水泥的水化硬化和后期的粉煤灰水化两个大阶段。半水石膏粉煤灰硬化体的强度主要来自半水石膏的水化产物和粉煤灰、水泥的水化产物。

在石膏基加气混凝土料浆中,石膏、水泥、生石灰、铝粉、水以及其他外加剂混合搅拌后,半水石膏和生石灰发生水化反应。半水石膏和水反应生成二水石膏,生石灰和水作用也要生成 $Ca(OH)_2$,因此石膏基加气混凝土料浆中的液相呈现碱性且迅速变成饱和溶液,铝粉极易与碱溶液相互作用。

铝粉与碱性饱和溶液发生反应产生氢气,随着温度的升高,体积增大,必然使混合料浆发生膨胀,使制品形成内部含有大量气泡的微孔结构。当料浆浇注入模,开始膨胀时,随着放气反应的进行,水泥与水作用,矿物组成 C_3S、C_2S、C_3A 和 C_4AF 发生水化作用,生成的主要水化产物为水化硅酸钙、氢氧化钙、水化铝酸钙、水化铁酸钙。水化铝酸钙在氢氧化钙饱和溶液中,还能与氢氧化钙进一步反应,生成水化铝酸四钙,当料浆中有石膏存在时,水化铝酸三钙可以和石膏发生反应生成水化硫铝酸钙晶体,大部分水化产物开始时以凝胶出现在玻璃体的周围。随着龄期的增长,水化产物在过饱和溶液状态下以微晶体形式析出,并由玻璃体表面伸展到石膏基加气混凝土材料固相间的空隙,相互联生,形成二维的结晶体网状结构。

当发气完毕、膨胀结束时,料浆中的石灰质矿物胶结料仍然在水化,水化产物在液相中不断积累起来,同时,体系中的自由水分由于水化作用的进行逐渐减少,这就使得溶液中水化产物的浓度逐渐增加,并且很快达到过饱和成胶体或晶体析出。不断地积累使胶体聚集并使晶体成长,且形成结晶连生体,达到稠化或初凝。随着水化继续进行,体系结构不断紧密,固相越来越多,液相越来越少,当达到能抵抗相当外力作用的结构强度时,便达到终凝。

半水石膏粉煤灰浆体因为半水石膏的凝结而失去流动性和塑性,对粉煤灰的水化有一定的影响。粉煤灰水化缓慢,产物主要是钙矾石与水化硅酸钙,它们的比例是由粉煤灰中的活性 Al/Si 比和水化环境决定的。半水石膏粉煤灰胶结材硬化体中二水石膏为结构骨架,钙矾石晶体和水化硅酸钙凝胶分布在二水石膏周围,未水化粉煤灰作为骨料填充于孔隙中。

2）工业副产石膏基加气混凝土的制备工艺研究

石膏基胶凝材料几乎具有所有石膏制品的优点,且对纯石膏制品的耐水性差、脆性大等缺点进行了改性,目前国内外对工业副产石膏基胶凝材料已经有了广泛和深入的研究,但是对工业副产石膏基加气混凝土的报道较少。有人对磷石膏制备加气混凝土进行了相关研究,磷石膏代替天然石膏会显著降低加气混凝土制品强度,但采用粉煤灰磨细工艺能够有效解决磷石膏对制品强度的影响,从而使磷石膏代替天然石膏生产变得可行。制备脱硫石膏基加气混凝土材料的先后顺序为:组装试模—涂脱模剂—配料、搅拌—浇注—静停、发气—切面包头—脱模—湿热养护 24 h 后干燥脱水,便可得到脱硫石膏基加气混凝土制品。该方法的主要工艺流程如图 6-19 所示。

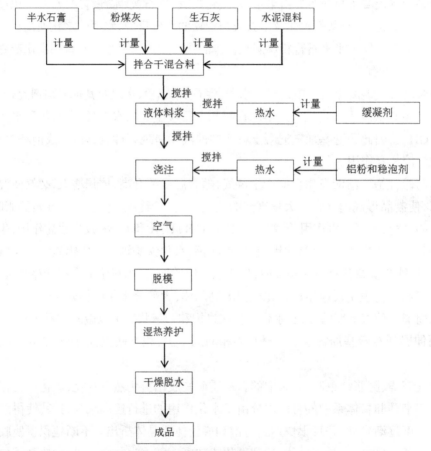

图 6-19　脱硫石膏基加气混凝土工艺流程图

通过对脱硫石膏基加气混凝土体系的研究,认为在自然养护和标准养护条件下,随着粉煤灰掺量的增加,石膏基胶凝材料硬化体的 7 d 和 28 d 抗压强度均降低,粉煤灰主要起填充料的作用,而在湿热养护条件下,石膏基加气混凝土硬化体的 7 d 和 28 d 抗压强度先提高后降低。粉煤灰反应是一个漫长的过程,可以提高石膏基加气混凝土硬化体的后期强度。实验中确定粉煤灰掺量为 20%~30%,在一定范围内,水泥掺量越多,石膏基加气混凝土硬化体强度就越大。但是超过范围,对石膏基加气混凝土的强度不利,也不利于浇注稳定性随着水泥掺量的增大,免蒸压石膏基加气混凝土的抗压强度在 20% 的掺量范围内逐渐增加。当超过 20% 时,强度值随其掺量的增加而降低,试样的 7 d 抗压强度显著降低,而其 28 d 强度变化不大;随着水胶比变大,抗压强度逐渐提高,但当水胶比大于一定比例后,制品的抗压强度反而降低。脱硫石膏基加气混凝土的水料比在 0.47~0.50 最佳;凝结时间随着料浆温度的升高而延长;养护制度对石膏基加气混凝土性能有很大的影响,湿热养护最有利于石膏基加气混凝土制品的性能,温度控制在 60~70 ℃、湿度控制在 90% 左右、养护时间达到 24 h 的石膏基加气混凝土制品性能最好。

工业副产石膏在水泥混凝土行业中的应用历史悠久,但是大范围应用的仅作为缓凝剂应用于水泥生产中,但大批量用工业副产石膏制备混凝土的情况还需要一段时间,因此,从固废处理的角度考虑,急需将工业副产石膏制备混凝土运用到工程中去。

3.8 脱硫石膏在筑路方面的利用

石灰及粉煤灰资源是良好的路用材料,但存在如早期强度过低、抗冲刷能力较低、水稳定性较差、表面功不够理想等不足。为了提高路基的强度,试验表明:采用粉煤灰石灰石膏可提高二灰土强度过低的问题,并不同程度地改善二灰土的其他性能,并且新型路面材料充分利用了工业固体废弃物,节约了堆场,改善了生活环境。因此,粉煤灰—石灰—石膏稳定类材料具有成本低廉、性能优越、环保等优点。美国交通部门在修复高速公路损坏地段时,发现用脱硫石膏可成功用于高速公路建设,其强度高,易于操作,且至今未对周围环境产生影响。

实验表明脱硫石膏改性二灰碎石混合料的最佳石膏掺量为 35%,其中 7 d 强度达到摊铺沥青面层的技术要求。脱硫石膏改性二灰碎石混合料不仅减少了反射裂缝,获得了高质量道路,而且降低了工程造价,减少了工业(化学)石膏对当地环境的污染。因此利用工业脱硫石膏改性二灰碎石基层新材料施工,其经济效益、社会效益显著,而中国有工业副产品脱硫石膏的地方较多,因此该技术在中国交通公路行业有广泛的推广应用前景。

脱硫石膏在作路基材料时,基本用料:脱硫石膏、粉煤灰、石灰、碎石、水泥、红土。

其工艺流程:石膏主要化学成分是二水硫酸钙,含有丰富的硫、钙资源。在一定的施工工艺下,是采取碎石石膏做基层,其材料配合为碎石 10 cm 厚、石膏 7 cm 厚、粉煤灰 7 cm 厚白灰 4 cm 厚,水泥 10 kg/m;二是采取红土石膏基层,其材料配合为红土 10 cm 厚、石膏 7 cm 厚、粉煤灰 7 cm 厚、白灰 4 cm 厚,水泥 10 kg/m。施工方法是将材料拌和摊铺压实,后水泥摊铺 10 cm 厚压实。

用脱硫石膏用作路基材料有很大的优势。从技术特性出发,石膏和粉煤灰是多孔材料,可形成硫型钙矾石呈针状,具有骨架支撑作用,更有利于材料内部的结构连接,给结构单元之增加较多的接触和较大连接力。其结果可从根本上解决传统二灰类路面基层材料早期强度弊端。另外,还能够大大降低公路的投资(路基材料节省 10~20 元 /t)。

3.9　脱硫石膏在采空区回填方面的利用

一方面,冶金矿山年排尾矿量达百亿吨,大多数矿山面临着无地建设尾矿库,尾矿处理无出路的难题。另一方面,冶金矿山、煤矿的采空区充填材料均采用的是水泥,造价较高,试验表明:利用烟气脱硫石膏取代 50% 的水泥胶结成具有一定强度的胶结体,以此充填地下采空区、露天坑或塌陷区,既解决了尾矿的出路问题,解决了采空区存在的安全隐患及其塌陷造成的地表生态破坏等问题,该方法不仅可以节约矿山充填成本,还能促进矿山胶结充填采矿工艺的发展,为充填胶凝材料的研究开辟了新的思路。具有两个优势。

1)可提高充填体的质量

由于在烟气脱硫时加入一定量的阻垢剂,使脱硫石膏中不仅含有聚合物,而且含有一定量的表面活性剂,聚合物不但可以填充界面空隙,使界面过渡区密实还可增强石膏与集料之间的黏结,表面活性剂有乳化的能力,提高胶结充填体的均质性,从而提高充填体的质量以满足充填材料的性能,因此使用脱硫石膏作为胶凝材料,能促进矿山胶结充填采矿工艺的发展和节约矿山充填成本。

2)可提高胶结料的后期强度

由于尾砂和棒磨砂中含有大量的潜在胶凝成分($FeO_3+Al_2O_3+CaO$),将脱硫石膏火电厂废弃物、尾砂、棒磨砂按一定比例混合后,可得到与普通硅酸盐水泥矿物组成相似胶结材料。脱硫石膏水化过程中,会生成大量溶解度低并以胶体微粒析出的硅酸钙凝胶(C-S-H)水化产物。水化硅酸盐凝胶(CSH)主要由钙矾石、水化硅酸钙、水化铁酸钙和未水化的二水石膏组成,结构较致密、均匀,并以此为结构骨架,相互交叉连接,从而具有巨大的比表面积和刚性凝胶的特性,凝胶粒子间存在范德华力和化学结合键,因此具有较高的强度。用含有大量氧化钙或碳酸钙且发热低的脱硫石膏代替发热量高的水泥,不仅可以降低水泥的水化热,降低充填体的绝热,还可以推迟水化热峰值出现的时间,从而防止温度裂缝的产生,提高胶结料的后期强度。

脱硫石膏在采空区充填材料时,基本用料:脱硫石膏、矿渣细粉、水泥、减水剂、缓凝剂、水。工艺流程如图 6-20 所示。

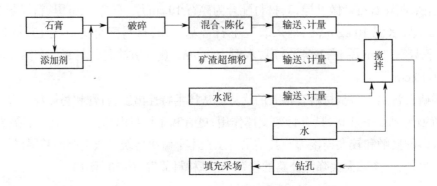

图 6-20　石膏用于采空区充填工艺流程

上述材料按水泥:超细粉:脱硫石膏 =1:1:12 混合,再用水在搅拌精制备成 57%~63% 的充填料浆,制备的充填料浆经充填钻孔自流输送至充填采场。

3.10　脱硫石膏在碱性土壤改良中的应用

国内外的专家学者已经做了大量关于石膏改良碱土的研究,实验结果显示,石膏能够直接与 Na_2CO_3 和被吸附的 Na^+ 进行反应。主要通过加大土壤 Ca^{2+} 含量来促进其与交换性 Na^+ 的化学反应,最终促使钠质的亲水胶体转化为钙质的疏水胶体。

国外针对应用脱硫废弃物进行土增改良的研究始于 20 世纪末,主要改良对象是酸性土墙,且进行了脱硫废弃物对美国酸性土壤上的种植饲料作物的思响的实验,研究表明施用脱硫废弃物对土壤进行改良,可以提高饲料作物的产量。随后研究了脱硫废弃物中的不同成分对土壤和种植作物的影响,以及施加燃煤脱硫废弃物对酸性土壤改良实验,且侧重于研究施加废弃物前后植物体内各种金属元素含量的变化。

我国的专家学者也做了大量石膏改良盐碱土的工作,并取得了明显的成效。一系列的研究表明:施用石膏可以增加苏打型盐渍土中的腐殖质含量、多酚氧化酶活性、纤维素酶活性、过氧化氯酶活性。将定量石膏施用到碱化土壤表层中,可以改良土壤,且找到了把石膏施入土壤的最佳方法。在盐碱化的保护地上施用石膏的实验结果表明:土壤的 pH 值和电导率都呈现下降趋势,而且改良土壤后能大大减轻作物生长的盐碱胁迫。施用石膏后降低了土壤 pH 值、有利于钙离子代换钠离子,有利于土粒由互相排斥到互相黏结和团粒的形成,从而改良了土壤结构,碱化度的减少说明施加石膏促进了土壤改良。

内蒙古农业大学的张键教授团队进行了施用脱硫废弃物对碱土有效氮、有效磷、有效钾的影响的试验研究,结果表明:施用脱硫废弃物能促进土壤碱解氮的有效化,并且影响幅度很大;施用脱硫石膏对土壤速效磷的有效化过程影响出现了正效应;脱硫石膏的施用量较高时,会对土壤速效钾的有效化产生一定的抑制,但这种影响的幅度较小。我国沈阳市康平县进行了脱硫副产物改良苏打碱化土壤的玉米大田试验,发现脱硫副产物显著降低了土壤的 pH 值、ESP、交换性钠离子含量。

1)脱硫石膏改良土壤的机理

脱硫石膏中的 $CaSO_4$ 对改良盐碱地非常有效的改良剂。土壤胶体料(由黏土与腐殖质形成),长期与盐藏土中的 Na_2CO_3、$NaHCO_3$、$NaCl$ 等接触,成为含 Na 胶体粒子、含 Na 胶体粒子在土壤中水化度较大,有较好的分散性,能散布在土壤颗粒之间的船缝中、形成致密、不透水的含 Na 板结土层,不易透水的含 Na 板结土中人 $CaSO_4$ 后。因 Ca^+ 比 Na^+ 对土壤中胶体粒子的吸附能力大得多,原已吸附的 Na^+ 会被 Ca^{2+} 置换,所以土壤溶液中的 Ca^{2+} 会和胶体上附着的 Na^+ 交换。含 Ca^{2+} 胶体微粒的外层不吸附水分子,胶体微粒自己能互相靠近面聚团,土壤就不会板结。水分子渗入微粒之间时会使微粒团膨胀,然后在干燥过程中使土层龟裂。这一过程反复进行后,土壤就形成团粒结构。从而有利于农作物生长和吸收水分、养分。但是采用纯的 $CaSO_4$ 或天然石膏来改良土壤,成本高。很少在农业中实际应用,脱硫石膏的不利影响降低了土壤磷的有效性。研究发现脱硫石音虽然降低了碱性土壤的 pH

值,但是使土壤的速效磷含量急下降。这是由于脱硫石膏中含有大量的钙离子,这部分钙离子除用来交换钠离子外,其余的一大部分与磷酸根作用并使土壤中的磷大部分转化为固定态的磷。

2)脱硫石膏可作为化肥

脱硫石膏化肥经过转化,可以将价值较低的碳酸铵转化为价值较高的、营养成分较多的硫酸铵肥料,特别适合在我国北方碱性土壤中使用。脱硫石膏中的钙也是农作物需要的重要的营养元素。

硫(S)是排在 N、P、K 之后的第 4 种植物营养元素,其需要量与磷相当。由于我国农业生产密集,加上氨肥施用的比例失调致使耕地严重缺硫。研究发现高等植物吸收硫酸根形式的硫比吸收其他形式的硫要快得多。用脱硫石膏制(NH_4)$_2SO_4$,反应如下:

$$(NH_4)2CO_3 + CaSO_4 \rightarrow CaCO_3 + (NH_4)2SO_4 \qquad (6-1)$$

碳酸钙是制造水泥的原料,硫酸铵是肥效较好的化肥,特别适合在我国北方碱性土壤中使用。经过转化,价值较低的碳酸铵可以转化为价值较高的、营养成分较多的硫酸铵肥料,钙是作物需要量仅次于硫的第五种营养元素,它可以增强作物对病虫害的抵抗能力,使作物茎叶粗壮、籽粒饱满、抗倒伏。

4　榆林地区脱硫石膏概况

4.1　榆林永博建材有限公司

近年来,为了保护耕地和节约资源,榆林政府在治理环境,加强固废的有效利用方面做了很多工作和出台了一系列的改革措施,尤其对利用脱硫石膏在制备墙体材料方面给予了很大的支持。

因为脱硫石膏制作的纸面石膏板是一种新型的建筑墙体材料,与传统建筑材料和其他新型墙体材料相比,具有造价低、质量低、收缩小、保温隔热、良好的隔声性能和防火性能,而且能够极大地消纳工业副产物——脱硫石膏,因此具有较强的市场竞争力。榆林永博建材有限公司经过调查研究,确认纸面石膏板在国内墙体材料总用量和新型墙体材料用量中的比例还很小,市场潜力大。加之脱硫石膏制作纸面石膏板属于国家政策扶持的新型建筑材料,市场前景乐观。因此在榆横工业园区内投资建设 3 000 万 m² 综合利用脱硫石膏纸面石膏板项目。且获得一定的成效。关于纸面石膏板的一些基本情况,在前面部分已经介绍过,在此处不再赘述,

该公司的产品方案见表 6-19。

表 6-19　产品方案

序号	名称	规格	产量 / 万 m²		产品执行标准
1	普通纸面石膏板	长：1.5~3 m 宽：1.2 m 厚：9.5 mm/12 mm	一期	1 000	《纸面石膏板》 GB/T 9775—2008
2	耐水纸面石膏板				
3	耐火纸面石膏板		二期	2 000	
4	耐水耐火纸面石膏板				

涉及的主要原辅料理化性质见表6-20。

表 6-20　主要原辅料理化性质

序号	名称	物化性质	危险特性	毒性
1	脱硫石膏	又称排烟硫石膏、硫石膏或 FGD 石膏，主要成分和天然石膏一样，为二水硫酸钙，含量≥93%	无害	无毒
2	发泡剂	由阴离子表面活性剂和稳泡剂配制而成，用水稀释数倍后用发泡剂打成丰富细密的泡沫，和石膏浆液混合后制成石膏板，主要成分是十二烷基硫酸钠	无害	微毒
3	改性淀粉	在天然淀粉所具有的固有特性的基础上，利用物理、化学或酶法处理，在淀粉分子上引入新的官能团或改变淀粉分子大小和淀粉颗粒性质，从而改变淀粉的天然特性	无害	无毒
4	粘边胶	粘边胶是由醋酸乙烯单体在引发剂作用下经聚合反应制得的一种热塑性黏合剂。可常温固化、固化较快、黏结强度较高，黏结层具有较好的韧性和耐久性且不易老化	无害	无毒

4.2　榆林地区脱硫石膏综合利用存在的问题

1）局部产量集中，区域差异明显

由于各地工业副产石膏成分存在差异导致综合利用情况差异明显，北京、河北、珠三角及长三角等地区脱硫石膏产量小，综合利用率高；而山西、内蒙古、陕西等燃料电厂集中的地区脱硫石膏产量大，综合利用率较低。云南、贵州、四川、湖北等地的磷石膏的产生集中，历史堆存量大、利用难度大、运输半径小的影响，致使磷石膏的综合利用处于较低水平。受地域资源和经济发展水平的影响，不同地区工业副产石膏产生、堆存及综合利用情况差异较大。技术研发企业缺少能够处置各种石膏的技术工艺，每种不同种类的石膏均需不同的开发路径，对于产量少，附加值低的品种技术创新积极性不高。

2）个别品种产生集中、利用难度大

工业副产石膏中脱硫石膏在中东部区域已基本实现全面资源化利用，在西部地区利用率较低，但钛石膏、磷石膏、氟石膏应用难度较大，综合利用成本较高，导致资源利用率严重不足。如我国湖北、四川、贵州等地产生量较大的磷石膏中含有不同量的硫、氟等杂质，品质差异较大、综合利用成本高、工艺复杂；氟石膏中存在有害物质，有些物质具有剧毒性，存在环境风险,同时氟石膏遇水溶解速度慢,不经改性处理难以发挥胶凝作用等因素限制了其他细分品类石膏的利用。

3)规模化利用手段缺失、技术、装备支撑不足

工业副产石膏的利用几乎集中在水泥缓凝剂、石膏砂浆、石膏板、石膏砌块等,产品应用领域全部集中与建筑材料和装修材料,缺乏大规模的、大掺量的技术应用手段,近年来工业副产石膏用于矿井充填和采空区治理受到生产研发单位的关注,该技术须与矿山开发相结合,具有一定的限制性,不具备大规模复制可能性。

4.3　综合利用发展建议

1)加强政策支持

在政策和管理层面,财政政策应更多关注税源角度,加大对磷石膏利用项目的支持和优惠力度,同时适度限制天然石膏的开采或适当提高天然石膏的利用成本。一方面保护天然石膏,另一方面为工业副产石膏综合利用提供出路。另外,行业管理部门应从项目审批、土地征用、环境安全评价等方面严格执行相关法规,督促企业加快磷石膏处理进程。

2)技术优化,提高产品竞争力

目前,工业副产石膏墙材存在强度低、耐水性差、承重力差等缺点,应当通过技术改造,有效解决石膏材料的这些缺点。必须加强工业副产石膏利用企业与建材企业、科研院校的合作,通过组织重大技术攻关、关键设备引进等方式,解决关键技术;加快研究低温陶瓷改性磷石膏生产建筑砖和砌筑材料产业化技术,寻求合理配比,降低免烧砖的密度,满足砖的强度要求。同时要加快制定工业副产石膏的技术标准和规范,地方政府应鼓励专业的工业副产石膏综合利用企业对工业副产石膏的应用进行合理规划。

3)推进先进产能建设及集约经营

重点鼓励全部使用工业副产石膏为原料,达到大规模生产纸面石膏板、石膏砌块、粉刷石膏、高强石膏粉的企业,通过政策引导,培养一批工业副产石膏综合利用骨干企业,促进建材生产企业与工业副产石膏生产企业合作,重点扶持消纳工业副产石膏能力强、潜力大、见效快的项目,形成在国际上具有市场竞争力的产品品牌和企业品牌。

4)促进新技术研发和推广

除积极探索工业副产石膏利用方法,也应当重视对现有成熟技术进行改良,企业或学界应努力降低成本、扩大应用范围,增加企业获利空间和积极性。同时,政府应对科研和综合利用给予必要的经费支持。

附录1 中华人民共和国固体废物污染环境防治法

中华人民共和国固体废物污染环境防治法

（1995年10月30日第八届全国人民代表大会常务委员会第十六次会议通过 2004年12月29日第十届全国人民代表大会常务委员会第十三次会议第一次修订 根据2013年6月29日第十二届全国人民代表大会常务委员会第三次会议《关于修改〈中华人民共和国文物保护法〉等十二部法律的决定》第一次修正 根据2015年4月24日第十二届全国人民代表大会常务委员会第十四次会议《关于修改〈中华人民共和国港口法〉等七部法律的决定》第二次修正 根据2016年11月7日第十二届全国人民代表大会常务委员会第二十四次会议《关于修改〈中华人民共和国对外贸易法〉等十二部法律的决定》第三次修正 2020年4月29日第十三届全国人民代表大会常务委员会第十七次会议第二次修订）

第一章 总则

第一条 为了保护和改善生态环境,防治固体废物污染环境,保障公众健康,维护生态安全,推进生态文明建设,促进经济社会可持续发展,制定本法。

第二条 固体废物污染环境的防治适用本法。

固体废物污染海洋环境的防治和放射性固体废物污染环境的防治不适用本法。

第三条 国家推行绿色发展方式,促进清洁生产和循环经济发展。

国家倡导简约适度、绿色低碳的生活方式,引导公众积极参与固体废物污染环境防治。

第四条 固体废物污染环境防治坚持减量化、资源化和无害化的原则。

任何单位和个人都应当采取措施,减少固体废物的产生量,促进固体废物的综合利用,降低固体废物的危害性。

第五条 固体废物污染环境防治坚持污染担责的原则。

产生、收集、贮存、运输、利用、处置固体废物的单位和个人,应当采取措施,防止或者减少固体废物对环境的污染,对所造成的环境污染依法承担责任。

第六条 国家推行生活垃圾分类制度。

生活垃圾分类坚持政府推动、全民参与、城乡统筹、因地制宜、简便易行的原则。

第七条 地方各级人民政府对本行政区域固体废物污染环境防治负责。

国家实行固体废物污染环境防治目标责任制和考核评价制度,将固体废物污染环境防治目标完成情况纳入考核评价的内容。

第八条 各级人民政府应当加强对固体废物污染环境防治工作的领导,组织、协调、督促有关部门依法履行固体废物污染环境防治监督管理职责。

省、自治区、直辖市之间可以协商建立跨行政区域固体废物污染环境的联防联控机制，统筹规划制定、设施建设、固体废物转移等工作。

第九条　国务院生态环境主管部门对全国固体废物污染环境防治工作实施统一监督管理。国务院发展改革、工业和信息化、自然资源、住房城乡建设、交通运输、农业农村、商务、卫生健康、海关等主管部门在各自职责范围内负责固体废物污染环境防治的监督管理工作。

地方人民政府生态环境主管部门对本行政区域固体废物污染环境防治工作实施统一监督管理。地方人民政府发展改革、工业和信息化、自然资源、住房城乡建设、交通运输、农业农村、商务、卫生健康等主管部门在各自职责范围内负责固体废物污染环境防治的监督管理工作。

第十条　国家鼓励、支持固体废物污染环境防治的科学研究、技术开发、先进技术推广和科学普及，加强固体废物污染环境防治科技支撑。

第十一条　国家机关、社会团体、企业事业单位、基层群众性自治组织和新闻媒体应当加强固体废物污染环境防治宣传教育和科学普及，增强公众固体废物污染环境防治意识。

学校应当开展生活垃圾分类以及其他固体废物污染环境防治知识普及和教育。

第十二条　各级人民政府对在固体废物污染环境防治工作以及相关的综合利用活动中做出显著成绩的单位和个人，按照国家有关规定给予表彰、奖励。

第二章　监督管理

第十三条　县级以上人民政府应当将固体废物污染环境防治工作纳入国民经济和社会发展规划、生态环境保护规划，并采取有效措施减少固体废物的产生量、促进固体废物的综合利用、降低固体废物的危害性，最大限度降低固体废物填埋量。

第十四条　国务院生态环境主管部门应当会同国务院有关部门根据国家环境质量标准和国家经济、技术条件，制定固体废物鉴别标准、鉴别程序和国家固体废物污染环境防治技术标准。

第十五条　国务院标准化主管部门应当会同国务院发展改革、工业和信息化、生态环境、农业农村等主管部门，制定固体废物综合利用标准。

综合利用固体废物应当遵守生态环境法律法规，符合固体废物污染环境防治技术标准。使用固体废物综合利用产物应当符合国家规定的用途、标准。

第十六条　国务院生态环境主管部门应当会同国务院有关部门建立全国危险废物等固体废物污染环境防治信息平台，推进固体废物收集、转移、处置等全过程监控和信息化追溯。

第十七条　建设产生、贮存、利用、处置固体废物的项目，应当依法进行环境影响评价，并遵守国家有关建设项目环境保护管理的规定。

第十八条　建设项目的环境影响评价文件确定需要配套建设的固体废物污染环境防治设施，应当与主体工程同时设计、同时施工、同时投入使用。建设项目的初步设计，应当按照环境保护设计规范的要求，将固体废物污染环境防治内容纳入环境影响评价文件，落实防治固体废物污染环境和破坏生态的措施以及固体废物污染环境防治设施投资概算。

建设单位应当依照有关法律法规的规定,对配套建设的固体废物污染环境防治设施进行验收,编制验收报告,并向社会公开。

第十九条　收集、贮存、运输、利用、处置固体废物的单位和其他生产经营者,应当加强对相关设施、设备和场所的管理和维护,保证其正常运行和使用。

第二十条　产生、收集、贮存、运输、利用、处置固体废物的单位和其他生产经营者,应当采取防扬散、防流失、防渗漏或者其他防止污染环境的措施,不得擅自倾倒、堆放、丢弃、遗撒固体废物。

禁止任何单位或者个人向江河、湖泊、运河、渠道、水库及其最高水位线以下的滩地和岸坡以及法律法规规定的其他地点倾倒、堆放、贮存固体废物。

第二十一条　在生态保护红线区域、永久基本农田集中区域和其他需要特别保护的区域内,禁止建设工业固体废物、危险废物集中贮存、利用、处置的设施、场所和生活垃圾填埋场。

第二十二条　转移固体废物出省、自治区、直辖市行政区域贮存、处置的,应当向固体废物移出地的省、自治区、直辖市人民政府生态环境主管部门提出申请。移出地的省、自治区、直辖市人民政府生态环境主管部门应当及时商经接受地的省、自治区、直辖市人民政府生态环境主管部门同意后,在规定期限内批准转移该固体废物出省、自治区、直辖市行政区域。未经批准的,不得转移。

转移固体废物出省、自治区、直辖市行政区域利用的,应当报固体废物移出地的省、自治区、直辖市人民政府生态环境主管部门备案。移出地的省、自治区、直辖市人民政府生态环境主管部门应当将备案信息通报接受地的省、自治区、直辖市人民政府生态环境主管部门。

第二十三条　禁止中华人民共和国境外的固体废物进境倾倒、堆放、处置。

第二十四条　国家逐步实现固体废物零进口,由国务院生态环境主管部门会同国务院商务、发展改革、海关等主管部门组织实施。

第二十五条　海关发现进口货物疑似固体废物的,可以委托专业机构开展属性鉴别,并根据鉴别结论依法管理。

第二十六条　生态环境主管部门及其环境执法机构和其他负有固体废物污染环境防治监督管理职责的部门,在各自职责范围内有权对从事产生、收集、贮存、运输、利用、处置固体废物等活动的单位和其他生产经营者进行现场检查。被检查者应当如实反映情况,并提供必要的资料。

实施现场检查,可以采取现场监测、采集样品、查阅或者复制与固体废物污染环境防治相关的资料等措施。检查人员进行现场检查,应当出示证件。对现场检查中知悉的商业秘密应当保密。

第二十七条　有下列情形之一,生态环境主管部门和其他负有固体废物污染环境防治监督管理职责的部门,可以对违法收集、贮存、运输、利用、处置的固体废物及设施、设备、场所、工具、物品予以查封、扣押:

(一)可能造成证据灭失、被隐匿或者非法转移的;

（二）造成或者可能造成严重环境污染的。

第二十八条　生态环境主管部门应当会同有关部门建立产生、收集、贮存、运输、利用、处置固体废物的单位和其他生产经营者信用记录制度，将相关信用记录纳入全国信用信息共享平台。

第二十九条　设区的市级人民政府生态环境主管部门应当会同住房城乡建设、农业农村、卫生健康等主管部门，定期向社会发布固体废物的种类、产生量、处置能力、利用处置状况等信息。

产生、收集、贮存、运输、利用、处置固体废物的单位，应当依法及时公开固体废物污染环境防治信息，主动接受社会监督。

利用、处置固体废物的单位，应当依法向公众开放设施、场所，提高公众环境保护意识和参与程度。

第三十条　县级以上人民政府应当将工业固体废物、生活垃圾、危险废物等固体废物污染环境防治情况纳入环境状况和环境保护目标完成情况年度报告，向本级人民代表大会或者人民代表大会常务委员会报告。

第三十一条　任何单位和个人都有权对造成固体废物污染环境的单位和个人进行举报。

生态环境主管部门和其他负有固体废物污染环境防治监督管理职责的部门应当将固体废物污染环境防治举报方式向社会公布，方便公众举报。

接到举报的部门应当及时处理并对举报人的相关信息予以保密；对实名举报并查证属实的，给予奖励。

举报人举报所在单位的，该单位不得以解除、变更劳动合同或者其他方式对举报人进行打击报复。

第三章　工业固体废物

第三十二条　国务院生态环境主管部门应当会同国务院发展改革、工业和信息化等主管部门对工业固体废物对公众健康、生态环境的危害和影响程度等作出界定，制定防治工业固体废物污染环境的技术政策，组织推广先进的防治工业固体废物污染环境的生产工艺和设备。

第三十三条　国务院工业和信息化主管部门应当会同国务院有关部门组织研究开发、推广减少工业固体废物产生量和降低工业固体废物危害性的生产工艺和设备，公布限期淘汰产生严重污染环境的工业固体废物的落后生产工艺、设备的名录。

生产者、销售者、进口者、使用者应当在国务院工业和信息化主管部门会同国务院有关部门规定的期限内分别停止生产、销售、进口或者使用列入前款规定名录中的设备。生产工艺的采用者应当在国务院工业和信息化主管部门会同国务院有关部门规定的期限内停止采用列入前款规定名录中的工艺。

列入限期淘汰名录被淘汰的设备，不得转让给他人使用。

第三十四条　国务院工业和信息化主管部门应当会同国务院发展改革、生态环境等主管部门,定期发布工业固体废物综合利用技术、工艺、设备和产品导向目录,组织开展工业固体废物资源综合利用评价,推动工业固体废物综合利用。

第三十五条　县级以上地方人民政府应当制定工业固体废物污染环境防治工作规划,组织建设工业固体废物集中处置等设施,推动工业固体废物污染环境防治工作。

第三十六条　产生工业固体废物的单位应当建立健全工业固体废物产生、收集、贮存、运输、利用、处置全过程的污染环境防治责任制度,建立工业固体废物管理台账,如实记录产生工业固体废物的种类、数量、流向、贮存、利用、处置等信息,实现工业固体废物可追溯、可查询,并采取防治工业固体废物污染环境的措施。

禁止向生活垃圾收集设施中投放工业固体废物。

第三十七条　产生工业固体废物的单位委托他人运输、利用、处置工业固体废物的,应当对受托方的主体资格和技术能力进行核实,依法签订书面合同,在合同中约定污染防治要求。

受托方运输、利用、处置工业固体废物,应当依照有关法律法规的规定和合同约定履行污染防治要求,并将运输、利用、处置情况告知产生工业固体废物的单位。

产生工业固体废物的单位违反本条第一款规定的,除依照有关法律法规的规定予以处罚外,还应当与造成环境污染和生态破坏的受托方承担连带责任。

第三十八条　产生工业固体废物的单位应当依法实施清洁生产审核,合理选择和利用原材料、能源和其他资源,采用先进的生产工艺和设备,减少工业固体废物的产生量,降低工业固体废物的危害性。

第三十九条　产生工业固体废物的单位应当取得排污许可证。排污许可的具体办法和实施步骤由国务院规定。

产生工业固体废物的单位应当向所在地生态环境主管部门提供工业固体废物的种类、数量、流向、贮存、利用、处置等有关资料,以及减少工业固体废物产生、促进综合利用的具体措施,并执行排污许可管理制度的相关规定。

第四十条　产生工业固体废物的单位应当根据经济、技术条件对工业固体废物加以利用;对暂时不利用或者不能利用的,应当按照国务院生态环境等主管部门的规定建设贮存设施、场所,安全分类存放,或者采取无害化处置措施。贮存工业固体废物应当采取符合国家环境保护标准的防护措施。

建设工业固体废物贮存、处置的设施、场所,应当符合国家环境保护标准。

第四十一条　产生工业固体废物的单位终止的,应当在终止前对工业固体废物的贮存、处置的设施、场所采取污染防治措施,并对未处置的工业固体废物作出妥善处置,防止污染环境。

产生工业固体废物的单位发生变更的,变更后的单位应当按照国家有关环境保护的规定对未处置的工业固体废物及其贮存、处置的设施、场所进行安全处置或者采取有效措施保证该设施、场所安全运行。变更前当事人对工业固体废物及其贮存、处置的设施、场所的污染防治责任另有约定的,从其约定;但是,不得免除当事人的污染防治义务。

对 2005 年 4 月 1 日前已经终止的单位未处置的工业固体废物及其贮存、处置的设施、场所进行安全处置的费用,由有关人民政府承担;但是,该单位享有的土地使用权依法转让的,应当由土地使用权受让人承担处置费用。当事人另有约定的,从其约定;但是,不得免除当事人的污染防治义务。

第四十二条   矿山企业应当采取科学的开采方法和选矿工艺,减少尾矿、煤矸石、废石等矿业固体废物的产生量和贮存量。

国家鼓励采取先进工艺对尾矿、煤矸石、废石等矿业固体废物进行综合利用。

尾矿、煤矸石、废石等矿业固体废物贮存设施停止使用后,矿山企业应当按照国家有关环境保护等规定进行封场,防止造成环境污染和生态破坏。

第四章   生活垃圾

第四十三条   县级以上地方人民政府应当加快建立分类投放、分类收集、分类运输、分类处理的生活垃圾管理系统,实现生活垃圾分类制度有效覆盖。

县级以上地方人民政府应当建立生活垃圾分类工作协调机制,加强和统筹生活垃圾分类管理能力建设。

各级人民政府及其有关部门应当组织开展生活垃圾分类宣传,教育引导公众养成生活垃圾分类习惯,督促和指导生活垃圾分类工作。

第四十四条   县级以上地方人民政府应当有计划地改进燃料结构,发展清洁能源,减少燃料废渣等固体废物的产生量。

县级以上地方人民政府有关部门应当加强产品生产和流通过程管理,避免过度包装,组织净菜上市,减少生活垃圾的产生量。

第四十五条   县级以上人民政府应当统筹安排建设城乡生活垃圾收集、运输、处理设施,确定设施厂址,提高生活垃圾的综合利用和无害化处置水平,促进生活垃圾收集、处理的产业化发展,逐步建立和完善生活垃圾污染环境防治的社会服务体系。

县级以上地方人民政府有关部门应当统筹规划,合理安排回收、分拣、打包网点,促进生活垃圾的回收利用工作。

第四十六条   地方各级人民政府应当加强农村生活垃圾污染环境的防治,保护和改善农村人居环境。

国家鼓励农村生活垃圾源头减量。城乡接合部、人口密集的农村地区和其他有条件的地方,应当建立城乡一体的生活垃圾管理系统;其他农村地区应当积极探索生活垃圾管理模式,因地制宜,就近就地利用或者妥善处理生活垃圾。

第四十七条   设区的市级以上人民政府环境卫生主管部门应当制定生活垃圾清扫、收集、贮存、运输和处理设施、场所建设运行规范,发布生活垃圾分类指导目录,加强监督管理。

第四十八条   县级以上地方人民政府环境卫生等主管部门应当组织对城乡生活垃圾进行清扫、收集、运输和处理,可以通过招标等方式选择具备条件的单位从事生活垃圾的清扫、收集、运输和处理。

第四十九条   产生生活垃圾的单位、家庭和个人应当依法履行生活垃圾源头减量和分类投放义务,承担生活垃圾产生者责任。

任何单位和个人都应当依法在指定的地点分类投放生活垃圾。禁止随意倾倒、抛撒、堆放或者焚烧生活垃圾。

机关、事业单位等应当在生活垃圾分类工作中起示范带头作用。

已经分类投放的生活垃圾,应当按照规定分类收集、分类运输、分类处理。

第五十条　清扫、收集、运输、处理城乡生活垃圾,应当遵守国家有关环境保护和环境卫生管理的规定,防止污染环境。

从生活垃圾中分类并集中收集的有害垃圾,属于危险废物的,应当按照危险废物管理。

第五十一条　从事公共交通运输的经营单位,应当及时清扫、收集运输过程中产生的生活垃圾。

第五十二条　农贸市场、农产品批发市场等应当加强环境卫生管理,保持环境卫生清洁,对所产生的垃圾及时清扫、分类收集、妥善处理。

第五十三条　从事城市新区开发、旧区改建和住宅小区开发建设、村镇建设的单位,以及机场、码头、车站、公园、商场、体育场馆等公共设施、场所的经营管理单位,应当按照国家有关环境卫生的规定,配套建设生活垃圾收集设施。

县级以上地方人民政府应当统筹生活垃圾公共转运、处理设施与前款规定的收集设施的有效衔接,并加强生活垃圾分类收运体系和再生资源回收体系在规划、建设、运营等方面的融合。

第五十四条　从生活垃圾中回收的物质应当按照国家规定的用途、标准使用,不得用于生产可能危害人体健康的产品。

第五十五条　建设生活垃圾处理设施、场所,应当符合国务院生态环境主管部门和国务院住房城乡建设主管部门规定的环境保护和环境卫生标准。

鼓励相邻地区统筹生活垃圾处理设施建设,促进生活垃圾处理设施跨行政区域共建共享。

禁止擅自关闭、闲置或者拆除生活垃圾处理设施、场所;确有必要关闭、闲置或者拆除的,应当经所在地的市、县级人民政府环境卫生主管部门商所在地生态环境主管部门同意后核准,并采取防止污染环境的措施。

第五十六条　生活垃圾处理单位应当按照国家有关规定,安装使用监测设备,实时监测污染物的排放情况,将污染排放数据实时公开。监测设备应当与所在地生态环境主管部门的监控设备联网。

第五十七条　县级以上地方人民政府环境卫生主管部门负责组织开展厨余垃圾资源化、无害化处理工作。

产生、收集厨余垃圾的单位和其他生产经营者,应当将厨余垃圾交由具备相应资质条件的单位进行无害化处理。

禁止畜禽养殖场、养殖小区利用未经无害化处理的厨余垃圾饲喂畜禽。

第五十八条　县级以上地方人民政府应当按照产生者付费原则,建立生活垃圾处理收费制度。

县级以上地方人民政府制定生活垃圾处理收费标准,应当根据本地实际,结合生活垃圾分类情况,体现分类计价、计量收费等差别化管理,并充分征求公众意见。生活垃圾处理收费标准应当向社会公布。

生活垃圾处理费应当专项用于生活垃圾的收集、运输和处理等,不得挪作他用。

第五十九条　省、自治区、直辖市和设区的市、自治州可以结合实际,制定本地方生活垃圾具体管理办法。

第五章　建筑垃圾、农业固体废物

第六十条　县级以上地方人民政府应当加强建筑垃圾污染环境的防治,建立建筑垃圾分类处理制度。

县级以上地方人民政府应当制定包括源头减量、分类处理、消纳设施和场所布局及建设等在内的建筑垃圾污染环境防治工作规划。

第六十一条　国家鼓励采用先进技术、工艺、设备和管理措施,推进建筑垃圾源头减量,建立建筑垃圾回收利用体系。

县级以上地方人民政府应当推动建筑垃圾综合利用产品应用。

第六十二条　县级以上地方人民政府环境卫生主管部门负责建筑垃圾污染环境防治工作,建立建筑垃圾全过程管理制度,规范建筑垃圾产生、收集、贮存、运输、利用、处置行为,推进综合利用,加强建筑垃圾处置设施、场所建设,保障处置安全,防止污染环境。

第六十三条　工程施工单位应当编制建筑垃圾处理方案,采取污染防治措施,并报县级以上地方人民政府环境卫生主管部门备案。

工程施工单位应当及时清运工程施工过程中产生的建筑垃圾等固体废物,并按照环境卫生主管部门的规定进行利用或者处置。

工程施工单位不得擅自倾倒、抛撒或者堆放工程施工过程中产生的建筑垃圾。

第六十四条　县级以上人民政府农业农村主管部门负责指导农业固体废物回收利用体系建设,鼓励和引导有关单位和其他生产经营者依法收集、贮存、运输、利用、处置农业固体废物,加强监督管理,防止污染环境。

第六十五条　产生秸秆、废弃农用薄膜、农药包装废弃物等农业固体废物的单位和其他生产经营者,应当采取回收利用和其他防止污染环境的措施。

从事畜禽规模养殖应当及时收集、贮存、利用或者处置养殖过程中产生的畜禽粪污等固体废物,避免造成环境污染。

禁止在人口集中地区、机场周围、交通干线附近以及当地人民政府划定的其他区域露天焚烧秸秆。

国家鼓励研究开发、生产、销售、使用在环境中可降解且无害的农用薄膜。

第六十六条　国家建立电器电子、铅蓄电池、车用动力电池等产品的生产者责任延伸制度。

电器电子、铅蓄电池、车用动力电池等产品的生产者应当按照规定以自建或者委托等方式建立与产品销售量相匹配的废旧产品回收体系,并向社会公开,实现有效回收和利用。

国家鼓励产品的生产者开展生态设计,促进资源回收利用。

第六十七条　国家对废弃电器电子产品等实行多渠道回收和集中处理制度。

禁止将废弃机动车船等交由不符合规定条件的企业或者个人回收、拆解。

拆解、利用、处置废弃电器电子产品、废弃机动车船等,应当遵守有关法律法规的规定,采取防止污染环境的措施。

第六十八条　产品和包装物的设计、制造,应当遵守国家有关清洁生产的规定。国务院标准化主管部门应当根据国家经济和技术条件、固体废物污染环境防治状况以及产品的技术要求,组织制定有关标准,防止过度包装造成环境污染。

生产经营者应当遵守限制商品过度包装的强制性标准,避免过度包装。县级以上地方人民政府市场监督管理部门和有关部门应当按照各自职责,加强对过度包装的监督管理。

生产、销售、进口依法被列入强制回收目录的产品和包装物的企业,应当按照国家有关规定对该产品和包装物进行回收。

电子商务、快递、外卖等行业应当优先采用可重复使用、易回收利用的包装物,优化物品包装,减少包装物的使用,并积极回收利用包装物。县级以上地方人民政府商务、邮政等主管部门应当加强监督管理。

国家鼓励和引导消费者使用绿色包装和减量包装。

第六十九条　国家依法禁止、限制生产、销售和使用不可降解塑料袋等一次性塑料制品。

商品零售场所开办单位、电子商务平台企业和快递企业、外卖企业应当按照国家有关规定向商务、邮政等主管部门报告塑料袋等一次性塑料制品的使用、回收情况。

国家鼓励和引导减少使用、积极回收塑料袋等一次性塑料制品,推广应用可循环、易回收、可降解的替代产品。

第七十条　旅游、住宿等行业应当按照国家有关规定推行不主动提供一次性用品。

机关、企业事业单位等的办公场所应当使用有利于保护环境的产品、设备和设施,减少使用一次性办公用品。

第七十一条　城镇污水处理设施维护运营单位或者污泥处理单位应当安全处理污泥,保证处理后的污泥符合国家有关标准,对污泥的流向、用途、用量等进行跟踪、记录,并报告城镇排水主管部门、生态环境主管部门。

县级以上人民政府城镇排水主管部门应当将污泥处理设施纳入城镇排水与污水处理规划,推动同步建设污泥处理设施与污水处理设施,鼓励协同处理,污水处理费征收标准和补偿范围应当覆盖污泥处理成本和污水处理设施正常运营成本。

第七十二条　禁止擅自倾倒、堆放、丢弃、遗撒城镇污水处理设施产生的污泥和处理后的污泥。

禁止重金属或者其他有毒有害物质含量超标的污泥进入农用地。

从事水体清淤疏浚应当按照国家有关规定处理清淤疏浚过程中产生的底泥,防止污染环境。

第七十三条　各级各类实验室及其设立单位应当加强对实验室产生的固体废物的管理,依法收集、贮存、运输、利用、处置实验室固体废物。实验室固体废物属于危险废物的,应当按照危险废物管理。

第六章　危废废物

第七十四条　危险废物污染环境的防治,适用本章规定;本章未作规定的,适用本法其他有关规定。

第七十五条　国务院生态环境主管部门应当会同国务院有关部门制定国家危险废物名录,规定统一的危险废物鉴别标准、鉴别方法、识别标志和鉴别单位管理要求。国家危险废物名录应当动态调整。

国务院生态环境主管部门根据危险废物的危害特性和产生数量,科学评估其环境风险,实施分级分类管理,建立信息化监管体系,并通过信息化手段管理、共享危险废物转移数据和信息。

第七十六条　省、自治区、直辖市人民政府应当组织有关部门编制危险废物集中处置设施、场所的建设规划,科学评估危险废物处置需求,合理布局危险废物集中处置设施、场所,确保本行政区域的危险废物得到妥善处置。

编制危险废物集中处置设施、场所的建设规划,应当征求有关行业协会、企业事业单位、专家和公众等方面的意见。

相邻省、自治区、直辖市之间可以开展区域合作,统筹建设区域性危险废物集中处置设施、场所。

第七十七条　对危险废物的容器和包装物以及收集、贮存、运输、利用、处置危险废物的设施、场所,应当按照规定设置危险废物识别标志。

第七十八条　产生危险废物的单位,应当按照国家有关规定制定危险废物管理计划;建立危险废物管理台账,如实记录有关信息,并通过国家危险废物信息管理系统向所在地生态环境主管部门申报危险废物的种类、产生量、流向、贮存、处置等有关资料。

前款所称危险废物管理计划应当包括减少危险废物产生量和降低危险废物危害性的措施以及危险废物贮存、利用、处置措施。危险废物管理计划应当报产生危险废物的单位所在地生态环境主管部门备案。

产生危险废物的单位已经取得排污许可证的,执行排污许可管理制度的规定。

第七十九条　产生危险废物的单位,应当按照国家有关规定和环境保护标准要求贮存、利用、处置危险废物,不得擅自倾倒、堆放。

第八十条　从事收集、贮存、利用、处置危险废物经营活动的单位,应当按照国家有关规定申请取得许可证。许可证的具体管理办法由国务院制定。

禁止无许可证或者未按照许可证规定从事危险废物收集、贮存、利用、处置的经营活动。

禁止将危险废物提供或者委托给无许可证的单位或者其他生产经营者从事收集、贮存、利用、处置活动。

第八十一条　收集、贮存危险废物,应当按照危险废物特性分类进行。禁止混合收集、贮存、运输、处置性质不相容而未经安全性处置的危险废物。

贮存危险废物应当采取符合国家环境保护标准的防护措施。禁止将危险废物混入非危险废物中贮存。

从事收集、贮存、利用、处置危险废物经营活动的单位,贮存危险废物不得超过一年;确需延长期限的,应当报经颁发许可证的生态环境主管部门批准;法律、行政法规另有规定的除外。

第八十二条　转移危险废物的,应当按照国家有关规定填写、运行危险废物电子或者纸质转移联单。

跨省、自治区、直辖市转移危险废物的,应当向危险废物移出地省、自治区、直辖市人民政府生态环境主管部门申请。移出地省、自治区、直辖市人民政府生态环境主管部门应当及时商经接受地省、自治区、直辖市人民政府生态环境主管部门同意后,在规定期限内批准转移该危险废物,并将批准信息通报相关省、自治区、直辖市人民政府生态环境主管部门和交通运输主管部门。未经批准的,不得转移。

危险废物转移管理应当全程管控、提高效率,具体办法由国务院生态环境主管部门会同国务院交通运输主管部门和公安部门制定。

第八十三条　运输危险废物,应当采取防止污染环境的措施,并遵守国家有关危险货物运输管理的规定。

禁止将危险废物与旅客在同一运输工具上载运。

第八十四条　收集、贮存、运输、利用、处置危险废物的场所、设施、设备和容器、包装物及其他物品转作他用时,应当按照国家有关规定经过消除污染处理,方可使用。

第八十五条　产生、收集、贮存、运输、利用、处置危险废物的单位,应当依法制定意外事故的防范措施和应急预案,并向所在地生态环境主管部门和其他负有固体废物污染环境防治监督管理职责的部门备案;生态环境主管部门和其他负有固体废物污染环境防治监督管理职责的部门应当进行检查。

第八十六条　因发生事故或者其他突发性事件,造成危险废物严重污染环境的单位,应当立即采取有效措施消除或者减轻对环境的污染危害,及时通报可能受到污染危害的单位和居民,并向所在地生态环境主管部门和有关部门报告,接受调查处理。

第八十七条　在发生或者有证据证明可能发生危险废物严重污染环境、威胁居民生命财产安全时,生态环境主管部门或者其他负有固体废物污染环境防治监督管理职责的部门应当立即向本级人民政府和上一级人民政府有关部门报告,由人民政府采取防止或者减轻危害的有效措施。有关人民政府可以根据需要责令停止导致或者可能导致环境污染事故的作业。

第八十八条　重点危险废物集中处置设施、场所退役前,运营单位应当按照国家有关规定对设施、场所采取污染防治措施。退役的费用应当预提,列入投资概算或者生产成本,专门用于重点危险废物集中处置设施、场所的退役。具体提取和管理办法,由国务院财政部门、价格主管部门会同国务院生态环境主管部门规定。

第八十九条　禁止经中华人民共和国过境转移危险废物。

第九十条　医疗废物按照国家危险废物名录管理。县级以上地方人民政府应当加强医疗废物集中处置能力建设。

县级以上人民政府卫生健康、生态环境等主管部门应当在各自职责范围内加强对医疗废物收集、贮存、运输、处置的监督管理，防止危害公众健康、污染环境。

医疗卫生机构应当依法分类收集本单位产生的医疗废物，交由医疗废物集中处置单位处置。医疗废物集中处置单位应当及时收集、运输和处置医疗废物。

医疗卫生机构和医疗废物集中处置单位，应当采取有效措施，防止医疗废物流失、泄漏、渗漏、扩散。

第九十一条　重大传染病疫情等突发事件发生时，县级以上人民政府应当统筹协调医疗废物等危险废物收集、贮存、运输、处置等工作，保障所需的车辆、场地、处置设施和防护物资。卫生健康、生态环境、环境卫生、交通运输等主管部门应当协同配合，依法履行应急处置职责。

第七章　保障措施

第九十二条　国务院有关部门、县级以上地方人民政府及其有关部门在编制国土空间规划和相关专项规划时，应当统筹生活垃圾、建筑垃圾、危险废物等固体废物转运、集中处置等设施建设需求，保障转运、集中处置等设施用地。

第九十三条　国家采取有利于固体废物污染环境防治的经济、技术政策和措施，鼓励、支持有关方面采取有利于固体废物污染环境防治的措施，加强对从事固体废物污染环境防治工作人员的培训和指导，促进固体废物污染环境防治产业专业化、规模化发展。

第九十四条　国家鼓励和支持科研单位、固体废物产生单位、固体废物利用单位、固体废物处置单位等联合攻关，研究开发固体废物综合利用、集中处置等的新技术，推动固体废物污染环境防治技术进步。

第九十五条　各级人民政府应当加强固体废物污染环境的防治，按照事权划分的原则安排必要的资金用于下列事项：

（一）固体废物污染环境防治的科学研究、技术开发；

（二）生活垃圾分类；

（三）固体废物集中处置设施建设；

（四）重大传染病疫情等突发事件产生的医疗废物等危险废物应急处置；

（五）涉及固体废物污染环境防治的其他事项。

使用资金应当加强绩效管理和审计监督，确保资金使用效益。

第九十六条　国家鼓励和支持社会力量参与固体废物污染环境防治工作，并按照国家有关规定给予政策扶持。

第九十七条　国家发展绿色金融，鼓励金融机构加大对固体废物污染环境防治项目的信贷投放。

第九十八条　从事固体废物综合利用等固体废物污染环境防治工作的,依照法律、行政法规的规定,享受税收优惠。

国家鼓励并提倡社会各界为防治固体废物污染环境捐赠财产,并依照法律、行政法规的规定,给予税收优惠。

第九十九条　收集、贮存、运输、利用、处置危险废物的单位,应当按照国家有关规定,投保环境污染责任保险。

第一百条　国家鼓励单位和个人购买、使用综合利用产品和可重复使用产品。

县级以上人民政府及其有关部门在政府采购过程中,应当优先采购综合利用产品和可重复使用产品。

第八章　法律责任

第一百零一条　生态环境主管部门或者其他负有固体废物污染环境防治监督管理职责的部门违反本法规定,有下列行为之一,由本级人民政府或者上级人民政府有关部门责令改正,对直接负责的主管人员和其他直接责任人员依法给予处分:

(一)未依法作出行政许可或者办理批准文件的;

(二)对违法行为进行包庇的;

(三)未依法查封、扣押的;

(四)发现违法行为或者接到对违法行为的举报后未予查处的;

(五)有其他滥用职权、玩忽职守、徇私舞弊等违法行为的。

依照本法规定应当作出行政处罚决定而未作出的,上级主管部门可以直接作出行政处罚决定。

第一百零二条　违反本法规定,有下列行为之一,由生态环境主管部门责令改正,处以罚款,没收违法所得;情节严重的,报经有批准权的人民政府批准,可以责令停业或者关闭:

(一)产生、收集、贮存、运输、利用、处置固体废物的单位未依法及时公开固体废物污染环境防治信息的;

(二)生活垃圾处理单位未按照国家有关规定安装使用监测设备、实时监测污染物的排放情况并公开污染排放数据的;

(三)将列入限期淘汰名录被淘汰的设备转让给他人使用的;

(四)在生态保护红线区域、永久基本农田集中区域和其他需要特别保护的区域内,建设工业固体废物、危险废物集中贮存、利用、处置的设施、场所和生活垃圾填埋场的;

(五)转移固体废物出省、自治区、直辖市行政区域贮存、处置未经批准的;

(六)转移固体废物出省、自治区、直辖市行政区域利用未报备案的;

(七)擅自倾倒、堆放、丢弃、遗撒工业固体废物,或者未采取相应防范措施,造成工业固体废物扬散、流失、渗漏或者其他环境污染的;

(八)产生工业固体废物的单位未建立固体废物管理台账并如实记录的;

(九)产生工业固体废物的单位违反本法规定委托他人运输、利用、处置工业固体废物的;

（十）贮存工业固体废物未采取符合国家环境保护标准的防护措施的；

（十一）单位和其他生产经营者违反固体废物管理其他要求，污染环境、破坏生态的。

有前款第一项、第八项行为之一，处五万元以上二十万元以下的罚款；有前款第二项、第三项、第四项、第五项、第六项、第九项、第十项、第十一项行为之一，处十万元以上一百万元以下的罚款；有前款第七项行为，处所需处置费用一倍以上三倍以下的罚款，所需处置费用不足十万元的，按十万元计算。对前款第十一项行为的处罚，有关法律、行政法规另有规定的，适用其规定。

第一百零三条　违反本法规定，以拖延、围堵、滞留执法人员等方式拒绝、阻挠监督检查，或者在接受监督检查时弄虚作假的，由生态环境主管部门或者其他负有固体废物污染环境防治监督管理职责的部门责令改正，处五万元以上二十万元以下的罚款；对直接负责的主管人员和其他直接责任人员，处二万元以上十万元以下的罚款。

第一百零四条　违反本法规定，未依法取得排污许可证产生工业固体废物的，由生态环境主管部门责令改正或者限制生产、停产整治，处十万元以上一百万元以下的罚款；情节严重的，报经有批准权的人民政府批准，责令停业或者关闭。

第一百零五条　违反本法规定，生产经营者未遵守限制商品过度包装的强制性标准的，由县级以上地方人民政府市场监督管理部门或者有关部门责令改正；拒不改正的，处二千元以上二万元以下的罚款；情节严重的，处二万元以上十万元以下的罚款。

第一百零六条　违反本法规定，未遵守国家有关禁止、限制使用不可降解塑料袋等一次性塑料制品的规定，或者未按照国家有关规定报告塑料袋等一次性塑料制品的使用情况的，由县级以上地方人民政府商务、邮政等主管部门责令改正，处一万元以上十万元以下的罚款。

第一百零七条　从事畜禽规模养殖未及时收集、贮存、利用或者处置养殖过程中产生的畜禽粪污等固体废物的，由生态环境主管部门责令改正，可以处十万元以下的罚款；情节严重的，报经有批准权的人民政府批准，责令停业或者关闭。

第一百零八条　违反本法规定，城镇污水处理设施维护运营单位或者污泥处理单位对污泥流向、用途、用量等未进行跟踪、记录，或者处理后的污泥不符合国家有关标准的，由城镇排水主管部门责令改正，给予警告；造成严重后果的，处十万元以上二十万元以下的罚款；拒不改正的，城镇排水主管部门可以指定有治理能力的单位代为治理，所需费用由违法者承担。

违反本法规定，擅自倾倒、堆放、丢弃、遗撒城镇污水处理设施产生的污泥和处理后的污泥的，由城镇排水主管部门责令改正，处二十万元以上二百万元以下的罚款，对直接负责的主管人员和其他直接责任人员处二万元以上十万元以下的罚款；造成严重后果的，处二百万元以上五百万元以下的罚款，对直接负责的主管人员和其他直接责任人员处五万元以上五十万元以下的罚款；拒不改正的，城镇排水主管部门可以指定有治理能力的单位代为治理，所需费用由违法者承担。

第一百零九条　违反本法规定，生产、销售、进口或者使用淘汰的设备，或者采用淘汰的生产工艺的,由县级以上地方人民政府指定的部门责令改正,处十万元以上一百万元以下的罚款,没收违法所得;情节严重的,由县级以上地方人民政府指定的部门提出意见,报经有批准权的人民政府批准,责令停业或者关闭。

第一百一十条　尾矿、煤矸石、废石等矿业固体废物贮存设施停止使用后,未按照国家有关环境保护规定进行封场的,由生态环境主管部门责令改正,处二十万元以上一百万元以下的罚款。

第一百一十一条　违反本法规定,有下列行为之一,由县级以上地方人民政府环境卫生主管部门责令改正,处以罚款,没收违法所得:

(一)随意倾倒、抛撒、堆放或者焚烧生活垃圾的;

(二)擅自关闭、闲置或者拆除生活垃圾处理设施、场所的;

(三)工程施工单位未编制建筑垃圾处理方案报备案,或者未及时清运施工过程中产生的固体废物的;

(四)工程施工单位擅自倾倒、抛撒或者堆放工程施工过程中产生的建筑垃圾,或者未按照规定对施工过程中产生的固体废物进行利用或者处置的;

(五)产生、收集厨余垃圾的单位和其他生产经营者未将厨余垃圾交由具备相应资质条件的单位进行无害化处理的;

(六)畜禽养殖场、养殖小区利用未经无害化处理的厨余垃圾饲喂畜禽的;

(七)在运输过程中沿途丢弃、遗撒生活垃圾的。

单位有前款第一项、第七项行为之一,处五万元以上五十万元以下的罚款;单位有前款第二项、第三项、第四项、第五项、第六项行为之一,处十万元以上一百万元以下的罚款;个人有前款第一项、第五项、第七项行为之一,处一百元以上五百元以下的罚款。

违反本法规定,未在指定的地点分类投放生活垃圾的,由县级以上地方人民政府环境卫生主管部门责令改正;情节严重的,对单位处五万元以上五十万元以下的罚款,对个人依法处以罚款。

第一百一十二条　违反本法规定,有下列行为之一,由生态环境主管部门责令改正,处以罚款,没收违法所得;情节严重的,报经有批准权的人民政府批准,可以责令停业或者关闭:

(一)未按照规定设置危险废物识别标志的;

(二)未按照国家有关规定制定危险废物管理计划或者申报危险废物有关资料的;

(三)擅自倾倒、堆放危险废物的;

(四)将危险废物提供或者委托给无许可证的单位或者其他生产经营者从事经营活动的;

(五)未按照国家有关规定填写、运行危险废物转移联单或者未经批准擅自转移危险废物的;

(六)未按照国家环境保护标准贮存、利用、处置危险废物或者将危险废物混入非危险废物中贮存的;

（七）未经安全性处置，混合收集、贮存、运输、处置具有不相容性质的危险废物的；

（八）将危险废物与旅客在同一运输工具上载运的；

（九）未经消除污染处理，将收集、贮存、运输、处置危险废物的场所、设施、设备和容器、包装物及其他物品转作他用的；

（十）未采取相应防范措施，造成危险废物扬散、流失、渗漏或者其他环境污染的；

（十一）在运输过程中沿途丢弃、遗撒危险废物的；

（十二）未制定危险废物意外事故防范措施和应急预案的；

（十三）未按照国家有关规定建立危险废物管理台账并如实记录的。

有前款第一项、第二项、第五项、第六项、第七项、第八项、第九项、第十二项、第十三项行为之一，处十万元以上一百万元以下的罚款；有前款第三项、第四项、第十项、第十一项行为之一，处所需处置费用三倍以上五倍以下的罚款，所需处置费用不足二十万元的，按二十万元计算。

第一百一十三条　违反本法规定，危险废物产生者未按照规定处置其产生的危险废物被责令改正后拒不改正的，由生态环境主管部门组织代为处置，处置费用由危险废物产生者承担；拒不承担代为处置费用的，处代为处置费用一倍以上三倍以下的罚款。

第一百一十四条　无许可证从事收集、贮存、利用、处置危险废物经营活动的，由生态环境主管部门责令改正，处一百万元以上五百万元以下的罚款，并报经有批准权的人民政府批准，责令停业或者关闭；对法定代表人、主要负责人、直接负责的主管人员和其他责任人员，处十万元以上一百万元以下的罚款。

未按照许可证规定从事收集、贮存、利用、处置危险废物经营活动的，由生态环境主管部门责令改正，限制生产、停产整治，处五十万元以上二百万元以下的罚款；对法定代表人、主要负责人、直接负责的主管人员和其他责任人员，处五万元以上五十万元以下的罚款；情节严重的，报经有批准权的人民政府批准，责令停业或者关闭，还可以由发证机关吊销许可证。

第一百一十五条　违反本法规定，将中华人民共和国境外的固体废物输入境内的，由海关责令退运该固体废物，处五十万元以上五百万元以下的罚款。

承运人对前款规定的固体废物的退运、处置，与进口者承担连带责任。

第一百一十六条　违反本法规定，经中华人民共和国过境转移危险废物的，由海关责令退运该危险废物，处五十万元以上五百万元以下的罚款。

第一百一十七条　对已经非法入境的固体废物，由省级以上人民政府生态环境主管部门依法向海关提出处理意见，海关应当依照本法第一百一十五条的规定作出处罚决定；已经造成环境污染的，由省级以上人民政府生态环境主管部门责令进口者消除污染。

第一百一十八条　违反本法规定，造成固体废物污染环境事故的，除依法承担赔偿责任外，由生态环境主管部门依照本条第二款的规定处以罚款，责令限期采取治理措施；造成重大或者特大固体废物污染环境事故的，还可以报经有批准权的人民政府批准，责令关闭。

造成一般或者较大固体废物污染环境事故的，按照事故造成的直接经济损失的一倍以上三倍以下计算罚款；造成重大或者特大固体废物污染环境事故的，按照事故造成的直接经济损失的三倍以上五倍以下计算罚款,并对法定代表人、主要负责人、直接负责的主管人员和其他责任人员处上一年度从本单位取得的收入百分之五十以下的罚款。

第一百一十九条 单位和其他生产经营者违反本法规定排放固体废物,受到罚款处罚,被责令改正的,依法作出处罚决定的行政机关应当组织复查,发现其继续实施该违法行为的,依照《中华人民共和国环境保护法》的规定按日连续处罚。

第一百二十条 违反本法规定,有下列行为之一,尚不构成犯罪的,由公安机关对法定代表人、主要负责人、直接负责的主管人员和其他责任人员处十日以上十五日以下的拘留;情节较轻的,处五日以上十日以下的拘留:

(一)擅自倾倒、堆放、丢弃、遗撒固体废物,造成严重后果的;

(二)在生态保护红线区域、永久基本农田集中区域和其他需要特别保护的区域内,建设工业固体废物、危险废物集中贮存、利用、处置的设施、场所和生活垃圾填埋场的;

(三)将危险废物提供或者委托给无许可证的单位或者其他生产经营者堆放、利用、处置的;

(四)无许可证或者未按照许可证规定从事收集、贮存、利用、处置危险废物经营活动的;

(五)未经批准擅自转移危险废物的;

(六)未采取防范措施,造成危险废物扬散、流失、渗漏或者其他严重后果的。

第一百二十一条 固体废物污染环境、破坏生态,损害国家利益、社会公共利益的,有关机关和组织可以依照《中华人民共和国环境保护法》《中华人民共和国民事诉讼法》《中华人民共和国行政诉讼法》等法律的规定向人民法院提起诉讼。

第一百二十二条 固体废物污染环境、破坏生态给国家造成重大损失的,由设区的市级以上地方人民政府或者其指定的部门、机构组织与造成环境污染和生态破坏的单位和其他生产经营者进行磋商,要求其承担损害赔偿责任;磋商未达成一致的,可以向人民法院提起诉讼。

对于执法过程中查获的无法确定责任人或者无法退运的固体废物,由所在地县级以上地方人民政府组织处理。

第一百二十三条 违反本法规定,构成违反治安管理行为的,由公安机关依法给予治安管理处罚;构成犯罪的,依法追究刑事责任;造成人身、财产损害的,依法承担民事责任。

第九章 附则

第一百二十四条 本法下列用语的含义:

(一)固体废物,是指在生产、生活和其他活动中产生的丧失原有利用价值或者虽未丧失利用价值但被抛弃或者放弃的固态、半固态和置于容器中的气态的物品、物质以及法律、行政法规规定纳入固体废物管理的物品、物质。经无害化加工处理,并且符合强制性国家产品质量标准,不会危害公众健康和生态安全,或者根据固体废物鉴别标准和鉴别程序认定为不属于固体废物的除外。

(二)工业固体废物,是指在工业生产活动中产生的固体废物。

（三）生活垃圾，是指在日常生活中或者为日常生活提供服务的活动中产生的固体废物，以及法律、行政法规规定视为生活垃圾的固体废物。

（四）建筑垃圾，是指建设单位、施工单位新建、改建、扩建和拆除各类建筑物、构筑物、管网等，以及居民装饰装修房屋过程中产生的弃土、弃料和其他固体废物。

（五）农业固体废物，是指在农业生产活动中产生的固体废物。

（六）危险废物，是指列入国家危险废物名录或者根据国家规定的危险废物鉴别标准和鉴别方法认定的具有危险特性的固体废物。

（七）贮存，是指将固体废物临时置于特定设施或者场所中的活动。

（八）利用，是指从固体废物中提取物质作为原材料或者燃料的活动。

（九）处置，是指将固体废物焚烧和用其他改变固体废物的物理、化学、生物特性的方法，达到减少已产生的固体废物数量、缩小固体废物体积、减少或者消除其危险成分的活动，或者将固体废物最终置于符合环境保护规定要求的填埋场的活动。

第一百二十五条　液态废物的污染防治，适用本法；但是，排入水体的废水的污染防治适用有关法律，不适用本法。

第一百二十六条　本法自 2020 年 9 月 1 日起施行。

附录 2 榆林市工业固体废物污染防治管理办法(试行)

榆林市工业固体废物污染防治管理办法(试行)

第一章 总 则

第一条 为防治工业固体废物污染环境,维护生态安全,推进生态文明建设,促进经济社会可持续发展,根据《中华人民共和国固体废物污染环境防治法》《陕西省固体废物污染环境防治条例》《煤矸石综合利用管理办法》《粉煤灰综合利用管理办法》等法律法规、部门规章,结合本市实际,制定本办法。

第二条 本办法适用于全市行政区域内一般工业固体废物及工业危险废物污染环境防治及其监督管理。

第三条 工业固体废物污染防治坚持减量化、无害化和资源化原则,鼓励对产生的固体废物实施资源化综合利用,最大程度减少贮存、填埋、焚烧处置量。

第四条 产生工业固体废物的单位应当将工业固体废物处理处置费用纳入生产成本,统筹安排。

产生、收集、贮存、运输、利用、处置的单位应当采取措施,落实工业固体废物全过程污染防治要求,并对造成的环境污染依法承担责任。

第五条 县级人民政府、工业园区管委会对辖区工业固体废物污染环境防治负责,应根据上级部门制定的国民经济和社会发展规划、生态环境保护规划,编制工业固体废物污染环境防治规划或实施方案,建立和完善工业固体废物污染环境防治目标责任制和考核评价制度,所需经费列入财政预算。

第六条 生态环境部门负责工业固体废物污染防治工作的监督管理。

发展和改革、工业和信息化、科技、财政、自然资源和规划、交通运输、应急管理、市场监督管理、能源、行政审批、税务等相关部门按照工作职能,负责工业固体废物污染防治及资源化利用相关工作。

第七条 市级财政部门应当设立工业固体废物污染防治环保专项资金,对工业固体废物污染防治的重要课题、重点项目及重大工程予以奖补支持。

发展和改革部门对工业固体废物的利用处置建设项目,优先安排中省市专项资金予以支持。

自然资源和规划部门对工业固体废物的利用处置建设项目,优先安排建设用地。

税务部门应按照资源综合利用产品增值税、所得税优惠目录对资源综合利用企业税收予以优惠。

第八条　市级生态环境部门会同发展和改革部门对产生、收集、贮存、运输、利用及处置工业固体废物的单位建立信用记录制度,将相关行政许可、行政处罚信息上传市公共信用信息平台。

第九条　市级生态环境部门应会同有关部门共同推进工业固体废物信息化管理,建立工业固体废物产生、收集、贮存、运输、利用及处置信息管理平台。

产生、收集、贮存、运输、利用及处置工业固体废物的单位,应当公开工业固体废物污染防治信息。

第二章　一般工业固体废物

第十条　工业园区规划、产业规划、矿区规划及其规划环评应明确一般工业固体废物污染防治要求,推广先进的减量化生产工艺,确定一般工业固体废物综合利用途径,其中综合利用率等相关指标应达到相关法律法规、规章、行业规范或者政府指导性文件的要求。

第十一条　工业园区应配套建设一般工业固体废物贮存、填埋场,实施一般工业固体废物分区贮存,并具备二次转移、利用条件。

一般工业固体废物贮存、填埋场的运营单位应制定年度运行管理计划,包括服务工业园区一般工业固体废物产生的企业名称、固体废物移入量、贮存量、移出量、二次转移接收企业名称、处理处置或综合利用方式等。

第十二条　工业园区一般工业固体废物贮存、填埋场要按照运行计划开展一般工业固体废物收集、贮存工作,禁止超范围、超指标、超容量、超期限接收其他一般工业固体废物,禁止接收建筑垃圾、生活垃圾或危险废物。

未达到一般工业固体废物综合利用指标要求的,不得新建或扩建一般工业固体废物贮存、填埋场。

当贮存、填埋场服务期满或不再承担新的贮存、填埋任务时,一般工业固体废物贮存、填埋场的运营单位应制定关闭或封场方案,在 2 年内启动关闭或封场作业,并采取相应的污染防治措施,防止造成环境污染和生态破坏。

第十三条　产生一般工业固体废物的建设项目在开展环境影响评价时,应分析一般工业固体废物的产生量、污染成分及环境危害性,提出减量化、资源化、无害化处置要求和措施。

建设项目配套一般工业固体废物污染防治设施未建成的,主体项目不得调试或投运。

第十四条　产废单位应制定年度一般工业固体废物管理计划,包括各类一般工业固体废物的产生量、贮存量、转移量、转移后接收企业名称、处理处置或综合利用方式,以及年度综合利用率等信息,实现工业固体废物可追溯、可查询。

第十五条　产废单位暂未配套建设综合利用项目的,可委托第三方单位实施综合利用,委托第三方单位运输、利用或处置一般工业固体废物前,应对第三方单位的主体资格、技术能力、产品方案进行核实,签订书面合同,约定双方环境保护相关责任。

第三方单位应向产废单位告知一般工业固体废物运输、利用或贮存处置情况,产废单位可根据需要对第三方单位进行现场核查。

产废单位未对第三方单位相关情况进行核实,造成环境污染和生态破坏的,承担相关连带责任。

第十六条　产废单位和第三方利用或处置单位应当建立一般工业固体废物管理台账,如实记录产生、收集、贮存、运输、利用和处置情况,并附相关合同、财务支出、核查资料等证明材料。

第十七条　产废单位应当依法实施清洁生产审核,采用先进的生产工艺和设备,减少工业固体废物的有害成分和对环境的影响,提高利用率,减少产生量。

第十八条　煤矸石、煤粉灰暂时不利用或者不能利用的,产生单位可建设工业固体废物临时贮存设施,临时设施的设计贮存量不得超过企业 3 年产生工业固体废物的总量,且必须有后续综合利用方案。

临时设施贮存达到设计贮存量后,不得擅自封场或废弃,不得另行新建贮存设施。

第十九条　煤矿在矿井和采区设计布置中,应根据矿井客观条件,规划一定区域,优先采用充填开采。充填区域的选择及充填开采方案应和矿山地质环境保护与土地复垦方案有机结合。

鼓励煤矿在井下进行毛煤预排矸或建设井下选煤系统,矸石直接用于井下充填。

属于第 I 类一般工业固体废物的煤矸石等可在煤炭开采矿井、矿坑等采空区中充填或回填,鼓励开展其他一般工业固体废物井下充填相关技术研究。

第二十条　煤矸石、粉煤灰产生单位在依托第三方利用不畅的情况下,应当配套建设与产生量相匹配的工业固体废物综合利用项目,鼓励同类型、同区域企业联建工业固体废物综合利用项目。

第二十一条　煤矸石、粉煤灰等工业固体废物或其他综合利用产品运用于道路建设、工业场地平整时,应当根据相关综合利用技术规范及环境影响评价文件要求,确定煤矸石、粉煤灰等工业固体废物的使用规模,同时要符合国家或行业有关质量、环境、节能和安全标准。

第二十二条　石油、天然气开发单位对开采过程中产生的废弃泥浆、岩屑、压裂返排液应集中收集,根据污染物成分确定利用处置措施,严禁就地排放、处置。

第二十三条　产废单位主体灭失,长期堆存的一般工业固体废物堆场由当地县级人民政府负责污染防治工作,经评估确保环境风险可以接受时,可进行封场或土地复垦作业。

第三章　工业危险废物

第二十四条　产废单位应当委托有资质单位对危险特性不明的固体废物开展危险特性鉴定。在鉴定结果确定前,已产生的工业固体废物按照危险废物进行管理,不得擅自转移或自行处置。

第二十五条　常温常压下易爆、易燃或可排出有毒气体的危险废物须进行稳定化预处理。不进行稳定化预处理的,应当按照易爆、易燃危险品贮存管理。

第二十六条　危险废物实施源头分类收集与分区贮存。常温常压下不水解、不挥发的固体危险废物可在危险废物贮存设施内分别堆放,其他危险废物应使用符合国家相关标准的容器收集,并设置危险废物警示标识、标签。

第二十七条　建设项目配套的危险废物收集、贮存、利用或处置设施应符合国家相关规范标准,与主体工程同时设计、同时建设、同时投入运行。

新建、改建、扩建危险废物收集、贮存、利用或处置设施,应重新报批环境影响评价文件。

第二十八条　县级人民政府及工业园区管委会应根据上级部门制定的相关规划和方案,结合辖区主导产业及特征危险废物产生情况,有序推进危险废物集中利用、处置设施的建设,鼓励危险废物就近转移处置。

鼓励石油、化工等行业自建危险废物利用处置设施,对其产生的危险废物和周边同类危险废物收集处置。

危险废物利用处置单位应当依法申领危险废物经营许可证,危险废物转移过程实行电子联单制度。

第二十九条　产生危险废物的单位应当建立危险废物管理计划及台账,如实记录产生危险废物的种类、数量、流向、贮存、利用、处置等信息。危险废物台账应当至少保存十年,企业重组、改制的,由承继企业接管保存;企业破产、倒闭的,应当将危险废物台账移交当地环境保护行政主管部门保存。

经焚烧、物化、固化后以填埋方式处置危险废物的单位,应当将危险废物经营情况记录簿永久保存。

第三十条　突发环境应急事件产生的危险废物或疑似危险废物,可按照当地县级人民政府确定的处置方式进行应急转移处置。

应急处置费用由责任单位承担,责任单位无力承担或无法确定责任单位的,由县级人民政府承担。

第三十一条　产生、收集、贮存、运输、利用和处置危险废物的单位,应当对本单位主管责任人及相关工作人员,进行危险废物相关法律法规和专业技术培训。

第三十二条　产生、收集、贮存、运输、利用、处置危险废物的单位,应当制定突发环境事件防范措施,并纳入总体环境应急预案,向所在地县级人民政府生态环境、应急管理部门及其他负有固体废物污染环境防治监督管理的部门备案。

收集、贮存、运输、利用、处置危险废物的单位,应当投保环境污染责任险。

第四章　监督管理

第三十三条　县级人民政府、工业园区管委会应当对工业固体废物污染防治规划或实施方案开展情况进行定期评估,及时调整相关政策,提高工业固体废物污染防治水平。

第三十四条　生态环境部门或规划编制机关要对工业园区规划、产业规划、矿区规划实施情况开展核查或跟踪评价,对发现的工业固体废物污染防治重大问题通报工业园区管委会和规划审批机关,并提出改进措施或者修订规划的建议。规划审批机关应当及时组织论证,并根据论证结果采取改进措施或者对规划进行修订。

第三十五条　生态环境、发展和改革及其他相关职能部门要对工业固体废物产生、运输及利用处置单位进行日常监管,对违反相关法律法规的按照相关规定予以处罚;构成违法犯罪的,依法追究刑事责任。

第五章　附则

第三十六条　本市行政区域内放射性固体废物和电子废物污染环境的防治,不适用本办法。

第三十七条　本办法自 2021 年 8 月 1 日起施行,有效期从 2021 年 8 月 1 日起至 2023 年 7 月 31 日止。

参考文献

[1] 李秀金. 固体废物处理与资源化[M]. 北京:科学出版社,2011.

[2] 毕进红,刘明华. 粉煤灰资源综合利用[M]. 北京:化学工业出版社,2018.

[3] 马北越,吴艳,刘丽影. 粉煤灰的综合利用[M]. 北京:科学出版社,2016.

[4] 周雅萍,王勇,洪雅妮,等. 不同组分粉煤灰基地质聚合物砂浆的强度研究[J]. 山西建筑,2021,47(23):84-85,88.

[5] 陈丰,朱桂花,吕硕,等. 快速成型制备 Al-Si/ 粉煤灰基高温相变蓄热球的尺寸效应[J]. 材料热处理学报,2021,42(11):20-27.

[6] 林春生. 变废为宝:共建绿色生活[N]. 安徽日报,2021-11-24.

[7] 任亚伟,蔡燕霞,刘逢涛. 电石渣、粉煤灰稳定煤矸石基层混合料性能试验研究[J/OL]. 公路工程:1-10.

[8] 刘若妍,邹丽霞,曹小红,等. 粉煤灰合成纳米 Y 沸石及其吸附 Cr(Ⅵ)动力学的研究[J]. 现代化工,2021,41(11):173-178.

[9] 王东明,张世宇,姚苏皖,等. 改性硅灰、粉煤灰对超高性能混凝土(UHPC)性能的影响[J]. 混凝土与水泥制品,2021(11):1-5,11.

[10] 崔荣基. 粉煤灰基催化剂协同脱硫脱硝性能及机理研究[D]. 太原:太原理工大学,2021.

[11] MAZAHIR MOHAMMED MOHAMMED TAHA. 粉煤灰、稻壳灰和聚丙烯纤维对膨胀土物理力学性质影响研究[D]. 哈尔滨:东北林业大学,2021.

[12] 李永生,郭金敏,王凯. 煤矸石及其综合利用[M]. 北京:中国矿业大学出版社,2006.

[13] 边炳鑫,解强,赵由才,等. 煤系固体矿物资源化技术[M]. 北京:化学工业出版社,2005.

[14] 王喜富,张禄秀,王玉顺,等. 煤矸石及其在矿区铁路建设中的应用[M]. 北京:煤炭工业出版社,2003.

[15] 刘会平,严家平,樊雯. 不同覆土厚度的煤矸石充填复垦区土壤生产力评价能源环境保护[J]. 能源环境保护,2010,24(1):52-56.

[16] 刘镇书,袁东海. 低热值煤矸石利用探索[J]. 砖瓦,2009,(11):18.

[17] 韩彩霞. 工业废渣在水泥工业中的应用[M]. 北京:中国建材工业出版社,2010.

[18] 李庆繁,宋波. 发展煤矸石烧结砖存在的问题及经验教训[J]. 新型墙材,2009(10):27-29.

[19] 孙晓华,刘雪梅,李功民. 复合式干法选煤工艺在分选煤矸石中的应用选煤技术[J]. 选煤技术,2008(3):49-50.

[20] 甘智和. 工业废渣建筑材料[M]. 北京:中国环境科学出版社,1992.

[21] 金海斌. 关于安溪煤矸石发电有限公司发展战略问题的分析[J]. 广东科技,2009(5):

236-237.

[22] 晨阳,范兴旺,张亮,等.活化煤矸石作掺和料:混凝土力学性能的研究[J].商品混凝土, 2010(8):14.

[23] 陈文敏,李文华,徐振刚.洁净煤技术基础[M].北京:煤炭工业出版社,1994.

[24] 任准,周文军.开发高性能煤矸石粉煤灰混凝土的可行[J].山西建筑,2010,36(27):161.

[25] 邓寅生,邢学玲,徐奉章.煤炭固体废物利用与处理[M].北京:中国环境科学出版社, 2008.

[26] 伍贤益.利用可燃性废料焙烧砖瓦的工艺技术与操作方法[J].砖瓦,2010(9):18-21.

[27] 柴跃生,孙钢,梁爱生.镁及镁合金生产知识问答[M].北京:冶金工业出版社,2005.

[28] 国家发展和改革委员会高技术产业司.中国材料研究学会、中国新材料产业发展报告 [M].北京:化学工业出版社,2006.

[29] 曾小勤,王渠东,吕宜振,等.镁合金应用新进展[J].铸造,1998(11):39-43.

[30] 李鹏业.熔盐电解法取代皮江法生产金属镁的综合技术分析[J].化工管理,2017(25): 111.

[31] 吴澜尔,韩凤兰,刘贵群.浅皮江法炼镁镁渣的综合利用[M].北京:冶金工业出版社, 2021.

[32] 东北工业学院有色金属系轻金属冶炼教研室.专业轻金属冶金学(第三册:镁铍冶金) [M].北京:中国工业出版社,1961.

[33] 崔自治,杨建森.镁渣水化惰性机理研究[J].新型建筑材料,2007(11):54-55.

[34] GOBECHIYA E R,YAMNOVA N A,ZADOV A E. Calcio-olivine y-CazSiO:I Rietveld refinement of the crystal structure[J]. Crystallography reports,2008,53(3):404-408.

[35] 刘炯天.煤炭工业"三废"资源综合利用[M].北京:化学工业出版社,2016.

[36] 章启军,刘育鑫,吴玉锋.金属镁渣的回收利用现状[J].再生资源与循环经济,2011,4 (6):30-32

[37] 樊保国.镁渣水合制备脱硫剂原理[M].北京:科学出版社,2018.

[38] 霍冀川,卢忠远,石荣铭,等.镁渣配料煅烧硅酸盐水泥熟料的研究[J].重庆环境科学 2000,22(1):5455.

[39] 冶金工业部有色冶金设计总院铝镁处.国外铝镁钛工业:生产概况与发展[M].北京:中 国工业出版社,1964.

[40] 乔晓磊,金燕脱硫性能的实验研究[J].科技情报开发与经济,2007,17(7):185-18.

[41] 福建农林大学国际镁营养研究所.世界因镁而精彩:镁对作物生长的重要性[M].北京: 中国农业大学出版社,2020.

[42] 卢珊珊.气流床煤气化灰渣的特性研究[D].上海:华东理工大学,2011.

[43] 刘艳丽,李强,陈占飞,等.煤气化渣特性分析、研究进展与展望[J/OL].煤炭科学技术: 1-9.

[44] 唐宏青.现代煤化工新技术[M].北京:化学工业出版社,2009:41-70.

[45] 武立波,宋牧原,谢鑫,等.中国煤气化渣建筑材料资源化利用现状综述[J].科学技术与工程,2021,21(16):6565-6574.

[46] 邓海,吴德礼,李灵,等.气化炉粗渣资源化利用技术探讨[J].氮肥技术,2016,37(6):18-19,25.

[47] 马耀东,杨晓民,李小军,等.水煤浆气化细渣综合利用的可行性及经济效益分析[J].石化技术,2020,27(12):280-281.

[48] 宁永安,段一航,高宁博,等.煤气化渣组分回收与利用技术研究进展[J].洁净煤技术,2020,26(S1):14-19.

[49] 杨宏泉,孙志刚,曲江山,等.中石化典型地区气化炉渣基础物性分析研究[J].洁净煤技术,2021,27(3):101-108.

[50] 尹洪峰,汤云,任耘,等.Texaco气化炉炉渣基本特性与应用研究[J].煤炭转化,2009,32(4):30-33.

[51] 相微微,李夏隆,严加坤,等.榆林煤气化渣重金属生物有效性评价[J].农业环境科学学报,2021,40(5):1097-1105.

[52] 刘胜华,郭延红,刘勇晶.陕北煤燃烧的结渣性研究[J].煤炭转化,2013,36(3):39-41.

[53] 张世越.煤气化粗渣制备FAU和NaP型沸石的绿色合成方法及应用研究[D].银川:宁夏大学,2020.

[54] 中国电力企业联合会.中国电力行业年度发展报告[M].北京:中国市场出版社,2016.

[55] 中国电力百科全书编辑委员会,中国电力百科全书编辑部.中国电力百科全书[M].3版.北京:中国电力出版社,2014.

[56] 李东旭.工业副产石膏资源化综合利用及相关技术[M].北京:中国建筑工业出版社,2013.

[57] 储益萍,王国平,钱华,等,浅析脱硫石膏综合利用的技术可行性[J].环境科学与技术,2008,3(6):86-118.

[58] 申士富,张连送,孙传尧.脱硫石膏综合应用研究[J].矿冶,2003,12(3):49-51.

[59] 张文艳.烟气脱硫石膏做水泥缓凝剂的研究[D].焦作:河南理工大学,2010.

[60] 丛刚,龚七一,等.脱硫石膏做水泥缓凝剂研究[J].实验研究,1997(4):6-8.

[61] 黄伟.工业副产品石膏在建筑材料中的应用[D].济南:济南大学,2010.

[62] 李茂义,孙会功,肖剑光.石膏砌块应用技术[J].新型建筑材料,2008(11):36-38.

[63] 姜广辉,徐亚中,张凤芝,等.石膏砌块的发展现状及研究进展[J].砖瓦,2009(12):33-35.

[64] 丛刚,林芳辉,彭志辉,等.脱硫石膏空心砌块研制[J].房材与应用,1996(6):44-47.

[65] 张翼.烟气脱硫石膏-粉煤灰墙体材料研究[D].宁波:宁波大学,2012.

[66] 姚军利,张再勇,万笃韬.陕西火电厂烟气脱硫石膏综合利用现状和前景[J].中国水泥,2009(12):86-87.

[67] 李宏波.杨凌热电脱硫石膏综合利用前景分析[J].经济师,2011(9):293-294.

[68] 孟庆宇.陕北某煤矿脱硫方法选择[J].化工管理,2017(3):102.

[69] 赵睿.废石膏改性全废四渣基层路用性能研究[D].邯郸:河北工程大学,2012.

[70] 张飞宇.湿法烟气脱硫石膏成核与结晶特性研究[D].北京:华北电力大学,2021.